Mechanik für das gymnasiale Lehramt

Hendrik van Hees

Mechanik für das gymnasiale Lehramt

Theoretische Physik und
mathematische Methoden klar erklärt

 Springer Spektrum

Hendrik van Hees
Institut für Theoretische Physik,
Goethe-Universität Frankfurt
Frankfurt, Hessen, Deutschland

ISBN 978-3-662-69046-8   ISBN 978-3-662-69047-5   (eBook)
https://doi.org/10.1007/978-3-662-69047-5

Die Deutsche Nationalbibliothek verzeichnet diese Publikation in der Deutschen Nationalbibliografie; detaillierte bibliografische Daten sind im Internet über https://portal.dnb.de abrufbar.

© Der/die Herausgeber bzw. der/die Autor(en), exklusiv lizenziert an Springer-Verlag GmbH, DE, ein Teil von Springer Nature 2025

Das Werk einschließlich aller seiner Teile ist urheberrechtlich geschützt. Jede Verwertung, die nicht ausdrücklich vom Urheberrechtsgesetz zugelassen ist, bedarf der vorherigen Zustimmung des Verlags. Das gilt insbesondere für Vervielfältigungen, Bearbeitungen, Übersetzungen, Mikroverfilmungen und die Einspeicherung und Verarbeitung in elektronischen Systemen.
Die Wiedergabe von allgemein beschreibenden Bezeichnungen, Marken, Unternehmensnamen etc. in diesem Werk bedeutet nicht, dass diese frei durch jede Person benutzt werden dürfen. Die Berechtigung zur Benutzung unterliegt, auch ohne gesonderten Hinweis hierzu, den Regeln des Markenrechts. Die Rechte des/der jeweiligen Zeicheninhaber*in sind zu beachten.
Der Verlag, die Autor*innen und die Herausgeber*innen gehen davon aus, dass die Angaben und Informationen in diesem Werk zum Zeitpunkt der Veröffentlichung vollständig und korrekt sind. Weder der Verlag noch die Autor*innen oder die Herausgeber*innen übernehmen, ausdrücklich oder implizit, Gewähr für den Inhalt des Werkes, etwaige Fehler oder Äußerungen. Der Verlag bleibt im Hinblick auf geografische Zuordnungen und Gebietsbezeichnungen in veröffentlichten Karten und Institutionsadressen neutral.

Springer Spektrum ist ein Imprint der eingetragenen Gesellschaft Springer-Verlag GmbH, DE und ist ein Teil von Springer Nature.
Die Anschrift der Gesellschaft ist: Heidelberger Platz 3, 14197 Berlin, Germany

Wenn Sie dieses Produkt entsorgen, geben Sie das Papier bitte zum Recycling.

Vorwort

Das vorliegende Buch ist der erste Band einer Lehrbuchreihe, die den Stoff für die Theoretische Physik im Gymnasiallehramtsstudium behandeln soll. Es ist aus einem Manuskript hervorgegangen, das ich für die Vorlesung „Theoretische Physik 1 für das Lehramt L3" an der Goethe-Universität Frankfurt ausgearbeitet habe. Das Ziel ist es, die fachwissenschaftliche Grundlage für die Begriffsbildungen der Physik zu legen und dabei vor allem auch die mathematischen Methoden, die zur konzisen Fundierung der grundlegenden Modelle und Theorien, insbesondere der „modernen Physik", also Quantenmechanik und Relativitätstheorie, benötigt werden, bereit zu stellen.

Der vorliegende erste Band behandelt die Newtonsche Mechanik. Nach einer allgemeinen Einleitung zum Inhalt der für das Lehramt konzipierten Module zur Theoretischen Physik, die an der Goethe-Universität Frankfurt je eine Vorlesung über „Mathematische Methoden der Theoretischen Physik" sowie drei Vorlesungen über Theoretische Physik, die nacheinander die „klassische Mechanik", die „klassische Elektrodynamik" und die „Quantenmechanik und Relativitätstheorie" umfassen, wird in Kap. 2 die Newtonsche Mechanik eingeführt. Hierzu werden zunächst kurz die benötigten mathematischen Methoden, insbesondere die Vektoralgebra und die Beschreibung der analytischen Geometrie des euklidischen affinen Punktraums, zusammengefasst. Daran schließt sich eine ausführliche Betrachtung zur „quasi-axiomatischen Grundlegung" der Mechanik, basierend auf den Newtonschen Postulaten, an. Hier erscheint mir insbesondere eine genauere Problematisierung des Begriffs des Inertialsystems und dessen empirische Fundierung wichtig zu sein. Daran schließt sich die Herleitung der fundamentalen Erhaltungssätze für Energie, Impuls, Drehimpuls und Schwerpunktsgeschwindigkeit aus den Newtonschen Bewegungsgleichungen für Punktteilchen und Punktteilchensysteme an. Als eines für die gesamte theoretische Physik wichtiges Beispiel wird dann der harmonische Oszillator in den verschiedensten Variationen (Bewegung mit und ohne Reibung sowie mit und ohne äußere treibende Kraft sowie Resonanzphänomene) ausführlich analysiert und dabei auch in die Theorie der linearen Differentialgleichungen eingeführt. Das Kapitel schließt mit einer ausführlichen Behandlung der Anfangsgründe der Himmelsmechanik. Dabei wird anhand der Newtonschen Entdeckung des allgemeinen Gravitationsgesetzes die Modellbildung unter Verwendung empirischen Wissens (Keplersche Gesetze) erörtert und sodann dieses Modell verwendet, um umgekehrt die empirischen Gesetze aus den allgemeinen Prinzipien der Mechanik unter Verwendung des gefundenen Gravitationsgesetzes herzuleiten. Außerdem wird schließlich die Formulierung der Bewegungsgleichung in Nichtinertialsystemen hergeleitet und auf den freien Fall auf der rotierenden Erde (mit einer gegenüber anderen Lehrbüchern genaueren Behandlung der Südabweichung) sowie das Foucault-Pendel angewendet.

In Kap. 3 wird die Formulierung der Newtonschen Mechanik mittels des Hamiltonschen Prinzips der kleinsten Wirkung sowohl in der Lagrange- als auch der Hamilton-Formulierung behandelt. Die Intention dafür ist vor allem, das für das Verständnis der gesamten modernen Physik, sowohl der Relativitätstheorie(n) als auch vor allem der Quantentheorie, wichtige Konzept der Symmetrien einzuführen. Daher wird auch ausführlich das Noether-Theorem und der ästhetisch äußerst befriedigende Zusammenhang zwischen Symmetrien und Erhaltungssätzen in Lagrangescher und Hamiltonscher Formulierung ausgearbeitet. Außer einem vertieften Verständnis für die allgemeinen Erhaltungssätze aufgrund der Symmetrien der Galilei-Newtonschen Raumzeit (Galilei-Invarianz der Newtonschen Mechanik) wird auch anhand des bereits im vorigen Kapitel behandelten Kepler-Problems der Planetenbewegung die Herleitung für spezielle Probleme spezifische dynamische Symmetrien und der dadurch implizierten Erhaltung des Laplace-Runge-Lenz-Vektors erörtert.

Im abschließenden Kap. 4 werden dann einige Anwendungen des Hamiltonschen Prinzips, vornehmlich in der Lagrange-Formulierung, ausführlich durchgerechnet. Der Schwerpunkt liegt dabei insbesondere auf den Anfangsgründen der Theorie des Starren Körpers und des freien und schweren symmetrischen Kreisels.

Last but not least möchte ich mich bei allen Kollegen bedanken, die durch Diskussionen über den Inhalt dieser Vorlesungen zur Formulierung dieses Buches beigetragen haben, insbesondere Kai Gallmeister, der frühe Versionen des Manuskripts Korrektur gelesen hat, Carsten Greiner für viele Diskussionen über die didaktische Aufbereitung des in den Grundvorlesungen in theoretischer Physik behandelten Stoffes sowie die Tutoren zur Übung meiner Vorlesung Hannah Montz und Jan Rais.

Frankfurt
im Februar 2024

Hendrik van Hees

Inhaltsverzeichnis

1 Einführung in die theoretische Physik 1
   1.1   Was ist (theoretische) Physik? 1
   1.2   Wozu theoretische Physik für Lehramtsstudierende? 8
   1.3   Klassische Mechanik 9

2 Newton'sche Mechanik 13
   2.1   Kinematik: Die Mathematik der Newton'schen Raumzeit 13
        2.1.1   Vektoraddition 15
        2.1.2   Länge (Norm) von Vektoren 17
        2.1.3   Lineare Unabhängigkeit von Vektoren und Basen 18
        2.1.4   Der Vektorraum $\mathbb{R}^3$ 20
        2.1.5   Das Skalarprodukt 21
        2.1.6   Geometrische Anwendungen des Skalarprodukts 24
        2.1.7   Kartesische Basen und orthogonale Transformationen 26
        2.1.8   Das Kreuzprodukt 26
        2.1.9   Bahnkurven 29
   2.2   Dynamik und Newton'sche Axiome 33
        2.2.1   Das Trägheitsgesetz („lex prima") 33
        2.2.2   Das Wirkungsprinzip („lex secunda") 36
        2.2.3   Actio und reactio („lex tertia") 37
        2.2.4   SI-Einheiten der Mechanik 38
   2.3   Einfache Bewegungsprobleme 41
        2.3.1   Freier Fall und schiefer Wurf in Erdnähe 41
        2.3.2   Freier Fall bzw. schiefer Wurf mit Reibung 44
   2.4   Erhaltungssätze 47
        2.4.1   Impulserhaltung 48
        2.4.2   Zentralkräfte, Schwerpunktsatz und Drehimpulserhaltung 49
        2.4.3   Kinetische Energie und Arbeit 51
        2.4.4   Zentrale elastische Stöße 55
   2.5   Der ungedämpfte harmonische Oszillator 57

2.6		Der gedämpfte harmonische Oszillator	64
	2.6.1	Schwingfall ($\omega_0 > \gamma$)	65
	2.6.2	Kriechfall ($\omega_0 < \gamma$)	66
	2.6.3	Aperiodischer Grenzfall ($\omega_0 = \gamma$)	67
2.7		Der harmonisch getriebene gedämpfte Oszillator	67
	2.7.1	Spezielle Lösung der inhomogenen Gleichung	68
	2.7.2	Amplitudenresonanzfrequenz	70
	2.7.3	Energieresonanz	71
	2.7.4	Lösung des Anfangswertproblems	73
	2.7.5	Getriebener harmonischer Oszillator mit beliebiger äußerer Kraft	75
2.8		Newton'sche Gravitationstheorie und Himmelsmechanik	77
	2.8.1	Newtons Entdeckung des Gravitationsgesetzes	77
	2.8.2	Das Kepler-Problem	79
	2.8.3	Der Rutherford-Streuquerschnitt	84
2.9		Beschleunigte Bezugssysteme	88
	2.9.1	Nichtrotierende Bezugssysteme	88
	2.9.2	Allgemein beschleunigte Bezugssysteme	91
	2.9.3	Freier Fall auf der rotierenden Erde	94
	2.9.4	Das Foucault-Pendel	100
3		**Analytische Mechanik**	**103**
3.1		Variationsrechnung: Das Brachistochronenproblem	104
3.2		Die Euler-Lagrange-Gleichungen	105
	3.2.1	Lösung des Brachistochronenproblems	107
3.3		Das Fundamentallemma der Variationsrechnung	108
3.4		Das Hamilton'sche Prinzip	109
	3.4.1	Die Lagrange-Funktion	109
	3.4.2	Äquivalente Lagrange-Funktionen	113
	3.4.3	Beispiel: Freier Fall bzw. schiefer Wurf	115
	3.4.4	Beispiel: Harmonischer Oszillator	117
	3.4.5	Beispiel: Mathematisches Pendel	118
	3.4.6	Beispiel: Das sphärische Pendel	120
3.5		Das Noether-Theorem (Lagrange-Form)	123
	3.5.1	Symmetrien	123
	3.5.2	Raum-Zeit-Symmetrien	126
	3.5.3	Zweiteilchensystem mit Wechselwirkungszentralpotential	129
3.6		Die Symmetrien des Kepler-Problems	132
3.7		Die Hamilton'sche kanonische Mechanik	135
	3.7.1	Beispiel: Der harmonische Oszillator	138
3.8		Kanonische Transformationen	138
3.9		Beispiele zu kanonischen Transformationen	141
	3.9.1	Beliebige Transformationen im Konfigurationsraum	142
	3.9.2	Freier Fall	145
	3.9.3	Eindimensionaler harmonischer Oszillator	146

3.10 Das Noether-Theorem in Hamilton'scher Formulierung........ 148
3.11 Symmetrien der Galilei-Newton-Raumzeit................. 150

4 Anwendungen 155
4.1 Doppelpendel.. 155
4.2 Geladene Teilchen in elektromagnetischen Feldern 158
    4.2.1 Teilchen im homogenen elektrischen Feld 161
    4.2.2 Teilchen im homogenen magnetischen Feld 162
    4.2.3 Bewegung in einer Penning-Falle 164
4.3 Starre Körper....................................... 167
    4.3.1 Kinematik und Dynamik des starren Körpers 167
    4.3.2 Das physikalische Pendel 174
    4.3.3 Rollpendel 176
4.4 Kreiseltheorie.. 178
    4.4.1 Der freie unsymmetrische Kreisel 179
    4.4.2 Euler-Winkel 183
    4.4.3 Der freie symmetrische Kreisel.................... 186
    4.4.4 Der schwere symmetrische Kreisel 191
    4.4.5 Pseudoreguläre Präzession....................... 193
    4.4.6 Stabilität der Rotation um die senkrecht stehende Figurenachse 195
4.5 Der Kreiselkompass................................... 196

A Kegelschnitte 203

B Transformationen zwischen kartesischen Basen 211

C Berechnung von Trägheitstensoren 223

D Die Dirac'sche δ-Distribution 235

Literatur... 239

Stichwortverzeichnis... 241

Einführung in die theoretische Physik 1

In diesem Kapitel betrachten wir kurz den Inhalt dieser Lehrbuchreihe zur theoretischen Physik und begründen die Motivation für Lehramtsstudierende, sich mit dieser Disziplin zu beschäftigen.

1.1 Was ist (theoretische) Physik?

Es ist gar nicht so einfach, in der gebotenen Kürze zusammenzufassen, womit sich die Physik, insbesondere die theoretische Physik, beschäftigt. Am treffendsten scheint mir die Charakterisierung zu sein, dass die Aufgabe der Physik die Entdeckung der **fundamentalen Naturgesetze** mittels empirischer Methoden und deren systematische mathematische Beschreibung in Form von Modellen und Theorien ist. Es zeigt sich nämlich dass sich die objektiv beobachtbaren und reproduzierbaren Phänomene, wie wir sie zunächst mit unseren Sinnen wahrnehmen, zu quantifizieren und zu erstaunlich allgemeingültigen mathematisch beschreibbaren Naturgesetzen zusammenfassen lassen. Dabei ist die Unterteilung in **Experimentalphysik** und **theoretische Physik** lediglich eine grobe Spezialisierung, denn beide Methoden der Forschung hängen voneinander ab. Zum einen benötigt der Theoretiker die Erkenntnisse von Beobachtungen und genauen Messungen der Experimentalphysiker und umgekehrt ermöglichen Erkenntnisse der theoretischen Physik die Konzeption neuer Experimente und Messverfahren.

Ein guter Ansatz, sich einen Überblick über die theoretische Physik zu verschaffen, ist es, sich mit der **historischen Entwicklung** zu beschäftigen. Physik in unserem heutigen Sinn beginnt in der Renaissance, insbesondere mit **Galileo Galilei (1564–1642),** der die Grundlagen der **klassischen Mechanik** gelegt und insbesondere das **Trägheitsgesetz** entdeckt hat, demzufolge die Zustände der Ruhe und der gleichförmig, geradlinigen Bewegung ununterscheidbar sind. Dies werden wir ausführlich zu Beginn dieser Lehrbuchreihe (Theoretische Physik 1) besprechen. Zu einem in sich geschlossenen mathematischen System hat dann **Isaac Newton (1643–1727)** die Mechanik zusammengefasst.

Bezeichnend ist dabei, dass Newton auch die für die Formulierung und Anwendung seiner Theorie adäquaten mathematischen Grundlagen der **Infinitesimalrechnung,** also **Differential- und Integralrechnung** gelegt hat, die die quantitative Beschreibung von Bewegungen und deren Berechnung aufgrund empirisch gefundener dynamischer Gesetze, bei Newton insbesondere sein **universelles Gravitationsgesetz** zur Berechnung der Bewegung von Himmelskörpern, erst ermöglicht. Dies zeigt, dass die Mathematik ein zentraler Bestandteil jeder Physikvorlesung sein muss, wobei für die Physik nicht die für den Fachmathematiker unerlässliche Strenge in Beweisführungen erforderlich ist. In dieser Vorlesungsreihe wird die benötigte Mathematik parallel mit der Behandlung der Physik entwickelt. Für die klassische Mechanik von Körpern (meist abstrahiert und idealisiert zu „Massenpunkten"), die in der Vorlesung **Theoretische Physik 1** behandelt wird, umfasst dies die **Vektorrechnung im dreidimensionalen euklidischen Raum, Differential- und Integralrechnung und gewöhnliche Differentialgleichungen.**

Nicht lange nach der Formulierung der Newton'schen Mechanik für Massepunkte und deren Anwendung auf viele Bewegungen im Alltag und in der Astronomie **(Himmelsmechanik)** hat sich auch die daraus herleitbare **Kontinuumsmechanik** entwickelt, die **ausgedehnte feste Körper, Flüssigkeiten und Gase** untersucht. Hier ist vor allem **Leonhard Euler (1707–1783)** zu nennen, der nicht nur die Newton'sche Mechanik für „Punktteilchen" in der bis heute üblichen Form formuliert, sondern auch die Verallgemeinerung zur Kontinuumsmechanik entwickelt hat. Hier benötigt man bereits die **Vektoranalysis,** d. h. die Differential- und Integralrechnung von Funktionen mehrerer unabhängiger Variablen. Eine Flüssigkeitsströmung beschreibt man z. B. durch die Angabe der Geschwindigkeit als Funktion der Zeit und des Ortes. Dies impliziert den sog. **Feldbegriff,** d. h., man betrachtet physikalische Größen wie die Geschwindigkeit einer Flüssigkeitsströmung oder die Temperatur und Dichte der Materie als Funktion von Zeit und Ort. Leider kann die Kontinuumsmechanik im Rahmen dieser Vorlesungsreihe nicht ausführlich behandelt werden.

Allerdings werden diese Begriffe, insbesondere der Feldbegriff, für die **klassische Elektrodynamik** wichtig, die in **Theoretische Physik 2** behandelt werden. Die Elektrodynamik in der heutigen Form haben nach einigen Vorläufern vor allem **Michael Faraday (1791–1867)** und **James Clerk Maxwell (1831–1879)** entwickelt. Hier wird schon eine klare Spezialisierung in Richtung Experimental- und theoretische Physik deutlich, denn Faraday hat seine richtungsweisenden Ideen ausschließlich auf experimentellem Wege gewonnen. Ihm verdanken wir insbesondere die Idee, dass elektrische und magnetische Erscheinungen am besten als **lokale Feldwirkungen** beschrieben werden. Während nämlich z. B. das Newton'sche Gravitationsgesetz eine typische **Fernwirkungstheorie** ist, d. h., die Anziehung zweier Massen wird durch ein Gesetz beschrieben, wo die Kraftwirkung bei Lageänderungen dieser beiden Körper **instantan,** d. h. ohne zeitliche Verzögerung erfolgt, war Faradays wegweisende Idee, dass die elektromagnetischen Kraftwirkungen **lokal** erfolgen, d. h. aufgrund der

1.1 Was ist (theoretische) Physik?

elektrischen Ladung eines Körpers ist dieser von einem **elektromagnetischen Feld** umgeben, das sich über den gesamten Raum erstreckt, und die Wirkung elektrischer und magnetischer Kräfte auf einen anderen Körper kommt dadurch zustande, dass am Ort dieses Körpers das elektromagnetische Feld des anderen Körpers vorhanden ist. Dies eröffnet die Möglichkeit einer **Wirkungsausbreitung mit endlicher Geschwindigkeit,** d. h., bei einer Lageänderung eines geladenen Körpers verändert sich das elektromagnetische Feld nicht instantan, sondern es breiten sich **elektromagnetische Wellen** mit endlicher Geschwindigkeit aus. Es war in der Tat die bedeutendste Leistung Maxwells, dass seine mathematische Analyse der Faraday'schen Experimente und die mathematische Formulierung der Idee lokaler Feldwirkungen zur Vorhersage der Existenz elektromagnetischer Wellen geführt hat. Zugleich zeigte sich, dass Maxwells Theorie nicht nur elektrische und magnetische Phänomene in einer „vereinheitlichten Theorie" beschreibt sondern auch die optischen Phänomene, denn die Theorie ergab, dass alle zu dieser Zeit bekannten Eigenschaften des Lichts mit der Idee verträglich waren, dass Licht eine elektromagnetische Welle ist. Der direkte Nachweis elektromagnetischer Wellen gelang schließlich **Heinrich Hertz (1857–1894).**

Das 20. Jahrhundert brachte mit der Entdeckung der **Relativitätstheorie** und **Quantentheorie** einen entscheidenden Fortschritt der Physik mit zum Teil „revolutionären" Änderungen des bis dahin etablierten **deterministischen Weltbildes** der klassischen Physik. Dabei kann man die **Relativitätstheorie** noch in gewisser Hinsicht als den krönenden Abschluss der klassischen Physik verstehen. Die **Spezielle Relativitätstheorie** ist nämlich aus dem zunächst rein theoretischen Problem entstanden, dass die Maxwell'sche Elektrodynamik inkompatibel mit dem Newton'schen Raum-Zeit-Modell und dem Trägheitsprinzip ist. Technisch ausgedrückt erwiesen sich die Maxwell-Gleichungen als nicht invariant unter **Galilei-Transformationen,** die die Rechenvorschrift angibt, wie man in der Newton'schen Mechanik von einem inertialen Bezugssystem zu einem anderen inertialen Bezugssystem übergeht, das sich gegenüber dem ersteren geradlinig gleichförmig bewegt. Im ausgehenden 19. Jahrhundert war man zunächst der Auffassung, dass dies lediglich damit zusammenhinge, dass die elektromagnetischen Felder und die sich mit endlicher Geschwindigkeit ausbreitenden elektromagnetischen Wellen als mechanische Bewegungen eines als **Äther** bezeichneten Stoffes verstanden werden kann, der sich von der sonstigen **„ponderablen Materie"** unterschied. Das Ruhsystem dieses Äthers sollte dann ein Inertialsystem auszeichnen und Newtons **absoluten Raums** physikalisch bestimmbar machen. Andererseits erwies es sich bei der mathematische Analyse dieses Äthers als äußerst schwierig, dessen mechanische Eigenschaften mit den bis dahin bekannten Erfahrungstatsachen bzgl. elektromagnetischer Phänomene in Übereinstimmung zu bringen. Außerdem sollte dann die Bewegung der Erde durch den Äther mittels optischer Experimente nachweisbar sein. Ein entscheidendes Experiment war das **Michelson-Morley-Experiment,** das mittels eines sehr genauen Interferometers den Nachweis der Bewegung der Erde gegen den Äther hätte erbringen müssen. Trotz aller Bemühungen konnte man aber diese Vorhersage der Äthertheorie *nicht* nachweisen. Gleichzeitig bewährte sich die Maxwell-Theorie in der Beschreibung der elektromagnetischen Phänomene immer besser.

Allerdings blieb immer noch das Problem bestehen, wie man dies mit dem Galilei-Newton'schen Trägheitsprinzip kompatibel machen kann, denn eigentlich müssten ja die Naturgesetze in allen Inertialsystemen gleich aussehen, was aber eben für die Maxwell-Gleichungen nicht zuzutreffen schien.

Die Lösung brachte schließlich **Albert Einsteins (1879–1955)** berühmte Arbeit „Zur Elektrodynamik bewegter Körper". Aufbauend auf Vorarbeiten von **Hendrik Antoon Lorentz (1853–1928)** kam Einstein zu dem Schluss, dass man das spezielle Relativitätsprinzip mit den Maxwell-Gleichungen der Elektrodynamik kompatibel machen kann, indem man die Beschreibung von **Raum und Zeit** abändert. Dabei genügte es, von den Maxwell-Gleichungen und der Annahme, dass diese invariant beim Wechsel von einem Inertialsystem zu einem anderen sein müssen, auszugehen, was implizierte, dass die Ausbreitungsgeschwindigkeit elektromagnetischer Wellen (und damit auch des Lichts) unabhängig von der Bewegung der Quelle relativ zum Beobachter ist. Dies ersetzte die bislang verwendete **Galilei-Transformation** als Vorschrift zum Übergang von einem Inertialsystem zu einem anderen durch die sog. **Lorentz-Transformation.** Zugleich mussten wiederum die scheinbar bewährten **Gesetze der Newton'schen Mechanik** abgeändert werden, um mit der neuen Raum-Zeit-Beschreibung kompatibel zu sein. Insbesondere konnte die von Newton postulierte Existenz eines absoluten Raumes und einer absoluten Zeit nicht aufrecht erhalten werden. Dabei zeigt sich, dass die Newton'sche Mechanik eine gute Näherung für die Beschreibung bewegter Körper ist, solange die dabei auftretenden Geschwindigkeiten klein gegen die Lichtgeschwindigkeit (also der Ausbreitungsgeschwindigkeit der elektromagnetischen Wellen) ist. Die Newton'sche Mechanik bleibt also in einem eingeschränkten Sinn als Näherung zur relativistischen Mechanik Einsteins gültig.

Etwa zur gleichen Zeit um 1900 wurden aber auch weitere Probleme der klassischen Physik deutlich. Dies hatte mit bedeutenden technischen Fortschritten des ausgehenden 19. Jahrhundert zu tun. Ein Beispiel war die „Elektrifizierung" insbesondere der Beleuchtung von Städten. Um die von der Industrie benötigte Etablierung von Standards für die **Beleuchtungsstärke** von Lichtquellen zu ermöglichen, legte man in der Physikalisch Technischen Reichsanstalt ein großes Versuchsprogramm zur genauen Vermessung des **Spektrums eines ideal schwarzen Körpers** auf. Dies gründete sich auf der Erkenntnis Gustav Kirchhoffs, dass das Spektrum des von heißen Körpern ausgestrahlten Lichts universell sein sollte. Betrachtet man die durch ein kleines Loch aus einem auf konstanter Temperatur gehaltenen Hohlraum emittierte Strahlung, ist dessen Spektrum unabhängig vom Material der Hohlraumwände. Es ist klar, dass die Auffindung solcher **universellen Naturgesetze** eine große Motivation für Physiker ist. Allerdings brachten eingehende Untersuchungen auf der Grundlage der klassischen Elektrodynamik und Thermodynamik keinen Erfolg. Die klassische Physik sagte vielmehr voraus, dass die Gesamtenergie der Hohlraumstrahlung unendlich sein sollte, was ein offensichtlicher Widerspruch zur Tatsache ist, dass man zur Aufheizung des Hohlraums nur endlich viel Energie zur Verfügung hat. Nun ergaben aber die sehr genauen Messungen von **Heinrich Rubens (1865–1922)** und **Ferdinand Kurlbaum (1857–1927)** Abweichungen von allen aufgrund der klassischen Physik zu erwartenden Spektren der Hohlraumstrahlung. Im Jahr 1900 gelang Planck schließlich zunächst die Aufstellung einer Strahlungsformel, die das gemessene Spektrum als Funktion der Temperatur genau beschrieb und dann auch die theoretische Erklärung mit Hilfe der statistischen Physik, wobei er jedoch die Annahme machen musste, dass elektromagnetische Strahlung der Kreisfrequenz ω nur in **diskreten Energieportionen** der Größe $\hbar\omega$ von den Wänden des Hohlraums absorbiert bzw. emittiert werden konnte. Dabei ist $\hbar$ eine Naturkonstante, das (modifizierte) **Planck'sche Wirkungsquantum**. Dies stand in eklatantem Widerspruch zur klassischen Maxwell-Theorie.

In einem weiteren Geniestreich erweiterte dann Einstein in 1905 diese Idee zur **Lichtquantenhypothese,** um den **Photoeffekt** zu erklären. Seine Idee war, dass elektromagnetische Strahlung teilchenähnliche Eigenschaften besitzt, d. h., elektromagnetische Wellen der Kreisfrequenz ω sollten sich bei der Wechselwirkung mit Materie wie eine Art Strom von Teilchen mit der Energie $E_\omega = \hbar\omega$ und dem Impuls $\boldsymbol{p} = \hbar\boldsymbol{k}$ verhalten. Dabei ist $\boldsymbol{k}$ der Wellenvektor der elektromagnetischen Welle. Dabei gilt gemäß der Maxwell-Theorie die Beziehung $\omega = c|\boldsymbol{k}|$, was ebenen Wellen mit der Phasengeschwindigkeit c (Lichtgeschwindigkeit) entspricht. Beim photoelektrischen Effekt wurde nun beobachtet, dass bei der Bestrahlung von Metalloberflächen mit Licht Elektronen herausgelöst werden, die sich jedoch gar nicht gemäß der Erwartung der Maxwell'schen Elektrodynamik und der Wechselwirkung elektromagnetischer Wellen mit geladenen Teilchen wie Elektronen verhielten. Vielmehr war die (maximale) Energie der herausgelösten Elektronen durch die Gleichung $E_{\text{kin}} = \hbar\omega - W$ gegeben, wobei $W = $ const eine von dem bestrahlten Metall abhängige **Austrittsarbeit** ist. Demnach überträgt also ein „Lichtteilchen" die zur Herauslösung der Elektronen benötigte Austrittsarbeit auf das Elektron, und der Rest ergibt die kinetische Energie der Elektronen. Die Lichtintensität spielt für die Energie der Photoelektronen keine Rolle, wie man es von der klassischen Maxwell-Theorie her erwartet hätte. Eine höhere Lichtintensität bewirkt hingegen nur die Erhöhung der Anzahl der (pro Zeiteinheit) aus dem Metall herausgelösten Elektronen. Einstein war sich dabei der sehr merkwürdigen Konsequenzen dieser Idee vollkommen bewusst, denn einerseits verwendete seine Theorie das **Wellenmodell** des Lichtes gemäß der klassischen Maxwell-Theorie, nahm aber andererseits auch an, dass das Licht eine Art **Teilchencharakter** besitzt. Dies führte eine Art **Welle-Teilchen-Dualismus** für elektromagnetische Strahlung (u. a. also auch Licht) ein.

Ein anderes von der klassischen Physik unverstandenes Phänomen waren die **diskreten Spektren** des bei der Verbrennung verschiedener chemischer Elemente emittierten Lichtes, wobei sich diese Spektren als eine Art „Fingerabdruck" zur Identifikation dieser Elemente erwiesen. So wurde durch eine Analyse des Spektrums des Sonnenlichtes das Element Helium entdeckt, das erst später auch auf der Erde als Edelgas nachgewiesen werden konnte.

Eine erste Erklärung dieser „Spektrallinien" haben dann **Niels Bohr (1885–1962)** und **Arnold Sommerfeld (1868–1951)** gefunden. Ausgangspunkt war dabei das berühmte **Goldfolienexperiment** von **Ernest Rutherford (1871–1937),** der 1911 elektrisch geladene α-Teilchen aus den radioaktiven Zerfällen von radioaktiven Elementen auf dünne Goldfolien schoss und überraschenderweise aus der Verteilung der gestreuten α-Teilchen schließen konnte, dass die Goldfolie weitestgehend „leer" war und ansonsten aus positiv geladenen **Atomkernen** bestand. Da die Goldfolie natürlicherweise elektrisch neutral ist, mussten sich demnach in einiger Entfernung von den Atomkernen Elektronen befinden. Das bedeutete, entgegen aller damals gängigen Ideen über den Aufbau der Materie aus Atomen, dass diese Atome aus einem sehr kleinen Atomkern bestehen sollten, um den in einigem Abstand Elektronen irgendwie herumkreisen. In der Tat ergab diese Idee die korrekte Beschreibung für die Streuung der α-Teilchen in seinem Goldfolienversuch. Auf den ersten Blick konnte man also denken, dass ein Atom in einer Analogie als „Miniaturversion" der um die Sonne kreisenden Planeten verstanden werden könnte. Dabei war aber die anziehende Kraft die elektromagnetische und nicht die Gravitationskraft. Aus der Maxwell-Theorie war aber klar, dass die um den geladenen Atomkern kreisenden Elektronen wie jede beschleunigte Ladung **elektromagnetische Wellen** abstrahlen müssten und dadurch bereits nach einem Sekundenbruchteil all ihre Energie abstrahlen und in den Atomkern stürzen müssten. Dies stand in eklatantem Widerspruch zur beobachteten Stabilität der Atome. Aus der Chemie war ja klar, dass die Atome eines bestimmten Elementes im höchsten Maße stabil sein mussten, indem sie alle die exakt gleichen chemischen Eigenschaften besitzen und eben die uns umgebende Materie sehr stabil ist. Einen Ausweg aus diesem Dilemma fand **Niels Bohr** in 1913, indem er annahm, dass einerseits die Elektronen sich in der Tat wie klassische Punktteilchen um den Kern bewegen, wobei die Anziehungskraft durch die elektrische Coulomb-Kraft gegeben ist, wobei aber nur diskrete Bahnen erlaubt waren, die durch eine Art **Quantisierungsvorschrift** festgelegt wurden. Auf diesen Bahnen sollten die Elektronen entgegen der klassischen Maxwell-Theorie keine elektromagnetische Strahlung abgeben. Durch diese Annahme war die Frage geklärt, warum Atome stabil sein können. Dabei spielte wieder Plancks Wirkungsquantum die entscheidende Rolle. Das löste auch scheinbar das Problem mit den diskreten Linienspektren der Atome, denn Bohrs Idee zufolge konnten die Elektronen nur von einem diskreten Energieniveau zu einem anderen springen, und die entsprechende Energiedifferenz musste durch Absorption bzw. Emission eines von Einsteins Lichtteilchen erfolgen! Da die Energie dieser Lichtquanten durch $\Delta E = \hbar \omega$ gegeben ist, wobei ΔE die Energiedifferenz zwischen zwei „erlaubten Energiewerten" des Elektrons ist, ergaben sich eben diskrete Frequenzen für das ausgestrahlte Licht, und mit Bohrs angenommener Quantisierungsbedingung konnte er auch die Spektrallinien des Wasserstoffatoms sehr gut erklären.

Allerdings erwies sich diese Idee nur für das Wasserstoffatom als quantitativ richtig. Für schwerere Atome, angefangen beim nächstschwereren Heliumatom, das aus einem Atomkern mit der gegenüber dem Wasserstoffatom doppelten positiven Elementarladung und entsprechend zwei um diesen Kern laufenden Elektronen besteht, erwies sich das Bohr'sche Atommodell als nicht korrekt bei der Berechnung der Spektrallinien. Zwar wurde diese „alte Quantentheorie" in einem groß angelegten Forschungsprojekt Arnold Sommerfelds und seiner Schüler immer weiter verfeinert, aber man kam schließlich zu dem Schluss, dass es weitaus radikalere, mit den

Erkenntnissen der klassischen Physik brechende Ideen bedurfte, um diese Fragen der Atomphysik zu klären.

Eine weitere wichtige Idee wurde dann von **Louis de Broglie (1892–1987)** in seiner Doktorarbeit (1923) ausgearbeitet, wonach konsistenterweise nicht nur elektromagnetischer Strahlung (klassisch als elektromagnetische Welle beschrieben) Teilcheneigenschaften sondern umgekehrt auch **Elementarteilchen** (wie das von J. J. Thomson (1856–1940) entdeckte und als Teilchen identifizierte Elektron) Welleneigenschaften besitzen sollten. Diese Idee nahm dann **Erwin Schrödinger (1887–1961)** als Ausgangspunkt, um die entsprechenden Wellengleichungen für diese **Materiewellen** zu finden, und in der Tat gelang ihm in relativ kurzer Zeit in 1926 die Ausarbeitung einer entsprechenden Wellentheorie des Elektrons, mit der er ebenfalls die Wasserstoffspektrallinien sehr genau erklären konnte. Es stellte ich bald heraus, dass seine Theorie auch die Spektrallinien der schwereren Atome korrekt vorhersagte. Dies war eine Formulierung der sog. **modernen Quantentheorie**, die bis dato die erfolgreichste Theorie der Physik ist. Etwas früher war schon **Werner Heisenberg (1901–1976)** zu einer noch abstrakteren Formulierung einer in sich konsistenten Quantentheorie gelangt, die kurz darauf von **Max Born (1882–1970)**, **Pascual Jordan (1902–1980)** und ihm selbst zur sog. **Matrixmechanik** ausgearbeitet wurde. Der Name rührt daher, dass in dieser Formulierung die Matrizenrechnung, wie man sie aus der Vektorrechnung bereits kannte, eine wichtige Rolle spielt. Dabei hatte man es allerdings mit unendlichdimensionalen Vektoren und Matrizen zu tun. Schrödinger konnte 1926 bereits zeigen, dass seine **Wellenmechanik** und die Heisenberg'sche Matrixmechanik in Wirklichkeit nur verschiedene mathematische Formulierungen derselben Theorie sind. Endgültig geklärt wurde dies zum einen durch **Paul A. M. Dirac (1902–1984)**, der 1927 eine dritte Version derselben Theorie auf der Grundlage abstrakter algebraischer Formulierungen gefunden hat. Mathematisch geklärt wurde diese **nichtrelativistische Quantenmechanik** schließlich durch **John von Neumann,** der sie auf die damals entwickelte mathematische Theorie des **Hilbert-Raumes** zurückführen konnte.

Diese zunächst recht komplizierten und abstrakten mathematischen Formulierungen der Quantentheorie führten zu einem zuvor unbekannten Problem für die Physik. Zwar verfügte man über eine sehr ausgeklügelte Theorie, die bereits in kürzester Zeit zur Erklärung zahlreicher Phänomene wie der Spektren chemischer Elemente (Atome), **Moleküle** oder einer Theorie der Festkörper beitrug. Damit einhergehend konnte man auch bis dahin unverstandene Messergebnisse von Materialkonstanten erklären, wie etwa die spezifische Wärme von Festkörpern bei tiefen Temperaturen. Letzteres war teilweise bereits im Rahmen der „alten Quantentheorie" à la Einstein und Bohr von Einstein und **Peter Debye (1884–1966)** beschrieben worden. Dennoch blieb unklar, was diese abstrakten Formalismen physikalisch genau zu bedeuten hatten. Beispielsweise erhebt sich in Schrödingers Formulierung der Quantenmechanik als Wellenmechanik die Frage, was die dazugehörige **Wellenfunktion,** die für ein Teilchen (z. B. ein Elektron) eine komplexwertige Feldgröße $\psi(t, \boldsymbol{x})$ ist, eigentlich physikalisch zu bedeuten hat. Schrödingers ursprüngliche Idee war, dass dieses Feld im Sinne einer klassischen Feldtheorie einfach die Teilchen selbst beschreibt, so wie Maxwells elektromagnetische Wellen Licht beschreiben.

Dabei ergab sich allerdings die Frage, wieso man dann Elektronen stets als punktartige Teilchen beobachtet. Denn nimmt man an, dass ein freies Elektron als eine Art **Wellenpaket** beschrieben werden kann, das auf einen relativ kleinen räumlichen Bereich beschränkt ist, liefert Schrödingers Wellengleichung eine Lösung, die mit der Zeit immer breiter werdenden Wellenpaketen entspricht. Schließlich hat nach einiger Zeit solch ein Wellenpaket nichts mehr mit einem punktartigen Teilchen gemein, obwohl sich der Schwerpunkt des Wellenpaktes immer noch gemäß der klassischen Newton'schen Mechanik mit konstanter Geschwindigkeit bewegt, wie man es für ein kräftefreies Teilchen erwartet. Schrödingers Annahme, dass die reelle Größe $|\psi(t,x)|^2$ sich als eine Art „Intensität" des Elektrons analog zur Intensität von Licht in der Maxwell'schen Elektrodynamik deuten ließe, konnte man also nicht aufrecht erhalten, da in der Tat ein einzelnes Elektron stets wie ein punktförmiges Teilchen nur eine Stelle auf einer Photoplatte schwärzt.

Die bis heute allgemein akzeptierte Interpretation geht wieder auf Max Born zurück, der sich 1926 mit der Frage beschäftigt hat, wie man das Rutherford'sche Streuexperiment mittels der neuen Quantenmechanik verstehen kann. Dabei verwendete er Schrödingers Formulierung als Wellenmechanik, denn von dem analogen Problem der Lichtstreuung im Rahmen der Maxwell-Theorie kannte man schon die nötigen mathematischen Lösungsverfahren, die die Streuung von Wellen beschreiben. Entsprechend des oben beschriebenen Widerspruchs zwischen der Schrödinger'schen Interpretation des Elektrons als klassisches Materiefeld, deutete Born $|\psi(t,x)|^2$ nicht als Intensität eines klassischen Feldes sondern als **Aufenthaltswahrscheinlichkeitsdichte** für ein einzelnes Teilchen, d. h. dieser Interpretation zufolge waren die Teilchen punktförmig, aber man konnte deren genauen Aufenthaltsort nicht exakt vorhersagen sondern nurmehr mit Hilfe der Schrödinger-Gleichung die Aufenthaltswahrscheinlichkeit. Ähnlich verhält es sich auch mit den Impulsen der Teilchen bei der Lösung des Streuproblems.

Später wurde die Quantentheorie auch noch zu einer relativistischen Theorie verallgemeinert. Darauf basiert das **Standardmodell der Elementarteilchen,** das bis dato alle bekannten Teilchen und ihre Wechselwirkungen sehr genau beschreibt.

Die Grundlagen der Relativitäts- und Quantentheorie werden in der Vorlesung Theoretische Physik 3 behandelt.

1.2 Wozu theoretische Physik für Lehramtsstudierende?

Angesichts der im Rahmen dieser sehr kurzen Einleitung in das große Themengebiet der theoretischen Physik und deren historischer Entwicklung[1] stellt sich die Frage, warum sich Studierende für das Physiklehramt mit dieser auch für die Hauptstudiumsstudierenden schwierigen Materie auseinandersetzen sollen.

---

[1] Eine äußerst spannend geschriebene Geschichte der Physik von der Antike bis zur Gegenwart mit vielen Illustrationen und Originalquellen ist Simonyi (1995).

Die Antwort darauf ist vielfältig. Das wichtigste Argument dürfte sein, dass ein Verständnis der Erkenntnisse der Physik, von der klassischen Mechanik über die klassische Elektrodynamik bis hin zur Atom-, Kern- und Elementarteilchenphysik ohne die theoretische Analyse schlicht unverständlich ist und daher auch nicht erfolgreich in der Schule vermittelt werden kann. Die theoretische Physik ist zwar, insbesondere wegen der recht umfangreichen mathematischen Methoden, die man für ihre Formulierung benötigt, schwierig, stellt aber zugleich auch eine gehörige Vereinfachung gegenüber einer rein experimentell bzw. empirisch begründeten Naturwissenschaft dar, denn die Theorie liefert die **grundlegenden Ordnungsprinzipien,** die es ermöglichen, die quasi unendliche Fülle der in der Natur auftretenden Phänomene in eine logische Ordnung zu bringen. So liefern z. B. bereits die wenigen Erhaltungssätze, die sich ihrerseits wieder auf relativ einfache mathematische Symmetrieprinzipien zurückführen lassen, ordnende Erklärungsmöglichkeiten für eine Fülle von Phänomenen bis hin zur Zurückführung der uns umgebenden Materie auf das Verhalten einiger weniger Elementarteilchen (Quarks und Leptonen) und der Wechselwirkungen dieser Elementarteilchen (elektromagnetische Wechselwirkung, starke und schwache Wechselwirkung und Gravitation).

Schließlich ist die moderne Physik, die, wie im obigen historischen Abriss dargestellt, ohne die mathematisch-theoretische Analyse nicht einmal adäquat formuliert werden kann, die Grundlage aller technologischen modernen Entwicklungen. So basieren z. B. der Transistor und integrierte Schaltkreise auf fundamentalen Erkenntnissen der quantenmechanischen Beschreibung von **Halbleitern,** ohne die wir weder Computer noch Mobiltelefone zur Verfügung hätten. Die Navigation mit dem GPS wäre ohne Einsteins Allgemeine Relativitätstheorie (die die relativistische Beschreibung der Gravitationswechselwirkung liefert) nicht denkbar. Man könnte diese Liste technischer Anwendungen der Physik (und eben entscheidend auch der theoretischen Physik!) zweifelsohne noch fortsetzen.

Zuletzt darf auch der rein **kulturelle Wert** der (theoretischen) Physik nicht unerwähnt bleiben. Das Verständnis der Naturphänomene im Rahmen objektiv empirisch überprüfbarer Modelle und Theorien stellt zweifelsohne eine beeindruckende Kulturleistung der Menschheit dar, die durchaus mit anderen kreativen Leistungen vergleichbar ist – Leistungen, die gemeinhin eher als „Kultur" angesehen werden als die Errungenschaften der Physik, der übrigen Naturwissenschaften sowie der Mathematik und ihrer Anwendungen. Die Aufstellung umfassender theoretischer Modelle, die eine enorme Menge von Erfahrungswissen auf einfache Grundprinzipien zurückführen, kann sicherlich mit ebenso gutem Recht als kreative Leistung einer Vielzahl von Wissenschaftlerinnen und Wissenschaftlern angesehen werden, wie die Produktion bildender Kunst oder Musik.

1.3 Klassische Mechanik

In diesem 1. Band der „Theoretischen Physik für das Lehramt" behandeln wir die **Newton'sche Mechanik.** Sie bildet historisch ebenso wie methodisch das „Rückgrat" der theoretischen Physik (Sommerfeld, 1994). Am Anfang steht in Kap. 2 dabei naturgemäß die mathematische Beschreibung von **Raum und Zeit,** denn die Untersuchung der Bewegung von Körpern, die in den einfachsten Fällen als Massenpunkte idealisiert werden können, erfordert die Erfassung der Position dieser Massenpunkte als Funktion der Zeit. Dazu besprechen wir ausführlich das **Galilei-Newton'sche Raum-Zeit-Modell.** Insbesondere kann man anhand dieses Beispiels der Theoriebildung den Zusammenhang erkennen zwischen mathematischen Strukturen auf der einen Seite – hier insbesondere die Formulierung der **euklidischen Geometrie** als eines affinen Raumes und damit als **analytische Geometrie,** – und auf der anderen Seite der Quantifizierung physikalischer Phänomene durch Messvorschriften und der damit verbundenen Definition von **Observablen** wie Ort, Geschwindigkeit, Beschleunigung, Masse und Kraft, die quasi **axiomatisch** durch die drei **Newton'schen Postulate** begründet werden.

Daran schließen wir eine Besprechung der allgemeinen Erhaltungssätze für **Energie, Impuls, Drehimpuls und Schwerpunktsgeschwindigkeit** an, wodurch die grundlegenden Lösungsmethoden für die **Newton'schen Bewegungsgleichungen** anhand konkreter Beispiele begründet werden.

Ein wichtiges Beispiel ist der **harmonische Oszillator,** da er oft in Näherungen zur Anwendung kommt, wenn ein mechanisches System Bewegungen ausführt, die durch kleine Abweichungen von einer **stabilen Gleichgewichtslage** beschrieben werden können. Ein wichtiges Phänomen ist dabei auch die **Resonanz,** wenn ein solcher Oszillator durch äußere zeitabhängige Kräfte angetrieben wird.

Als eines der wichtigsten Beispiele für ein abgeschlossenes System beschäftigen wir uns ausführlich mit dem **Kepler-Problem,** also der Bewegung von Himmelskörpern, insbesondere der Planeten um unsere Sonne. Es zeigt exemplarisch, wie allgemeine Naturgesetze in einem Wechselspiel aus Phänomenologie und Theoriebildung entdeckt werden können. Newton verwendete nämlich seine allgemeinen Postulate, um aus den phänomenologisch gefundenen **Kepler-Gesetzen der Planetenbewegungen** auf die **Gravitationswechselwirkung** als eine der universell anwendbaren **fundamentalen Wechselwirkungen** zu schließen und diese quantitativ zu beschreiben. Dies manifestiert sich darin, dass man umgekehrt die Newton'sche Bewegungsgleichungen unter Vorgabe des gefundenen **Gravitationsgesetzes** verwenden kann, um die Kepler-Gesetze herzuleiten.

In Kap. 2 wenden wir uns dann der **analytischen Mechanik** zu, die die Newton'sche Mechanik in Form des **Hamilton'schen Prinzips der kleinsten Wirkung** formuliert. Dieser abstrakteren Methode, die Newton'schen Bewegungsgleichungen zu beschreiben, kommt dabei sowohl eine praktische als auch eine theoretisch wichtige Bedeutung zu: Zum einen ermöglicht die Formulierung als **Variationsprinzip** die elegante Beschreibung von durch mechanisch-geometrische Zwänge eingeschränkten Bewegungen durch beliebige, an das jeweilige Problem angepasste **generalisierte Koordinaten,** die sowohl die Herleitung als auch die Lösung der Bewegungsgleichungen erheblich erleichtern. Zum anderen lassen sich aber auch aus **Symmetrien,** d. h. Transformationen der Koordinaten, die die Bewegungsgleichungen ungeändert lassen, auf **Erhaltungssätze** schließen. Die Bedeutung des **Noether-Theorems** für die gesamte Entwicklung der theoretischen Physik kann dabei kaum überschätzt werden. Insbesondere die quasi **algebraische Formulierung**

1.3 Klassische Mechanik

mittels **Poisson-Klammern** im Rahmen der **Hamilton'schen kanonischen Mechanik** ermöglicht insbesondere einen plausiblen, heuristischen Zugang zur **Quantentheorie**.

In Kap. 4 werden schließlich einige anspruchsvollere Beispiele für die Anwendung der analytischen Mechanik, vornehmlich in der **Lagrange'schen Formulierung** behandelt, insbesondere der **starre Körper** und die Anfangsgründe der **Kreiseltheorie**. Wir weisen schließlich noch auf einige weiterführende **Lehrbücher der Mechanik** hin, die freilich auch für die hier vorgelegte Darstellung des Themas verwendet wurden. Ein neueres einführendes Lehrbuch, das die gesamte theoretische Physik für das BSc-Studium behandelt, ist Bartelmann et al. (2015) bzw. die in vier Einzelbänden erschienene neuere Auflage. Die Mechanik wird im 1. Band Bartelmann et al. (2018) behandelt. Eine klassische sehr empfehlenswerte ältere Lehrbuchreihe sind die „Vorlesungen über theoretische Physik" von Arnold Sommerfeld. Die hier behandelte Punktteilchenmechanik findet sich in Band 1 (Sommerfeld, 1994). Kompakter ist das zweibändige Lehrbuch von Walter Weizel (Weizel, 1963, 1958). Ein weiterer Klassiker ist die Lehrbuchreihe von Walter Greiner. Die Newton'sche Mechanik und auch die dazu benötigte Mathematik wird in Greiner (2003), die analytische Mechanik in Greiner (2008) behandelt. Sehr lesenswert sind auch die „Feynman Lectures". Auf Deutsch findet man die Mechanik in Feynman et al. (2007). Die englische Originalversion ist legal frei im Netz verfügbar unter http://www.feynmanlectures.caltech.edu/
Die Darstellung des Noether-Theorems folgt derjenigen in Fließbach (2020).

Eine gute Zusammenfassung der für die theoretische Physik benötigten Rechenmethoden findet man in Großmann (2012).

Newton'sche Mechanik

In diesem Kapitel führen wir die grundlegenden Begriffe der Newton'schen Mechanik ein. Dazu benötigen wir im Wesentlichen die **analytische, euklidische Geometrie**, also die aus der Schule geläufige Geometrie, formuliert mit Hilfe von **Vektoren** und den Begriff der **Zeit**. Zusammen ergibt sich das **Galilei-Newton'sche Raum-Zeit-Modell**.

Nachdem damit die rein beschreibende Ebene von Bewegungen eingeführt ist, wenden wir uns der eigentlichen Aufgabe der theoretische Mechanik zu, nämlich bei vorgegebenen **Kräften** die Bewegungen von **Massepunkten** zu beschreiben. Dabei ergibt sich die mathematische Aufgabe, Gleichungen für die Lagekoordinaten der Massepunkte als Funktion der Zeit zu lösen, die die Ableitungen dieser Funktionen enthalten, also sog. **Differentialgleichungen**.

Bei der Lösung dieser **Newton'schen Bewegungsgleichungen** erweisen sich dabei **Erhaltungssätze** als sehr nützlich. Als wichtiges Beispiel betrachten wir die **Newton'sche Gravitationstheorie** und als Anwendung die Herleitung der **Kepler-Gesetze der Planetenbewegung** aus der Newton'schen Mechanik. Dies diente Newton als Motivationspunkt, sein berühmtes Werk **Philosophiae Naturalis Principia Mathematica** (lat. für „Die mathematischen Prinzipien der Naturphilosophie") zu verfassen, das die in dieser Vorlesung besprochene Newton'sche Mechanik und deren mathematische Beschreibung mittels „Infinitesimalrechnung", d.h. **Differential- und Integralrechnung**, enthält und damit letztlich die moderne Physik begründete.

2.1 Kinematik: Die Mathematik der Newton'schen Raumzeit

Zunächst einmal ist die Mechanik, wie alle Physik, eine Erfahrungswissenschaft, d.h. sie geht von Beobachtungen der Natur durch den Menschen aus. Dabei hat die

Mechanik die am unmittelbarsten unseren Sinnen zugänglichen Phänomene zum Gegenstand. Zum einen beschreibt sie die Bewegung von festen Körpern, die sich oft grob zu **Massenpunkten** vereinfachen lassen, d. h. oft kann man von der Ausdehnung der Körper absehen und einfach die Lage eines einzelnen Punktes in diesem Körper betrachten. Dabei benötigt man eine Beschreibung, die die **Lage** von solchen Massenpunkten im Raum erfasst. Dies werden wir ausführlich in diesem Abschnitt über die **Kinematik** (griechisch für **Bewegungslehre**) besprechen.

Zum anderen umfasst die Mechanik aber auch die Bewegung **kontinuierlicher Materie** wie die Strömung von Flüssigkeiten und Gasen. Auch diese Theorie der **Fluiddynamik** beruht letztlich auf den Erkenntnissen aus dem Studium der Bewegung von Massenpunkten, erfordert aber anspruchsvollere mathematische Hilfsmittel. Daher werden wir uns in diesem Lehrbuch vornehmlich auf die Bewegung von Massenpunkte bzw. zum Schluss endlich ausgedehnter **starrer Körper** beschränken. Dabei treten nämlich nur endlich viele geometrische Größen auf (**Koordinaten**), die ausreichen, um die Lage der Massenpunkte im Raum bzw. für einen starren Körper dessen Lage und Orientierung im Raum zu beschreiben. Die Bewegung ist dann dadurch definiert, dass man zu jedem Zeitpunkt alle Lagekoordinaten der Massenpunkte bzw. starren Körper kennt, d. h., man betrachtet die Lagekoordinaten als **Funktionen der Zeit**.

Betrachten wir diese Vorüberlegungen genauer, ergibt sich sofort ein Problem, denn wir benötigen erst einmal einen Begriff vom **Raum und der Zeit** sowie geeigneter Koordinaten, um die Lage von Massenpunkten zu erfassen. Hier geht Newton **axiomatisch** vor, d. h., er postuliert einfach die mathematischen Eigenschaften von Raum und Zeit, und zwar führt er den Raum als **absoluten Raum** ein, der unabhängig von allem physikalischen Geschehen einfach vorhanden ist, und er nimmt an, dass in diesem Raum die Gesetze der **euklidischen Geometrie** gelten. Dies ist historisch verständlich, denn zu Newtons Zeit kannte man schließlich nur die euklidische Geometrie. Die Möglichkeit nichteuklidischer Geometrien wurde erst von Carl Friedrich Gauß (1777–1855) und anderen Mathematikern im 19. Jahrhundert entdeckt!

Die euklidische Geometrie impliziert nun aber, dass wir die absolute Lage eines Massenpunktes auf keine Weise irgendwie erfassen können, denn es gibt in der euklidischen Geometrie weder irgendeinen irgendwie ausgezeichneten Punkt (man sagt dazu, dass der Raum **homogen** ist, d. h. dass er an jeder Stelle gleich aussieht) noch irgendeine irgendwie ausgezeichnete Richtung (hier spricht man davon, dass der Raum **isotrop** sei). Wir können also die Lage eines Massenpunktes im Raum nur in Bezug auf irgendeinen willkürlich vorgegebenen Punkt und durch drei beliebige, nicht in einer Ebene gelegene Richtungen bestimmen. Dabei kann man sich solch ein **Bezugssystem** durch drei in einem Punkt zusammengefügte paarweise aufeinander senkrecht stehende starre Stangen einer bestimmen Einheitslänge (in der Physik z. B. 1 m) realisiert denken. Dann können wir die Lage eines jeden Punktes relativ zu diesem Bezugssystem eindeutig durch die Angabe dreier **kartesischer Koordinaten** (x_1, x_2, x_3) festgelegt denken.

Nun fehlt noch eine Definition der **Zeit**. Auch hier geht Newton axiomatisch vor, d. h. er definiert die **absolute Zeit** als einen kontinuierlichen Parameter t. Quantifi-

2.1 Kinematik: Die Mathematik der Newton'schen Raumzeit

ziert wird die Zeit durch Zählen von Perioden irgendeines sich regelmäßig wiederholenden Vorgangs, z. B. die **Schwingungen eines Pendels**, also im Prinzip einer **Pendeluhr**. Die Bewegung eines Massenpunktes ist dann vollständig bekannt, wenn man die drei Lagekoordinaten als Funktionen der Zeit kennt, also die Funktionen $(x_1(t), y_1(t), z_1(t))$.

Allerdings wird die Beschreibung im Folgenden wesentlich einfacher, wenn man den Begriff des **Vektors** einführt. Ein Vektor ist dabei zunächst im geometrischen Sinne eine **gerichtete Strecke**. Wir können uns für zwei beliebige Punkte A und B im Raum darunter eine A mit B verbindende Strecke vorstellen, die wir mit einem Pfeil, die von A nach B weist, versehen. Dies schreiben wir als $\overrightarrow{AB}$. Wir können uns auch eine Verschiebung des Punktes A in den Punkt B entlang der geraden Verbindungsstrecke zwischen diesen beiden Punkten denken. Weiter sehen wir von der absoluten Lage der Vektoren ab und bezeichnen zwei Vektoren $\overrightarrow{AB}$ und $\overrightarrow{CD}$ als gleich, wenn wir die entsprechenden Pfeile durch Parallelverschiebung zur Deckung bringen können.

2.1.1 Vektoraddition

Es ist nun leicht, algebraische Operationen mit den so definierten Pfeilen zu definieren. Beginnen wir mit der **Addition zweier Vektoren** v_1 und v_2. Um deren Summe $v_1 + v_2$ zu definieren, denken wir uns zunächst zwei beliebige Punkte A und B gegeben, sodass $v_1 = \overrightarrow{AB}$ ist und schließlich einen dritten Punkt C, sodass $v_2 = \overrightarrow{BC}$ gilt. Dass dies stets möglich ist, gehört zu den Grundannahmen (Axiomen) der euklidischen Geometrie! Jedenfalls definieren wir dann $v_1 + v_2 = \overrightarrow{AC}$. Es handelt sich also um die Hintereinanderausführung einer Verschiebung zuerst von A nach B und dann von B nach C, die man im Endresultat als direkte Verschiebung von A nach C betrachten kann.

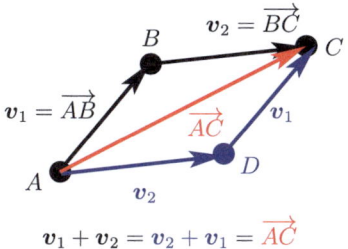

$$v_1 + v_2 = v_2 + v_1 = \overrightarrow{AC}$$

Wir können nun zeigen, dass für die so definierte Addition von Vektoren einige von der Addition von Zahlen her bekannte Rechenregeln gelten. Beginnen wir mit dem **Kommutativgesetz**.

Geben wir zwei Vektoren $v_1 = \overrightarrow{AB}$ und $v_2 = \overrightarrow{BC}$ vor, so definieren wir wie eben erörtert die Hintereinanderausführung der Verschiebungen (s. die obige Skizze), die direkt zur Verschiebung $\overrightarrow{AC}$ führt, als die **Summe der Vektoren:** $v_1 + v_2 = \overrightarrow{AC}$.

Durch Parallelverschiebung von v_2, sodass sein Anfangspunkt in A zu liegen kommt, ergibt sich der Punkt D vermöge $v_2 = \overrightarrow{AD}$. Nach den Gesetzen der euklidischen Geometrie ist dann $\overrightarrow{DC} = v_1$, denn die vier Punkte A, B, C und D bilden ein **Parallelogramm**. Entsprechend folgt $v_2 + v_1 = \overrightarrow{AD} + \overrightarrow{DC} = \overrightarrow{AC} = v_1 + v_2$. Das bedeutet, dass in der Tat die **Vektoraddition kommutativ** ist, d.h., die Summe zweier Vektoren hängt nicht von der Reihenfolge der Addition ab.

Nun führen wir noch den (nur scheinbar sinnlosen) **Nullvektor** $\overrightarrow{AA} = \mathbf{0}$ ein. Es ist klar, dass das im Sinne von Verschiebungen bedeutet, dass gar keine Verschiebung ausgeführt wird. Im Sinne unserer Äquivalenzklassenbildung gilt für jeden anderen Punkt B ebenfalls, dass $\overrightarrow{BB} = \mathbf{0}$ ist. Entsprechend folgt für die Addition $\overrightarrow{AA} + \overrightarrow{AB} = \overrightarrow{AB}$ bzw. $\mathbf{0} + v_1 = v_1 + \mathbf{0} = v_1$. Der Nullvektor ist also das **neutrale Element der Vektoraddition**.

Es ist auch klar, dass wir zu jedem Verschiebungsvektor $v = \overrightarrow{AB}$ den die umgekehrte Verschiebung kennzeichnenden Vektor $(-v) = \overrightarrow{BA}$ zuordnen können. Der Summe dieser beiden Vektoren entspricht gerade die Verschiebung von A nach B und dann wieder zurück zu A. Insgesamt haben wir also gar keine Verschiebung ausgeführt. Es ist also $v + (-v) = \overrightarrow{AB} + \overrightarrow{BA} = \overrightarrow{AA} = \mathbf{0}$.

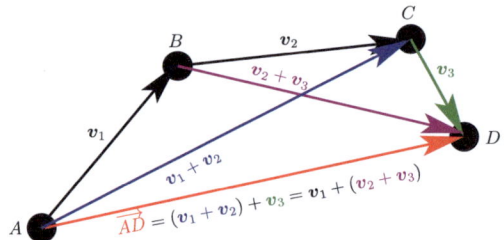

Betrachten wir nun drei Vektoren $v_1 = \overrightarrow{AB}$, $v_2 = \overrightarrow{BC}$ und $v_3 = \overrightarrow{CD}$. Dann ist

$$v_1 + v_2 = \overrightarrow{AB} + \overrightarrow{BC} = \overrightarrow{AC}. \tag{2.1}$$

und folglich

$$(v_1 + v_2) + v_3 = \overrightarrow{AC} + \overrightarrow{CD} = \overrightarrow{AD}. \tag{2.2}$$

Addieren wir jetzt diese drei Vektoren in einer etwas anderen Reihenfolge, und zwar bilden wir zuerst die Summe

$$v_2 + v_3 = \overrightarrow{BC} + \overrightarrow{CD} = \overrightarrow{BD}. \tag{2.3}$$

Dann folgt

$$v_1 + (v_2 + v_3) = \overrightarrow{AB} + \overrightarrow{BD} = \overrightarrow{AD}. \tag{2.4}$$

Vergleichen wir dies mit (2.2), ergibt sich das **Assoziativgesetz der Vektoraddition**

$$(v_1 + v_2) + v_3 = v_1 + (v_2 + v_3). \tag{2.5}$$

Dies zeigt, dass wir hinsichtlich der Addition mit Vektoren formal genauso wie mit reellen Zahlen rechnen können. Insbesondere können wir auch Gleichungen lösen. Seien z. B. a und b vorgegebene Vektoren. Wir suchen nun einen Vektor x, der die Gleichung $a + x = b$ erfüllt. Hätten wir Zahlen vorliegen, könnten wir einfach a auf beiden Seiten der Gleichungen abziehen, um x zu finden. Aufgrund der eben hergeleiteten Rechenregeln funktioniert das auch für Vektoren, denn es gilt

$$b + (-a) = (a + x) + (-a) = (-a) + (a + x) = [(-a) + a] + x = 0 + x = x. \tag{2.6}$$

Es ist eine gute *Übung* sich zu vergewissern, welche der oben hergeleiteten Rechenregeln bei den einzelnen Umformungsschritten verwendet wurden! Entsprechend definieren wir die **Subtraktion von Vektoren** in der naheliegenden Weise als $b - a = b + (-a)$.

2.1.2 Länge (Norm) von Vektoren

Bisher haben wir nicht von der Eigenschaft von Vektoren Gebrauch gemacht, dass sie auch eine **Länge** besitzen. Die Länge des Vektors $v = \overrightarrow{AB}$ ist dabei natürlich einfach durch die Länge der Strecke $|v| = |\overline{AB}|$ im Sinne der euklidischen Geometrie definiert. Man nennt $|v|$ auch die **euklidische Norm** des Vektors v oder (vor allem in der Physik) auch einfach den **Betrag** oder die **Länge** des Vektors v. Der Betrag ist eine positive reelle Zahl. Dass für die Länge von Strecken *reelle* Zahlen benötigt werden und nicht etwa rationale Zahlen ausreichen, ist keinesfalls trivial. Erst D. Hilbert (1862–1943) hat Ende des 19. Jahrhundert bemerkt, dass die Manipulationen mit Lineal und Zirkel, wie sie Euklid im Altertum ausgeführt bzw. axiomatisch begründet hat, die reellen Zahlen erfordern, also auch irrationale Zahlen benötigt werden.

Die euklidische Norm von Vektoren erbt nun naturgemäß einige Eigenschaften vom Längenbegriff der euklidischen Geometrie. Beispielsweise ist die Länge des Nullvektors 0: $|0| = 0$, denn ein Punkt besitzt definitionsgemäß keine Ausdehnung. Ist umgekehrt v ein Vektor mit $|v| = 0$ ist offenbar $v = 0$.

Weniger trivial ist die **Dreiecksungleichung**. Sind nämlich A, B und C drei beliebige, nicht auf einer Gerade gelegene Punkte, dann gilt für die Seiten des von ihnen definierten Dreiecks stets $|AB| + |BC| > |AC|$. Seien also $v_1 = \overrightarrow{AB}$, $v_2 = \overrightarrow{BC}$, so gilt

$$|\overrightarrow{AC}| = |v_1 + v_2| < |v_1| + |v_2|. \tag{2.7}$$

Liegen die drei Punkte auf einer Geraden und B zwischen A und C, so gilt offenbar $|\overrightarrow{AB}| + |\overrightarrow{BC}| = |\overrightarrow{AC}|$. In diesem Fall gilt also $|v_1 + v_2| = |v_1| + |v_2|$. Es gilt also für alle Vektoren v_1 und v_2 immer die **Dreiecksungleichung**

$$|v_1 + v_2| \leq |v_1| + |v|_2. \tag{2.8}$$

Das Gleichheitszeichen gilt offenbar dann und nur dann, wenn die Vektoren v_1 und v_2 parallel zueinander sind.

Nun gibt es in der euklidischen Geometrie zu zwei Punkten A und B und jeder reellen Zahl $\lambda > 0$ einen Punkt C auf der durch A und B eindeutig festgelegten Geraden, sodass $|AC| = \lambda |AB|$, wobei wir festlegen, dass für $\lambda < 1$ der Punkt C zwischen A und B und für $\lambda > 1$ der Punkt B zwischen A und C liegen soll. Entsprechend definieren wir die Multiplikation des Vektors $v = \overrightarrow{AB}$ mit der reellen positiven Zahl λ durch $\lambda v = \overrightarrow{AC}$. Anders ausgedrückt bedeutet die Verschiebung um den Vektor λv eine Verschiebung in die gleiche Richtung wie die durch v vorgegebene Verschiebung, aber um eine um den Faktor λ verschiedene Länge. Wir wollen eine solche Multiplikation von Vektoren mit reellen Zahlen auch für $\lambda < 0$ definieren. Wie wir gleich sehen werden, ist es sinnvoll, in diesem Fall $\lambda v = -(|\lambda|v)$ zu definieren. Dies liegt nahe, denn für $\lambda < 0$ ist $\lambda = -|\lambda|$. Wir verschieben in diesem Fall also um eine um den Faktor λ geänderte Strecke in entgegengesetzter Richtung zu v. Schließlich definieren wir noch, dass $0v = 0$ sein soll. Man macht sich schnell klar, dass für zwei Zahlen $\lambda_1, \lambda_2 \in \mathbb{R}$ das **Assoziativgesetz** $\lambda_1(\lambda_2 v) = (\lambda_1 \lambda_2)v$ gilt.

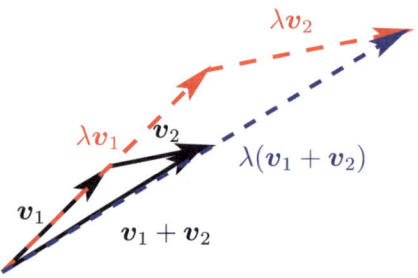

Es ist auch unmittelbar einsichtig, dass $(\lambda_1 + \lambda_2)v = \lambda_1 v + \lambda_2 v$ gilt. Es ergeben sich aus diesen Rechenregeln sofort unmittelbar einleuchtende Formeln wie $v + v = 2v$, d. h., führt man zweimal dieselbe Verschiebung hintereinander aus, erhält man eine Verschiebung in die gleiche Richtung aber um die doppelte Länge. Aus der obigen Skizze entnehmen wir, dass aufgrund des Strahlensatzes der euklidischen Geometrie auch das **Distributivgesetz** $\lambda(v_1 + v_2) = \lambda v_1 + \lambda v_2$ gilt.

2.1.3 Lineare Unabhängigkeit von Vektoren und Basen

Seien b_1 und b_2 zwei nichtparallele Vektoren. Das bedeutet, dass es keine reelle Zahl λ gibt, für die $\lambda b_1 = b_2$ ist. Man nennt solche Vektoren **linear unabhängig**. Eine etwas allgemeinere Definition ist, dass zwei Vektoren linear unabhängig voneinander sind, genau dann wenn aus $\lambda_1 b_1 + \lambda_2 b_2 = 0$ folgt, dass notwendig $\lambda_1 = \lambda_2 = 0$ sein muss. Beide Definitionen sind offenbar äquivalent. Gilt nämlich $\lambda b_1 = b_2$, so ist $\lambda b_1 - b_2 = 0$. Es ist also zumindest $\lambda_2 = -1 \neq 0$, sodass die Vektoren linear abhängig sind. Ist umgekehrt $\lambda_1 b_1 + \lambda_2 b_2 = 0$ und $\lambda_2 \neq 0$, so gilt $b_2 = -(\lambda_1/\lambda_2)b_1$, d. h., die Vektoren sind nach der ersten Definition linear abhängig.

2.1 Kinematik: Die Mathematik der Newton'schen Raumzeit

Dies lässt sich nun auf beliebig viele Vektoren verallgemeinern. Wir nennen eine beliebige endliche Menge von Vektoren $\{v_1, v_2, \ldots, v_n\}$ **voneinander linear unabhängig**, genau dann wenn aus

$$\lambda_1 v_1 + \lambda_2 v_2 + \cdots + \lambda_n v_n = \sum_{j=1}^{n} \lambda_j v_j = 0 \qquad (2.9)$$

notwendig $\lambda_1 = \lambda_2 = \cdots = \lambda_n = 0$ folgt. Andernfalls heißen die Vektoren **voneinander linear abhängig**.

Betrachten wir nun als Beispiel Vektoren in einer Ebene. Seien b_1 und b_2 zwei beliebige voneinander linear unabhängige Vektoren. Dann können wir jeden beliebigen Vektor v durch **Linearkombination** aus diesen **Basisvektoren** zusammensetzen. Wir schreiben die entsprechenden Zahlen, die **Komponenten** von v, als v_1 und v_2, d. h., wir können stets Zahlen $v_j \in \mathbb{R}$ ($j \in \{1, 2\}$) finden, sodass

$$v = v_1 b_1 + v_2 b_2 = \sum_{j=1}^{2} v_j b_j. \qquad (2.10)$$

Es ist nun auch klar, dass diese Zahlen eindeutig sind. Wenn nämlich die Vektoren b_1 und b_2 voneinander linear unabhängig sind, dann sind sie nicht parallel zueinander, weisen also in verschiedene Richtungen in der Ebene. Seien nun λ_1 und λ_2 irgendwelche Komponenten von v, folgt

$$0 = v - v = (v_1 - \lambda_1) b_1 + (v_2 - \lambda_2) b_2. \qquad (2.11)$$

Da b_1 und b_2 linear unabhängig sind, folgt daraus notwendig, dass $v_1 - \lambda_1 = 0$, also $v^1 = \lambda^1$, und $v_2 - \lambda_2 = 0$, also $v_2 = \lambda_2$ sein muss.

Man nennt nun eine Menge von Vektoren $\{b_1, \ldots, b_n\}$ **vollständig**, wenn man jeden Vektor v als Linearkombination dieser Vektoren darstellen kann. Falls diese Menge zusätzlich auch noch linear unabhängig ist, ist diese Linearkombination für jeden Vektor eindeutig, was man genauso beweist für unser Beispiel mit zwei Vektoren in der Ebene, und man nennt entsprechend jede vollständige Menge linear unabhängiger Vektoren **eine Basis** des Vektorraumes. Dabei ist ein Vektorraum die Menge aller Vektoren. Für die euklidische Ebene bestehen alle Basen offensichtlich aus genau zwei Vektoren.

Genauso bestehen alle Basen im dreidimensionalen Raum offensichtlich aus beliebigen Mengen von genau drei linear unabhängigen Vektoren. Man nennt einen Vektorraum, der eine Basis aus endlich vielen Vektoren besitzt, einen **endlichdimensionalen Vektorraum**. Offenbar bilden die geometrischen Vektoren wie wir sie in diesem Abschnitt definiert haben, in einer Ebene einen zweidimensionalen bzw. im Raum einen dreidimensionalen Vektorraum.

Wir merken hier nur an, dass es Vektorräume beliebiger endlicher Dimension aber auch solche unendlicher Dimension gibt. In diesem Buch befassen wir uns nur mit endlichdimensionalen Vektorräumen, und zwar vornehmlich mit den in der euklidischen Geometrie des physikalischen Raumes der Newton'schen Mechanik auftretenden zwei- und dreidimensionalen Vektorräumen. Beschränkt man sich auf Vektoren entlang einer Geraden, hat man es auch mit einem eindimensionalen Vektorraum zu tun.

2.1.4 Der Vektorraum $\mathbb{R}^3$

Wir haben im vorigen Abschnitt gesehen, dass wir durch Einführung einer Basis $\{\boldsymbol{b}_1, \boldsymbol{b}_2, \boldsymbol{b}_3\}$ jeden räumlichen Vektor $\boldsymbol{v}$ durch seine drei Komponenten v_1, v_2 und v_3 eindeutig als Linearkombination dieser Basisvektoren

$$\boldsymbol{v} = v_1\boldsymbol{b}_1 + v_2\boldsymbol{b}_2 + v_3\boldsymbol{b}_3 = \sum_{j=1}^{3} v_j\boldsymbol{b}_j \tag{2.12}$$

darstellen können. Da solche Summenbildungen im Folgenden ständig auftreten, lässt man oft auch die Summenzeichen einfach weg. Diese Konvention geht auf Einstein zurück, der sie bei der Formulierung der Allgemeinen Relativitätstheorie eingeführt hat. Man spricht daher auch von der **Einstein'schen Summationskonvention**. Es ist klar, dass umgekehrt auch durch beliebige drei Zahlen (v_j) ($j \in \{1, 2, 3\}$) durch (2.12) ein Vektor $\boldsymbol{v}$ definiert ist. Haben wir also einmal eine Basis festgelegt, können wir genauso gut mit diesen **geordneten Zahlentripeln** arbeiten, und zwar ordnen wir diese Zahlentripel gewöhnlich in einer Spalte an

$$\boldsymbol{v} \mapsto \begin{pmatrix} v_1 \\ v_2 \\ v_3 \end{pmatrix} \equiv (v_j) \equiv \underline{v}. \tag{2.13}$$

Wir bezeichnen die so definierten **Spaltenvektoren** mit demselben Symbol wie die geometrischen Vektoren, zur Unterscheidung unterstreichen wir das Symbol jedoch. Dies wird in den meisten Lehrbüchern nicht so gehandhabt, erweist sich aber zur klareren Darstellung als nützlich (insbesondere bei den Rechnungen in Nichtinertialsystemen in Abschn. 2.9). Man muss sich dabei immer vergewissern, bzgl. welcher Basis eine solche Darstellung als Spaltenvektor gemeint ist.

Seien nun $\boldsymbol{v}$ und $\boldsymbol{w}$ beliebige räumliche Vektoren. Dann muss sich die Summe dieser Vektoren eindeutig durch die Spalten $\underline{v}$ und $\underline{w}$ darstellen lassen. Dies ist in der Tat einfach zu sehen, denn es gilt

$$\boldsymbol{v} + \boldsymbol{w} = \sum_{j=1}^{3} v_j\boldsymbol{b}_j + \sum_{j=1}^{3} w_j\boldsymbol{b}_j = \sum_{j=1}^{3}(v_j\boldsymbol{b}_j + w_j\boldsymbol{b}_j) = \sum_{j=1}^{3}(v_j + w_j)\boldsymbol{b}_j. \tag{2.14}$$

Es ist also der Summe der beiden Vektoren eindeutig der Spaltenvektor

$$\underline{v} + \underline{w} = \begin{pmatrix} v_1 \\ v_2 \\ v_3 \end{pmatrix} + \begin{pmatrix} w_1 \\ w_2 \\ w_3 \end{pmatrix} = \begin{pmatrix} v_1 + w_1 \\ v_2 + w_2 \\ v_3 + w_3 \end{pmatrix} \tag{2.15}$$

zugeordnet. Es werden also einfach die entsprechenden Komponenten addiert.

Genauso zeigt man *(Übung)*, dass λv der Spaltenvektor

$$\lambda \underline{v} = \lambda \begin{pmatrix} v_1 \\ v_2 \\ v_3 \end{pmatrix} = \begin{pmatrix} \lambda v_1 \\ \lambda v_2 \\ \lambda v_3 \end{pmatrix} \tag{2.16}$$

zugeordnet ist, d. h., es werden die Komponenten einfach mit der Zahl λ multipliziert.

Ebenso ist es leicht einzusehen *(Übung)*, dass die in Spalten angeordneten Zahlentripel mit den Rechenregeln (2.15) und (2.16) genauso wie die geometrisch definierten Vektoren einen dreidimensionalen, reellen Vektorraum bilden, für die bzgl. Addition von Vektoren und Multiplikation von Vektoren mit reellen Zahlen dieselben Rechenregeln gelten. Da die Vektorkomponenten reelle Zahlen sind, nennt man diesen Vektorraum mit den so definierten Rechenoperationen $\mathbb{R}^3$. Wir haben also eine umkehrbar eindeutige Abbildung zwischen dem geometrischen Vektorraum E^3 und dem aus den Zahlentripeln des $\mathbb{R}^3$ gebildeten Vektorraum gefunden. Die Zahlentripel $\mathbb{R}^3$ bilden zudem die gleiche **algebraische Struktur** wie der geometrische Vektorraum. Man spricht bei solchen umkehrbar eindeutigen Abbildungen zwischen zwei solcherart gleichartigen algebraischen Strukturen, für die sich die Rechenoperationen zudem noch umkehrbar eindeutig entsprechen, von **Homomorphismen**. Vom Standpunkt einer rein axiomatischen Definition eines Vektorraumes sind die durch einen Homomorphismus verknüpften algebraischen Strukturen nicht unterscheidbar. Sie sind vollständig zueinander **äquivalent**.

2.1.5 Das Skalarprodukt

Wir haben nun zwar schon einen sehr beachtlichen Teil der euklidischen Geometrie in die Sprache der Vektoren übersetzt und damit als „Analytische Geometrie" für die Physik bequemer handhabbar gemacht. Offensichtlich fehlt aber noch die Behandlung von **Winkeln**. Dazu benötigen wir eine weitere Rechenoperation für zwei Vektoren v und w, das **Skalarprodukt**. In der modernen mathematischen Literatur spricht man auch von einem **inneren Produkt**. Wir geben einfach die Definition des Skalarproduktes an und untersuchen dann seine Eigenschaften:

$$v \cdot w \equiv \underline{v} \cdot \underline{w} = |v||w| \cos[\angle(v, w)]. \tag{2.17}$$

Dabei ist der Winkel $\angle(v, w) = \angle(w, v) \in [0, \pi]$ der Winkel zwischen den beiden Vektoren, wenn man sie so verschiebt, dass ihre Anfangspunkte aufeinanderfallen (s. die folgende Abbildung). Da der Kosinus im Intervall $[0, \pi]$ streng monoton fallend ist, wird durch das Skalarprodukt und die Länge der Vektoren der Winkel eindeutig definiert:

$$\angle(v, w) = \arccos\left(\frac{v \cdot w}{|v||w|}\right), \quad v, w \neq 0. \tag{2.18}$$

Falls mindestens einer der beiden Vektoren im Skalarprodukt der Nullvektor ist, ist der Winkel zwischen diesen Vektoren unbestimmt. Wir definieren daher noch zusätzlich, dass für alle Vektoren w stets $\mathbf{0} \cdot w = w \cdot \mathbf{0} = 0$ gelten soll. Insbesondere ist natürlich auch $\mathbf{0} \cdot \mathbf{0} = 0$.

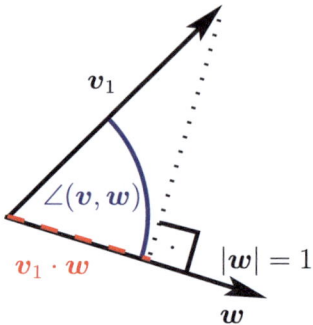

Die geometrische Bedeutung des Skalarproduktes wird verständlich, wenn wir für w einen **Einheitsvektor**, also einen Vektor der Länge 1 wählen. Sei also $|w| = 1$. Dann ist

$$v \cdot w = |v| \cos[\angle(v, w)] \quad \text{falls} \quad |w| = 1. \tag{2.19}$$

Dies ist dem Betrag nach gerade die Länge der senkrechten Projektion des Vektors v auf die Richtung von w (vgl. Abbildung). Wegen des cos gilt hinsichtlich des Vorzeichens

$$v \cdot w \begin{cases} > 0 & \text{falls} \quad \angle(v, w) \in [0, \pi/2), \\ = 0 & \text{falls} \quad \angle(v, w) = \pi/2, \\ < 0 & \text{falls} \quad \angle(v, w) \in (\pi/2, \pi]. \end{cases} \tag{2.20}$$

Das Skalarprodukt verschwindet also entweder, wenn $v = \mathbf{0}$ oder $w = \mathbf{0}$ ist, oder wenn die Vektoren aufeinander senkrecht stehen, denn es ist $\cos(\pi/2) = \cos 90° = 0$. Für $v \neq \mathbf{0}$ und $w \neq \mathbf{0}$ schreibt man dann $v \perp w$ („v steht senkrecht auf w").

Dem Skalarprodukt eines Vektors mit sich selbst kommt eine besondere Bedeutung zu. Wegen $\cos 0 = 1$ folgt nämlich

$$v \cdot v \equiv v^2 = |v|^2. \tag{2.21}$$

Daraus folgt sofort

$$v \cdot v \geq 0, \quad v \cdot v = 0 \Leftrightarrow v = \mathbf{0}. \tag{2.22}$$

Man sagt daher, dass das Skalarprodukt **positiv definit** ist.

2.1 Kinematik: Die Mathematik der Newton'schen Raumzeit

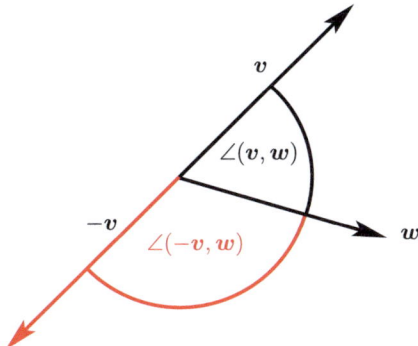

Aus der Definition (2.17) ist unmittelbar klar, dass das Skalarprodukt **kommutativ** ist, d. h., es kommt auf die Reihenfolge der Multiplikation nicht an

$$\boldsymbol{v} \cdot \boldsymbol{w} = \boldsymbol{w} \cdot \boldsymbol{v}. \tag{2.23}$$

Weiter ist es auch linear in beiden Argumenten, d. h., es gilt

$$(\lambda \boldsymbol{v}) \cdot \boldsymbol{w} = |\lambda||\boldsymbol{v}||\boldsymbol{w}| \cos[\angle(\lambda \boldsymbol{v}, \boldsymbol{w})]. \tag{2.24}$$

Nun gilt aber gemäß der nebenstehenden Abbildung

$$\angle(\lambda \boldsymbol{v}, \boldsymbol{w}) = \begin{cases} \angle(\boldsymbol{v}, \boldsymbol{w}) & \text{falls } \lambda > 0, \\ \pi - \angle(\boldsymbol{v}, \boldsymbol{w}) & \text{falls } \lambda < 0 \end{cases} \tag{2.25}$$

ist. Wegen $\cos(\pi - \alpha) = -\cos \alpha$ folgt also für $\lambda \neq 0$ aus (2.19)

$$(\lambda \boldsymbol{v}) \cdot \boldsymbol{w} = \text{sign}\lambda \, |\lambda||\boldsymbol{v}||\boldsymbol{w}| \cos[\angle(\boldsymbol{v}, \boldsymbol{w})] = \lambda(\boldsymbol{v} \cdot \boldsymbol{w}) \equiv \lambda \boldsymbol{v} \cdot \boldsymbol{w}. \tag{2.26}$$

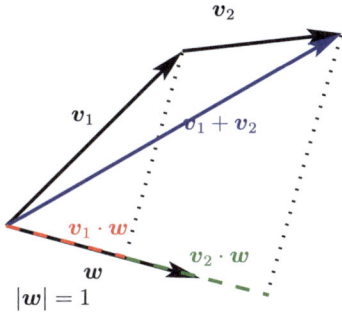

Außerdem entnimmt man der nebenstehenden Abbildung, dass für $|\boldsymbol{w}| = 1$ auch das Distributivgesetz, also

$$(\boldsymbol{v}_1 + \boldsymbol{v}_2) \cdot \boldsymbol{w} = \boldsymbol{v}_1 \cdot \boldsymbol{w} + \boldsymbol{v}_2 \cdot \boldsymbol{w} \tag{2.27}$$

gilt. Falls $w = 0$ ist, gilt diese Gleichung sicher. Für einen Vektor $w \neq 0$, der kein Einheitsvektor ist, können wir stets $w = |w|w/|w|$ schreiben. Nun ist $w/|w|$ ein Einheitsvektor *(warum?)*, und wegen (2.27) folgt

$$\begin{aligned}(v_1 + v_2) \cdot w &= |w|(v_1 + v_2) \cdot \frac{w}{|w|} \\ &= |w|\left(v_1 \cdot \frac{w}{|w|} + v_2 \cdot \frac{w}{|w|}\right) \\ &= v_1 \cdot w + v_2 \cdot w.\end{aligned} \qquad (2.28)$$

Wegen des Kommutativgesetzes gilt dies freilich auch, wenn die Summe im zweiten Argument steht.

Das Skalarprodukt ist daher auch eine **symmetrische Bilinearform**. Symmetrisch heißt es deshalb, weil das Kommutativgesetz gilt und bilinear, weil es bzgl. beider Argumente eine lineare Abbildung (in die reellen Zahlen) ist. Wir können nämlich (2.26) und (2.28) zusammenfassen zu

$$(\lambda_1 v_1 + \lambda_2 v_2) \cdot w = \lambda_1 v_1 \cdot w + \lambda_2 v_2 \cdot w. \qquad (2.29)$$

Mit der Definition des Skalarprodukts ist die Struktur des **euklidischen Vektorraumes** nunmehr vollständig beschrieben. Ein Vektorraum heißt demnach euklidisch, wenn neben der Vektoralgebra mit den Operationen der Addition von Vektoren und der Multiplikation mit reellen Zahlen auch noch eine positiv definite Bilinearform definiert ist.

2.1.6 Geometrische Anwendungen des Skalarprodukts

Wir können nun das Skalarprodukt verwenden, um mit den Mitteln der analytischen Geometrie bekannte Sätze der Geometrie zu beweisen. Als Erstes leiten wir den **Kosinussatz** her. Seien drei Punkte A, B und C gegeben, die nicht auf einer Geraden liegen. Wir setzen dazu $v_1 = \overrightarrow{AB}$ und $v_2 = \overrightarrow{AC}$. Dann ist offenbar $v_1 - v_2 = \overrightarrow{AB} + \overrightarrow{CA} = \overrightarrow{CB} = v_3$. Für die Länge der Seite BC gilt demnach

$$\begin{aligned}|BC|^2 &= v_3 \cdot v_3 = v_3^2 = (v_1 - v_2)^2 \\ &= v_1^2 + v_2^2 - 2 v_1 \cdot v_2 \\ &= |AB|^2 + |AC|^2 - 2|AB||AC|\cos\alpha,\end{aligned} \qquad (2.30)$$

wobei $\alpha = \angle(\overrightarrow{AB}, \overrightarrow{AC})$ der von den Seiten $\overline{AB}$ und $\overline{AC}$ eingeschlossene Winkel ist, und das ist der Kosinussatz. Dabei haben wir ausgenutzt, dass wir mit dem Skalarprodukt formal wie mit Zahlen rechnen können und insbesondere durch Ausmultiplikation die gewohnten **binomischen Formeln** analog wie bei Zahlen gelten.

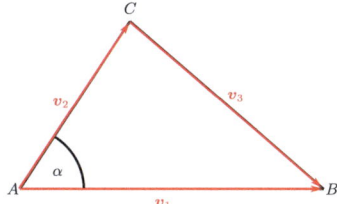

Falls $\alpha = \pi/2$ ist, liegt offenbar ein **rechtwinkliges Dreieck** vor, und dann wird (2.30) wegen $\cos(\pi/2) = 0$ zu

$$|BC|^2 = |AB|^2 + |AC|^2, \tag{2.31}$$

und das ist der **Satz des Pythagoras**[1].

Schließlich gilt wegen $|\cos \alpha| \le 1$ stets die **Cauchy-Schwarz'sche Ungleichung**[2]

$$|\mathbf{v}_1 \cdot \mathbf{v}_2| \le |\mathbf{v}_1| |\mathbf{v}_2|. \tag{2.32}$$

Das Gleichheitszeichen gilt nur, falls $\cos \alpha = 1$, d. h. $\alpha = 0$ (denn definitionsgemäß soll ja $\alpha \in [0, \pi]$ liegen), oder falls $\cos \alpha = -1$, d. h. $\alpha = \pi$, ist. Das Gleichheitszeichen in (2.32) gilt also genau dann, wenn $\mathbf{v}_1 \parallel \mathbf{v}_2$ ist.

Wir können nun die **Dreiecksungleichung** aus der positiven Definitheit des Skalarproduktes beweisen, denn es gilt

$$\begin{aligned}|\mathbf{v}_1 + \mathbf{v}_2|^2 &= (\mathbf{v}_1 + \mathbf{v}_2)^2 \\ &= \mathbf{v}_1^2 + \mathbf{v}_2^2 + 2\mathbf{v}_1 \cdot \mathbf{v}_2 \\ &\le \mathbf{v}_1^2 + \mathbf{v}_2^2 + 2|\mathbf{v}_1 \cdot \mathbf{v}_2| \\ &\le \mathbf{v}_1^2 + \mathbf{v}_2^2 + 2|\mathbf{v}_1| |\mathbf{v}_2| = (|\mathbf{v}_1| + |\mathbf{v}_2|)^2,\end{aligned} \tag{2.33}$$

bzw., weil immer nur positive Zahlen quadriert werden,

$$|\mathbf{v}_1 + \mathbf{v}_2| \le |\mathbf{v}_1| + |\mathbf{v}_2|. \tag{2.34}$$

Umgekehrt folgt aus der positiven Definitheit des Skalarproduktes auch die Cauchy-Schwarz'sche Ungleichung (2.32).

---

[1] Pythagoras von Samos (570–510 v. Chr.).
[2] Augustin-Louis Cauchy (1789–1857), Herrmann Amandus Schwarz (1843–1921).

2.1.7 Kartesische Basen und orthogonale Transformationen

Mit der Einführung eines Skalarprodukts gibt es nun auch eine besonders bequeme Klasse von **Basen**, die **Orthonormalbasen** oder **Kartesischen Basen**, benannt nach **René Descartes (1596–1650)** (lat.: „Renatus Cartesius"). Dazu wählt man als Basisvektoren beliebige drei paarweise zueinander senkrechte Einheitsvektoren, ein sog. **Dreibein**. Anschaulich ist unmittelbar klar, dass es beliebig viele solcher Dreibeine gibt und damit auch beliebig viele Orthonormalbasen.

Es sei also $\{e_j\}_{j\in\{1,2,3\}}$ eine beliebige Orthonormalbasis. Voraussetzungsgemäß sind diese drei Vektoren auf 1 normiert und stehen paarweise aufeinander senkrecht. Es gilt also

$$g_{jk} = e_j \cdot e_k = \delta_{jk} = \begin{cases} 1 & \text{falls } j = k, \\ 0 & \text{falls } j \neq k. \end{cases} \quad (2.35)$$

Man nennt δ_{jk} das **Kronecker-Symbol**[3].

Es ist nun sehr einfach, das Skalarprodukt zwischen zwei Vektoren v und w durch deren Komponenten v_i und w_i bzgl. einer solchen kartesischen Basis auszudrücken, denn offenbar gilt

$$v \cdot w = \sum_{i,j=1}^{3} v_i e_i \cdot w_j e_j = \sum_{i,j=1}^{3} v_i w_j \delta_{ij} = \sum_i v_i w_i = v_i w_i = \underline{v} \cdot \underline{w}. \quad (2.36)$$

Außerdem lassen sich die kartesischen Komponenten eines Vektors v als Skalarprodukt des Vektors mit dem jeweiligen Basisvektor ausdrücken

$$e_i \cdot v = \sum_{j=1}^{3} e_i \cdot v_j e_j = \sum_{j=1}^{3} v_j \delta_{ij} = v_i. \quad (2.37)$$

2.1.8 Das Kreuzprodukt

Schließlich ist noch das sog. **Kreuzprodukt** zwischen zwei Vektoren sehr nützlich. Wir führen es zunächst rein algebraisch ein und beschäftigen uns mit der geometrischen Bedeutung später. Zunächst soll das Kreuzprodukt zweier Vektoren u und v wieder einen *Vektor* ergeben: $w = u \times v$, und zwar soll w sowohl auf u als auch auf v senkrecht stehen, d. h., es gilt

$$w \cdot u = 0, \quad w \cdot v = 0. \quad (2.38)$$

Außerdem soll das Kreuzprodukt linear in beiden Argumenten sein, d. h.

$$(\lambda_1 u_1 + \lambda_2 u_2) \times v = \lambda_1 u_1 \times v + \lambda_2 u_2 \times v \quad (2.39)$$

---

[3] Leopold Kronecker (1823–1891).

2.1 Kinematik: Die Mathematik der Newton'schen Raumzeit

und analog für das zweite Argument. Schließlich soll das Vektorprodukt **antisymmetrisch** sein, d. h.

$$\boldsymbol{u} \times \boldsymbol{v} = -\boldsymbol{v} \times \boldsymbol{u}. \tag{2.40}$$

Es ist also auf die *Reihenfolge* der Argumente im Kreuzprodukt zu achten, und wenn man beim Rechnen diese Reihenfolge umkehrt, muss man den Vorzeichenwechsel sorgfältig beachten.

Insbesondere folgt aus (2.40), dass das Kreuzprodukt eines Vektors mit sich selbst verschwindet, denn vertauscht man die beiden gleichen Vektoren, ändert sich einerseits gar nichts, aber andererseits gilt (2.40) und folglich

$$\boldsymbol{u} \times \boldsymbol{u} = -\boldsymbol{u} \times \boldsymbol{u} \;\Rightarrow\; \boldsymbol{u} \times \boldsymbol{u} = 0. \tag{2.41}$$

Kommen wir nun zur geometrischen Bedeutung des Kreuzprodukts. Dazu betrachten wir wieder eine kartesische Basis $(\boldsymbol{e}_1, \boldsymbol{e}_2, \boldsymbol{e}_3)$. Es liegen also drei Vektoren der Länge 1 vor, die zueinander senkrecht stehen. Aus der Definition des Skalarprodukts ist klar, dass das bedeutet, dass $\boldsymbol{e}_1 \times \boldsymbol{e}_2 = \pm \boldsymbol{e}_3$ ist, denn $\pm \boldsymbol{e}_3$ sind offenbar die einzigen Einheitsvektoren, die auf *beiden* Vektoren $\boldsymbol{e}_1$ und $\boldsymbol{e}_2$ senkrecht stehen. Es ist klar, dass der Fall $\boldsymbol{e}_1 \times \boldsymbol{e}_2 = +\boldsymbol{e}_3$ besonders bequem ist.

Geometrisch anschaulich wird diese Uneindeutigkeit des Vorzeichens wie folgt: Wir vereinbaren willkürlich, dass das positive Vorzeichen gilt, wenn die drei kartesischen Basisvektoren gemäß der **Rechte-Hand-Regel** (RHR) orientiert sind, d. h., richtet man den Daumen der rechten Hand in Richtung von $\boldsymbol{e}_1$, den Zeigefinger in Richtung von $\boldsymbol{e}_2$, muss der Mittelfinger in Richtung von $\boldsymbol{e}_3$ weisen. Dann legen wir fest, dass $\boldsymbol{e}_1 \times \boldsymbol{e}_2 = +\boldsymbol{e}_3$ ist. Man nennt solche kartesischen Basen **rechtshändige kartesische Basen**. Man macht sich leicht anschaulich klar, dass im Fall, dass $\boldsymbol{e}_3$ in die andere Richtung weist, die entsprechende **Linke-Hand-Regel** gilt. In der theoretischen Physik benutzen wir aber vereinbarungsgemäß ausschließlich rechtshändige Basen, weil alles andere zu viel Verwirrung Anlass geben kann.

Es ist anschaulich auch klar, dass für rechtshändige Basen die Formel $\boldsymbol{e}_1 \times \boldsymbol{e}_2 = \boldsymbol{e}_3$ auch unter **zyklischer Vertauschung** der Indizes gilt, d. h., wir haben die drei Gleichungen

$$\boldsymbol{e}_1 \times \boldsymbol{e}_2 = \boldsymbol{e}_3, \quad \boldsymbol{e}_2 \times \boldsymbol{e}_3 = \boldsymbol{e}_1, \quad \boldsymbol{e}_3 \times \boldsymbol{e}_1 = \boldsymbol{e}_2. \tag{2.42}$$

Damit können wir nun die Vektorprodukte beliebiger Vektoren mit ihren Komponenten ausdrücken:

$$\boldsymbol{u} \times \boldsymbol{v} = (u_1 \boldsymbol{e}_1 + u_2 \boldsymbol{e}_3 + u_3 \boldsymbol{e}_3) \times (v_1 \boldsymbol{e}_1 + v_2 \boldsymbol{e}_2 + v_3 \boldsymbol{e}_3). \tag{2.43}$$

Ausmultiplizieren und Anwendung von (2.42) ergibt unter Berücksichtigung der Antisymmetrie des Kreuzprodukts *(Nachrechnen!)*

$$\boldsymbol{u} \times \boldsymbol{v} = \boldsymbol{e}_1(u_2 v_3 - u_3 v_2) + \boldsymbol{e}_2(u_3 v_1 - u_1 v_3) + \boldsymbol{e}_3(u_1 v_2 - u_2 v_1). \tag{2.44}$$

Schreibt man dies mit Hilfe der entsprechenden $\mathbb{R}^3$-Spaltenvektoren, folgt

$$\underline{u} \times \underline{v} = \begin{pmatrix} u_1 \\ u_2 \\ u_3 \end{pmatrix} \times \begin{pmatrix} v_1 \\ v_2 \\ v_3 \end{pmatrix} = \begin{pmatrix} u_2 v_3 - u_3 v_2 \\ u_3 v_1 - u_1 v_3 \\ u_1 v_2 - u_2 v_1 \end{pmatrix}. \tag{2.45}$$

Nun werden oft auch Formeln benötigt, wo mehrere Skalar- und Vektorprodukte vorkommen. Mit Hilfe der Formel (2.45) für kartesische Komponenten kann man durch einfaches Nachrechnen, was lediglich etwas Fleißarbeit erfordert, zeigen, dass für drei beliebige Vektoren stets

$$\boldsymbol{u} \cdot (\boldsymbol{v} \times \boldsymbol{w}) = (\boldsymbol{u} \times \boldsymbol{v}) \cdot \boldsymbol{w} \tag{2.46}$$

und

$$\boldsymbol{u} \times (\boldsymbol{v} \times \boldsymbol{w}) = \boldsymbol{v}(\boldsymbol{u} \cdot \boldsymbol{w}) - \boldsymbol{w}(\boldsymbol{u} \cdot \boldsymbol{v}) \tag{2.47}$$

gelten.

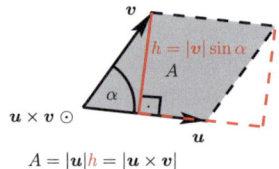

Nun können wir auch noch eine weitere wichtige geometrische Eigenschaft des Vektorprodukts zeigen. Wir rechnen dazu die Länge des Vektorprodukts zweier Vektoren bzw. dessen Quadrat aus. Dabei wenden wir nacheinander (2.46) und (2.47) an:

$$\begin{aligned} |\boldsymbol{u} \times \boldsymbol{v}|^2 &= (\boldsymbol{u} \times \boldsymbol{v}) \cdot (\boldsymbol{u} \times \boldsymbol{v}) \\ &= [(\boldsymbol{u} \times \boldsymbol{v}) \times \boldsymbol{u}] \cdot \boldsymbol{v} = [\boldsymbol{v}(\boldsymbol{u} \cdot \boldsymbol{u}) - \boldsymbol{u}(\boldsymbol{u} \cdot \boldsymbol{v})] \cdot \boldsymbol{v} \\ &= |\boldsymbol{v}|^2 |\boldsymbol{u}|^2 - (\boldsymbol{u} \cdot \boldsymbol{v})^2 \\ &= |\boldsymbol{u}|^2 |\boldsymbol{v}|^2 [1 - \cos^2 \angle(\boldsymbol{u}, \boldsymbol{v})] \\ &= |\boldsymbol{u}|^2 |\boldsymbol{v}|^2 \sin^2 \angle(\boldsymbol{u}, \boldsymbol{v}). \end{aligned} \tag{2.48}$$

Da $\angle(\boldsymbol{u}, \boldsymbol{v}) \in [0, \pi]$ ist, ist $\sin \angle(\boldsymbol{u}, \boldsymbol{v}) \geq 0$ und damit

$$|\boldsymbol{u} \times \boldsymbol{v}| = |\boldsymbol{u}||\boldsymbol{v}| \sin \angle(\boldsymbol{u}, \boldsymbol{v}). \tag{2.49}$$

Anhand der obigen Skizze ergibt sich, dass das Kreuzprodukt $\boldsymbol{u} \times \boldsymbol{v}$ vom Betrag her der **Fläche** des von den beiden Vektoren aufgespannten **Parallelogramms** entspricht.

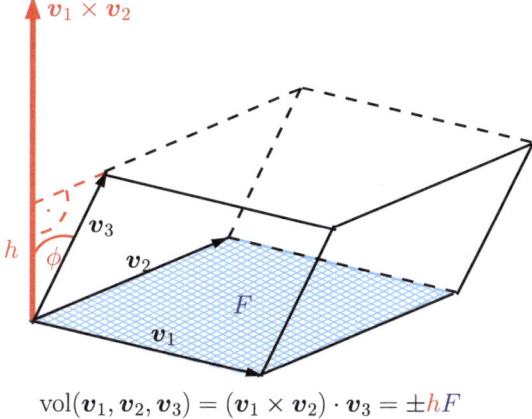

$$\text{vol}(\boldsymbol{v}_1, \boldsymbol{v}_2, \boldsymbol{v}_3) = (\boldsymbol{v}_1 \times \boldsymbol{v}_2) \cdot \boldsymbol{v}_3 = \pm hF$$

Jetzt können wir auch das als **Spatprodukt** bezeichnete Produkt aus drei Vektoren $(\boldsymbol{v}_1 \times \boldsymbol{v}_2) \cdot \boldsymbol{v}_3$ anhand der obigen Abbildung geometrisch deuten: mit $\phi = \angle(\boldsymbol{v}_1 \times \boldsymbol{v}_2, \boldsymbol{v}_3)$. Anhand der Zeichnung macht man sich klar, dass es sich vom Betrag her um das Volumen des durch die drei Vektoren aufgespannten **Parallelepipeds** oder **Spats** handelt, denn aufgrund der obigen Überlegung ist $|\boldsymbol{v}_1 \times \boldsymbol{v}_2|$ die Fläche des von $\boldsymbol{v}_1$ und $\boldsymbol{v}_2$ aufgespannten Parallelogramms („Bodenfläche"), und $h = |\boldsymbol{v}_3||\cos\phi|$ ist die Höhe des Parallelepipeds. Das Spatprodukt ist offenbar positiv, wenn die drei Vektoren eine rechtshändige und negativ wenn sie eine linkshändige (nicht notwendig kartesische) Basis bilden. Entsprechend nennt man das Spatprodukt auch eine **Volumenform**

$$\text{vol}(\boldsymbol{v}_1, \boldsymbol{v}_2, \boldsymbol{v}_3) = (\boldsymbol{v}_1 \times \boldsymbol{v}_2) \cdot \boldsymbol{v}_3 = |\boldsymbol{v}_1 \times \boldsymbol{v}_2| |\boldsymbol{v}_3| \cos\phi. \quad (2.50)$$

Falls die Vektoren linear abhängig sind, d. h., liegen die Vektoren alle in einer Ebene oder sind sogar alle parallel zueinander, verschwindet das Spatprodukt. Sind nämlich die drei Vektoren linear abhängig, gibt es Zahlen λ_1 und λ_2, sodass $\boldsymbol{v}_3 = \lambda_1 \boldsymbol{v}_1 + \lambda_2 \boldsymbol{v}_2$. Nun ist das Vektorprodukt $\boldsymbol{v}_1 \times \boldsymbol{v}_2$ ein sowohl zu $\boldsymbol{v}_1$ als auch zu $\boldsymbol{v}_2$ senkrechter Vektor, und das Skalarprodukt mit $\boldsymbol{v}_3$ verschwindet demnach. Nehmen wir umgekehrt an, das Spatprodukt der drei Vektoren verschwindet, bedeutet dies, dass $\boldsymbol{v}_3$ senkrecht auf $\boldsymbol{v}_1 \times \boldsymbol{v}_2$ liegt, und das besagt, dass $\boldsymbol{v}_3$ in der von $\boldsymbol{v}_1$ und $\boldsymbol{v}_2$ aufgespannten Ebene liegt und also wieder $\boldsymbol{v}_3 = \lambda_2 \boldsymbol{v}_1 + \lambda_2 \boldsymbol{v}_2$ gilt. Daraus folgt, dass drei Vektoren dann und nur dann linear abhängig sind, wenn das Spatprodukt verschwindet.

2.1.9 Bahnkurven

In der klassischen Mechanik beschäftigen wir uns zunächst mit der Bewegung von „Punktteilchen" im Raum. Dazu genügt es, ein beliebiges Bezugssystem im dreidimensionalen Raum zu definieren, also einen Bezugspunkt, den Ursprung des Bezugssystems O, und eine dort „befestigte", rechtshändige kartesische Basis $(\boldsymbol{e}_1, \boldsymbol{e}_2, \boldsymbol{e}_3)$. Als Physiker müssen wir dabei durchaus dieses Bezugssystem irgendwie tatsächlich realisieren. Man kann sich z. B. das Bezugssystem dadurch realisiert denken, dass man die Zimmerecke im Labor als Bezugspunkt und die drei Kanten des Labors als Realisierung der drei kartesischen Basisvektoren verwendet.

Dann können wir die **Bahnkurve** eines Punktteilchens dadurch beschreiben, dass wir zu jedem Zeitpunkt t seinen Ort P durch den Ortsvektor $\boldsymbol{r}(t) = \overrightarrow{OP}$ angeben. Mittels der, hier der Einfachheit halber zeitunabhängigen, Basisvektoren können wir diesen Ortsvektor umkehrbar eindeutig auf die drei kartesischen Komponenten (x_1, x_2, x_3) abbilden:

$$\boldsymbol{r}(t) = x_i(t)\boldsymbol{e}_i, \tag{2.51}$$

wobei die Einstein'sche Summationskonvention verwendet wird, d. h., es ist hier über $i \in \{1, 2, 3\}$ zu summieren. Die Bahnkurve ist dann auch durch den **Spaltenvektor**

$$\underline{r}(t) = \begin{pmatrix} x_1(t) \\ x_2(t) \\ x_3(t) \end{pmatrix} \tag{2.52}$$

eindeutig bestimmt.

Damit haben wir die Beschreibung der Bahnkurve auf die Angabe von drei reellen Funktionen $x_i(t)$ zurückgeführt, und der Vorteil dieser analytischen Formulierung der Geometrie besteht nun darin, dass wir die bekannten Rechenregeln der **Analysis** verwenden können, um die Bahnkurve genauer zu untersuchen.

Aus dem Alltag ist z. B. die Nützlichkeit von Begriffen wie der **Geschwindigkeit** von Objekten klar. Zunächst können wir sehr einfach die **Durchschnittsgeschwindigkeit** zwischen zwei beliebigen Zeitpunkten t und t_0 durch

$$\langle \boldsymbol{v} \rangle_{t,t_0} = \frac{\boldsymbol{r}(t) - \boldsymbol{r}(t_0)}{t - t_0} \tag{2.53}$$

definieren. Geometrisch betrachtet weist $\langle \boldsymbol{v} \rangle$ in die Richtung der Verbindungslinie zwischen den beiden Orten $\boldsymbol{r}(t) - \boldsymbol{r}(t_0)$ (s. die folgende Abbildung).

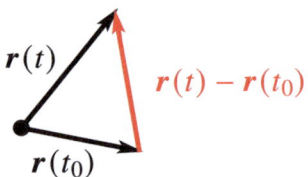

In der Physik wie im Alltag ist die **Momentangeschwindigkeit** oft noch nützlicher. Beispielsweise zeigt der Tacho im Auto (den Betrag) der Momentangeschwindigkeit des Autos an. Wir erhalten die Momentangeschwindigkeit $\boldsymbol{v}(t)$ zur Zeit t, indem wir das Zeitintervall (t, t_0) in (2.54) immer kleiner machen, was im Limes $\Delta t = t - t_0 \to 0$, d. h. $t_0 \to t$, zur **Ableitung** des Ortsvektors nach der Zeit führt:

$$\boldsymbol{v}(t) = \lim_{t_0 \to t} \frac{\boldsymbol{r}(t) - \boldsymbol{r}(t_0)}{t - t_0} = \frac{\mathrm{d}}{\mathrm{d}t}\boldsymbol{r}(t) = \dot{\boldsymbol{r}}(t). \tag{2.54}$$

2.1 Kinematik: Die Mathematik der Newton'schen Raumzeit

Dabei bezeichnet der Punkt über einer zeitabhängigen Größe die Ableitung dieser Größe nach der Zeit. Diese Notation geht auf Newton zurück, die Schreibweise mit d/dt als **Ableitungsoperator** auf Leibniz[4]. Betrachtet man den Grenzprozess geometrisch, sieht man, dass die Richtung von $\boldsymbol{v}(t)$ die Richtung der **Tangente** an diese Kurve ist.

Als einfachstes Beispiel betrachten wir die **gleichförmige Bewegung mit konstanter Geschwindigkeit**, also

$$\boldsymbol{v}(t) = \boldsymbol{v}(t_0) = \boldsymbol{v}_0 = \text{const.} \tag{2.55}$$

Dabei ist t_0 irgendein **Anfangszeitpunkt**, ab dem wir die Bewegung des Massenpunktes beobachten. Da die Umkehrung der Ableitung die Integration ist, finden wir daraus eindeutig die Trajektorie des Teilchens, wenn wir den **Anfangsort** kennen:

$$\begin{aligned} \boldsymbol{r}(t) - \boldsymbol{r}(t_0) &= \boldsymbol{r}(t) - \boldsymbol{r}_0 \\ &= \int_{t_0}^{t} dt'\, \boldsymbol{v}(t') = \int_{t_0}^{t} dt'\, \boldsymbol{v}_0 \\ &= (t - t_0)\boldsymbol{v}_0 \\ \Rightarrow \boldsymbol{r}(t) &= \boldsymbol{r}_0 + (t - t_0)\boldsymbol{v}_0. \end{aligned} \tag{2.56}$$

Es ist klar, dass die Bahnkurve eine Gerade ist.

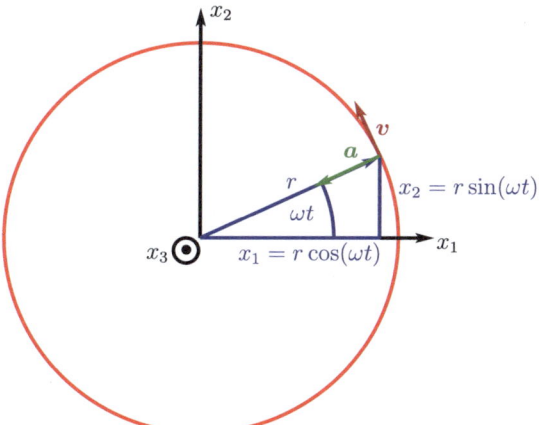

Als nächstes Beispiel betrachten wir die Bewegung auf einem Kreis mit **konstanter Winkelgeschwindigkeit**. Dazu wählen wir unser Bezugssystem so, dass der Kreismittelpunkt im Ursprung liegt, und der Kreis mit Radius r in der $x_1 x_2$-Ebene liegt.

---

[4] Isaac Newton und Gottfried Wilhelm Leibniz (1646–1716) haben sich einen heftigen Prioritätsstreit über die Erfindung der „Infinitesimalrechnung" geliefert, was u. a. dazu geführt hat, dass die oft intuitivere Schreibweise Leibniz' für Ableitungen und Integrale in England erst im 19. Jahrhundert verwendet wurde (Sonar, 2016).

Die Bahnkurve ist dann offenbar durch

$$\underline{r}(t) = \begin{pmatrix} r\cos(\omega t) \\ r\sin(\omega t) \\ 0 \end{pmatrix} \tag{2.57}$$

gegeben (s. obige Skizze). Die Geschwindigkeit ergibt sich durch Ableitung nach der Zeit. Mit der Kettenregel finden wir

$$\underline{v}(t) = \underline{\dot{r}}(t) = \begin{pmatrix} -r\omega\sin(\omega t) \\ r\omega\cos(\omega t) \\ 0 \end{pmatrix}. \tag{2.58}$$

Der Betrag der Geschwindigkeit ist

$$v(t) = |\underline{v}(t)| = \sqrt{\underline{v}(t) \cdot \underline{v}(t)} = r|\omega|. \tag{2.59}$$

Außerdem können wir sofort zeigen, dass die Tangente an den Kreis in einem beliebigen Punkt stets senkrecht auf dem Radiusvektor zu diesem Punkt ist, denn es ist

$$\underline{r}(t) \cdot \underline{v}(t) = 0 \;\Rightarrow\; \angle(\underline{r}(t), \underline{v}(t)) = \pi/2. \tag{2.60}$$

Schließlich benötigen wir noch die **momentane Beschleunigung** des Massenpunktes. Sie ist als die Ableitung der Geschwindigkeit, d. h. die zweite Ableitung des Ortsvektors nach der Zeit, definiert:

$$\boldsymbol{a}(t) = \dot{\boldsymbol{v}}(t) = \ddot{\boldsymbol{r}}(t). \tag{2.61}$$

Für die gleichförmige Bewegung finden wir aus (2.55) sofort $\boldsymbol{a} = \boldsymbol{0}$. Für die gleichförmige Kreisbewegung ergibt sich durch Ableiten von (2.58) nach der Zeit

$$\underline{a}(t) = \underline{\dot{v}}(t) = \begin{pmatrix} -r\omega^2\cos(\omega t) \\ -r\omega^2\sin(\omega t) \\ 0 \end{pmatrix} = -\omega^2 \boldsymbol{r}(t). \tag{2.62}$$

Die Beschleunigung ist also stets radial nach innen gerichtet und senkrecht zur Geschwindigkeit, wie man sofort aus (2.60) abliest. Das folgt auch daraus, dass der Betrag der Geschwindigkeit konstant ist, denn

$$\boldsymbol{v}(t) \cdot \boldsymbol{v}(t) = \text{const} \;\Rightarrow\; 2\boldsymbol{v} \cdot \dot{\boldsymbol{v}} = 0. \tag{2.63}$$

Dieses Beispiel zeigt, dass eine von Null verschiedene Beschleunigung nicht notwendig den Betrag der Geschwindigkeit ändern muss. Eine reine Richtungsänderung der Geschwindigkeit ist ebenfalls eine Beschleunigung!

2.2 Dynamik und Newton'sche Axiome

Nachdem wir nun die wesentlichen mathematischen Hilfsmittel zur Beschreibung von Bahnkurven eines Punktteilchens zusammengestellt haben, können wir uns der eigentlichen Aufgabe der Mechanik zuwenden, nämlich aus (empirisch) vorgegebenen **Kraftgesetzen** die verschiedenen Bewegungen eines oder mehrerer, evtl. auch untereinander **wechselwirkender** Punktteilchen zu bestimmen. Dies bezeichnet man im Gegensatz zur **Kinematik** (griech.: „Lehre von den Bewegungen"), also der rein zeitlich-geometrischen Beschreibung von Bewegungen, wie im vorigen Abschnitt gezeigt, als **Dynamik** (griech.: „Lehre von den Kräften").

Dazu müssen wir **Kraft** und **Masse** als zunächst intuitiv gegebene **Grundbegriffe** voraussetzen. Wie wir gleich sehen werden, ist es gar nicht so einfach bzw. in einem bestimmten Sinne sogar unmöglich, diese Begriffe wirklich strikt zu definieren. Sie nehmen in der Newton'schen theoretischen Mechanik gewissermaßen die Rolle von **Axiomen** an.

2.2.1 Das Trägheitsgesetz („lex prima")

Zunächst benötigen wir eine Präzisierung der im obigen Abschnitt vorgenommenen vorläufigen Definition von **Raum** und **Zeit**. Wie wir dort bereits betont haben, geht Newton von einer **absoluten Zeit** und einem **absoluten Raum** aus, der zunächst qualitativ durch unsere Alltagserfahrung als gegeben vorausgesetzt wird. Er präzisiert dies zunächst dadurch, dass er annimmt, dass Raum und Zeit unabhängig vom physikalischen Geschehen existieren, und die realen Lagerungsmöglichkeiten von Körpern bzw. idealisierten Massenpunkten durch die euklidische Geometrie quantitativ beschrieben werden können. Ebenso ist der Verlauf der Zeit unabänderlich durch jedwedes physikalisches Geschehen überall festgelegt und kann durch periodische Vorgänge quantifiziert werden. Wir werden weiter unten noch auf die genaue **Maßbestimmung** für die Zeit und räumliche Abstände eingehen.

Um nun auf die Definition der eigentlichen dynamischen Grundbegriffe zurückzukommen, müssen wir uns noch mit den Begriffen von Kraft und Masse beschäftigen. Dabei beschreibt die **Masse** qualitativ die Erfahrung von **Trägheit** von Körpern. Aus dem Alltag wissen wir, dass es je nach Menge des Stoffes, der einen Körper bildet, mehr oder weniger schwierig ist, diesen aus der Ruhe (relativ zur Erde!) in Bewegung zu versetzen. Je mehr Substanz der Stoff enthält, desto mehr **Kraft** müssen wir dazu aufwenden. Dies gilt auch, wenn wir eine Situation haben, bei der **Reibungskräfte** vernachlässigt werden können, z. B. wenn wir Gegenstände auf einem Schlitten über eine Eisfläche bewegen, wo die Reibung schon erheblich reduziert ist. Selbst wenn also im Idealfall gar keine Reibung vorliegt, ist doch mehr oder weniger Kraft erforderlich, um einen zunächst ruhenden Körper in Bewegung zu versetzen, und das Maß für diese Trägheit ist in der Newton'schen Mechanik die **Masse**. Freilich zeigt sich an diesen Ausführungen bereits das Dilemma einer **tautologischen Beschreibungsweise**, denn wir verwenden hier selbstverständlich unsere qualitative empirische Erfahrung von **Kräften**, und wir haben auch noch keine quantitative Beschreibung gefunden. Die geniale Idee Newtons war es nun, ausgehend vom Begriff des absoluten Raumes und der absoluten Zeit, quasi axiomatisch diese Grundbegriffe quantitativ beschreibbar zu machen. Dazu hat er im Wesentlichen die **drei Newton'schen Axiome** aufgestellt.

Das erste Newton'sche Axiom im modernen Sinne postuliert die Existenz von sog. **Inertialsystemen** (lat. „inertia" heißt Trägheit). Dies sind Bezugssysteme, in dem das auf Galilei zurückgehende **Trägheitsgesetz** gilt:

Newtons 1. Axiom (lex prima): Ein Körper verharrt in Ruhe oder gleichförmig geradliniger Bewegung (d. h. bewegt sich mit konstanter Geschwindigkeit), solange keine Einflüsse (Kräfte) diesen Bewegungszustand ändern (also Beschleunigungen hervorrufen).

Newtons Auffassung war nun, dass dies eine absolute Definition eines Inertialsystems ist. Die Schwierigkeit besteht aber darin, dass wir letztlich in der Physik Beobachtungen und Experimente durchführen wollen, um zu überprüfen, ob all die theoretischen Annahmen eben diese Beobachtungen auch zutreffend beschreiben. Andernfalls hätten wir es mit einem rein erfundenen Begriffssystem im Sinne der Mathematik zu tun. Um nun aber überhaupt von den kinematischen Größen Geschwindigkeit und Beschleunigung reden zu können und diese Größen in der Realität **messbar** zu machen, benötigen wir irgendwelche realen Gegenstände, die dieses Bezugssystem festlegen. Beispielsweise drei aufeinander senkrecht stehende starre Stangen, die in einem Punkt zusammengefügt sind, um dadurch drei kartesische Basisvektoren aus dem Reich der mathematisch abstrakten Geisteskonstruktion in die reale Welt unserer Laboratorien zu bringen, also tatsächlich zu realisieren. Ähnliches gilt für die Zeitmessung, d. h., wir müssen auch irgendwie in der Lage sein, zuverlässige Uhren zu konstruieren. Eng damit verknüpft ist die Notwendigkeit, verlässliche **Einheiten** für die **Länge** und für die **Zeitdauern** festzulegen, die im Prinzip überall präzise durch reale Maßstäbe und Uhren realisierbar sind.

Wie also *realisieren* wir ein Inertialsystem? Zunächst können wir naiv einfach das Ruhsystem der Erde als Inertialsystem annehmen. Es ist klar, dass wir dabei die **Gravitationskraft** berücksichtigen müssen, die alle Objekte in Richtung Schwerpunkt der Erde anzieht. Berücksichtigen wir diese (in Erdnähe annähernd konstante) Kraft, liegt auch augenscheinlich in guter Näherung ein Inertialsystem vor. Beim Eisstockschießen z. B. bewegt sich in der Tat der Stock relativ genau gleichförmig geradlinig, wenn man von der recht geringen Reibung absieht.

Andererseits rotiert aber die Erde einmal in ca. 24 h um ihre eigene Achse und läuft einmal im Jahr um die Sonne. In der Tat können wir die Rotation um ihre Achse relativ einfach mit dem allbekannten **Foucault-Pendelversuch** demonstrieren (vgl. Abschn. 2.9.4). Bei der Bahnbewegung der Erde um die Sonne wird der Nachweis schon schwieriger. Das einfachste empirische Argument ist die von der Erde aus beobachtete Schleifenbahn der Bewegung anderer Planeten. Rein mechanisch, über die Wirkung von **Trägheitskräften** in Nichtinertialsystemen wie beim Foucault-Pendel aufgrund der Erdrotation, lässt sich die Bahnbewegung um die Sonne schon nicht mehr nachweisen. Auch von der Erdrotation selbst kann man aufgrund der relativ langen Zeitdauer eines Tages derselben im Vergleich zu typischen, in Erdnähe beobachteten Bewegungsabläufen, i. Allg. absehen. In diesem Sinne können wir

i. Allg. schon das Ruhsystem der Erde als relativ gute Realisierung eines Inertialsystems betrachten. Freilich ist die grundsätzliche Frage, ob es Inertialsysteme in dem von Newton realisierten Sinne tatsächlich gibt, eine recht spannende fundamentale Frage der Physik.

In Newton'scher Zeit bis zur Entdeckung der **Allgemeinen Relativitätstheorie** (ART) durch Einstein im Jahre 1915 galt als beste Realisierung eines Inertialsystems das **Ruhsystem der Fixsterne**, und das ist auch im Rahmen des Gültigkeitsbereichs der Newton'schen Mechanik für Bewegungen innerhalb des Sonnensystems eine sehr brauchbare Näherung eines Inertialsystems.

2.2.1.1 Exkurs zum modernen Verständnis der Raumzeit

Aus moderner Sicht gilt als umfassendstes mathematisches **Raumzeitmodell** die ART. Wir können jetzt noch nicht genauer auf diese Theorie eingehen, aber der Grundgedanke ist, dass die Raumzeit selbst als ein vierdimensionaler nichteuklidischer Raum zu beschreiben ist, dessen Krümmung sich als die Gravitations- und Trägheitswirkung beobachten lässt. In der Relativitätstheorie werden also Gravitations- und Trägheitswirkungen wesensgleich, wenn auch nur in hinreichend kleinen Raumzeitbereichen. Innerhalb solcher Raumzeitbereiche, deren Ausdehnung dadurch definiert werden kann, dass Gravitationskräfte in guter Näherung als räumlich und zeitlich konstant angesehen werden können, wird für diesen begrenzten Raumzeitbereich ein **lokales Inertialsystem** durch einen frei fallenden nichtrotierenden Körper definiert. Ein Beispiel ist die **Internationale Raumstation** (International Space Station, ISS), wo die Astronauten regelmäßig das faszinierende Leben in der Schwerelosigkeit demonstrieren.

Eine weitere erstaunliche Schlussfolgerung ist, dass die Struktur der Raumzeit im Rahmen der ART eben kein unveränderliches „Gefäß" ist, in dem zwar physikalische dynamische Vorgänge aller Art ablaufen, die aber auf die Raumzeit in keiner Weise zurückwirken, wie durch Newton in seiner Mechanik postuliert. Vielmehr bestimmen sich die Krümmungs- und auch nichteuklidische metrische Verhältnisse (also die Größe von Raumzeitintervallen) durch jegliche Art von Materie- und Feldverteilungen. Die Raumzeit prägt dabei durch ihre Krümmung der Materie und den Feldern die Wirkung von Schwerkräften auf, d. h., sie bestimmt, wie sich die Materie und Felder bewegen, aber umgekehrt bestimmen auch die Materie und Felder die Struktur der Raumzeit.

In der modernen Kosmologie geht man nun davon aus, dass frei fallende Beobachter bei hinreichend großräumiger Mittelung einen **homogenen, isotropen Raum** beobachten, d. h., es ist weder ein bestimmter Ort noch irgendeine Richtung im Raum irgendwie ausgezeichnet (**kosmologisches Prinzip**). Löst man die Einstein'schen Feldgleichungen unter dieser Symmetrieannahme, ergibt sich, dass im großräumigen Mittel das Universum von einem homogenen isotropen „Substrat" gefüllt sein sollte, wobei allerdings die Abstände im Universum zeitlich nicht konstant sind, sondern sich mit der Zeit ändern.

In der Tat beobachtet man die **Hubble-Lemaitre-Rotverschiebung** entfernter Galaxien, d. h., es scheint so, als würden sich alle entfernten Galaxien im Mittel von uns wegbewegen, wobei die (scheinbare) **Rezessionsgeschwindigkeit** proportional zum Abstand ist (**Hubble-Gesetz** $v = H_0 d$). Entsprechend kann man zurückextrapolieren, dass das Universum zu früheren Zeiten viel heißer und dichter war als heute und schließlich zu irgendeinem Zeitpunkt als eine Art **Raumzeitsingularität** begonnen hat. Dies bezeichnet man als **Urknall**. Dies impliziert weiter, dass es einmal so heiß und dicht war, dass alle Materie und auch die elektromagnetische Strahlung im **thermodynamischen Gleichgewicht** gewesen sein müssen und die Materie noch nicht als elektrisch neutrale Atome wie wir es gewohnt sind vorlag, sondern als **Plasma** aus allerlei geladenen Teilchen wie Wasserstoffkernen (Protonen) und Elektronen. Mit der Zeit wurde durch die Hubble-Expansion die Materie im Universum immer weiter verdünnt und kühlte sich ab. Bei einem bestimmten Zeitpunkt finden sich dann die geladenen Konstituenten der Materie (zu dieser Zeit vornehmlich Wasserstoff-, Helium- und Lithium-Kerne sowie Elektronen) zu **elektrisch neutralen Atomen** zusammen. Da dann die elektromagnetischen Wellen kaum noch gestreut werden, ist sie nicht mehr im thermodynamischen Gleichgewicht mit der Materie. Es zeigt sich aber, dass die **Spektralverteilung** dieser Strahlung immer noch wie im thermischen Gleichgewicht befindliche Strahlung aussieht, nur dass durch die Hubble-Expansion die mittlere Wellenlänge immer größer wird, d. h., die effektive Temperatur der Strahlung wird immer geringer. In der Tat hat man in den letzten Jahrzehnten diese **kosmische Hintergrundstrahlung** sehr genau vermessen können, und in der Tat als sehr homogen und isotrop gefunden, sobald man die Bewegung unseres Sonnensystems herausgerechnet hat, die für eine typische Winkelabhängigkeit der effektiven Temperatur der Hintergrundstrahlung sorgt.

Dadurch lässt sich schließlich sehr genau ein frei fallendes, also lokal inertiales Bezugssystem durch dasjenige Bezugssystem definieren, in dem die kosmische Hintergrundstrahlung ein **Planck-Spektrum** mit einer isotropen Temperaturverteilung aufweist, und dieses **Ruhsystem der kosmischen Hintergrundstrahlung** stimmt recht gut mit dem traditionellen Fixsternruhsystem überein, denn großräumig gemittelt bewegt sich eben auch die sichtbare Materie homogen und isotrop gemäß dem **kosmologischen Prinzip**.

2.2.2 Das Wirkungsprinzip („lex secunda")

Nehmen wir nach diesem ausführlichen Ausflug in die wissenschaftstheoretische Problematik die Existenz eines Inertialsystems, in guter Näherung durch das Ruhsystem der Fixsterne definiert[5], hin, können wir nun das **Wirkungsprinzip** oder **zweite Newton'sche Axiom oder „lex secunda"** formulieren.

---

[5] Ein weiteres wichtiges Detail des 1. Newton'schen Axioms ist, dass mit jedem Inertialsystem auch jedes andere gegen dieses System gleichförmig (also mit konstanter Geschwindigkeit v) bewegte Bezugssystem ein Inertialsystem ist, d. h., wenn es ein Inertialsystem gibt, muss es zwangsläufig beliebig viele Inertialsysteme, die sich allesamt geradlinig gleichförmig gegeneinander bewegen, geben!

2.2 Dynamik und Newton'sche Axiome

Die Änderung des Bewegungszustandes einer Punktmasse (also die Beschleunigung $a = \dot{v}$) ist der einwirkenden **Kraft** F proportional. Die Proportionalitätskonstante ist die **Masse** des Körpers. Es gilt also die Bewegungsgleichung

$$ma = m\dot{v} = m\ddot{r} = F. \tag{2.64}$$

Dabei ist natürlich auch wieder eine gewisse Tautologie festzustellen, denn wir definieren gleichzeitig die Kraft und die Masse, wobei die quantitative Festlegung dieser Größen wechselseitig voneinander abhängt. Es ist gar nicht so einfach, dies genauer einzugrenzen, und man muss die konkreten **Kraftgesetze** und die **Massenbestimmung** irgendwie aus der Erfahrung erschließen. Im nächsten Abschnitt werden wir als ein einfaches Beispiel die Gravitationskraft, die die Erde auf die Körper ausübt, betrachten.

Einstweilen können wir mit Newton die Masse als proportional zum Volumen eines Körpers eines bestimmten Materials (genau genommen freilich auch bei derselben Temperatur und demselben Druck!) annehmen, d. h., die Masse ist immer auch ein Maß für die **Materiemenge**, wie wir es im Alltag auch gewohnt sind. Entsprechend kaufen wir bestimmte Waren für einen Preis für eine festgelegte Masse.

2.2.3 Actio und reactio („lex tertia")

Das dritte Newton'sche Axiom von Wirkung (lat.: „actio") und Gegenwirkung (lat.: „reactio") besagt, dass Kräfte stets durch **Wechselwirkung** zweier Körper bzw. durch Vektoraddition solcher **Paarkräfte** auftreten. Beispiele sind die **Gravitationskraft** zwischen zwei Massenpunkten und die elektrostatische **Coulomb-Kraft** zwischen zwei Punktladungen.

Betrachten wir also zunächst zwei Körper. Dann wird die Kraftwirkung auf den Körper 1 durch die Anwesenheit des Körpers 2 bewirkt. Wir bezeichnen diese Kraft als F_{12}, d. h. die am Körper 1 angreifende Kraft aufgrund der Anwesenheit des Körpers 2. Das dritte Newton'sche Axiom besagt, dass dann auf den Körper 2 aufgrund der Anwesenheit des Körpers 1 ebenfalls eine Kraft einwirkt, die exakt entgegengesetzt gleich ist, d. h.

$$F_{21} = -F_{12}. \tag{2.65}$$

Sind mehrere Körper vorhanden, ergibt sich die Gesamtkraft auf den Körper 1 durch die vektorielle Summe solcher paarweiser Wechselwirkungskräfte, also

$$F_1 = \sum_{j=2}^{N} F_{1j}. \tag{2.66}$$

Auch die genaue mathematische Form dieser Gesetze ist wiederum eine Frage der Erfahrung, d. h., wir müssen diese Gesetze durch genaue Beobachtung der Bewegung von Körpern in verschiedenen Situationen erschließen.

2.2.4 SI-Einheiten der Mechanik

In diesem Abschnitt wollen wir kurz auf die wichtige Frage eingehen, wie die **gesetzlich bestimmten Einheiten** des Internationalen Maßsystems (Systeme International de Poids et Mesures, abgekürzt SI) definiert werden, soweit wir sie in der Mechanik benötigen. Dabei ist es wichtig, im Auge zu behalten, dass diese Definitionen bereits von der physikalischen Erkenntnis selbst abhängen. Auch hier hat man es wieder mit der charakteristischen Selbstbezüglichkeit der physikalischen Grundlagen zu tun. Einerseits müssen wir durch quantitative Beobachtungen, also **Messungen**, allgemeingültige **Naturgesetze** erst erschließen, also eine Theorie aufstellen, benötigen aber auch zur Konstruktion der dazu benötigten **Messgeräte** eben diese Naturgesetze.

Nun bedeutet Messen stets einen Vergleich von gleichartigen Größen untereinander. Im Rahmen der Newton'schen Mechanik, wie wir sie durch unsere Besprechung der drei Newton'schen Axiome soeben postuliert haben, gibt es drei grundlegende nicht weiter auf einfachere Begriffe zurückführbare **Grundgrößen**, und zwar die **Länge** als Maß für **räumliche Abstände**. Wie Längen zu messen sind, sagt uns dabei die Theorie selbst. Gemäß Newton ist ja der absolute Raum so beschaffen, dass die Längen- und Lagerungsverhältnisse von Körpern zueinander durch die **euklidische Geometrie** gegeben ist, und die entsprechende mathematische Formulierung besagt genau, wie wir bei Vorgabe irgendeiner willkürlichen **Maßeinheit für die Länge** andere Längen messen können. Bei Euklid geschieht dies axiomatisch mit **Zirkel und Lineal**.

Nimmt man diese Annahme einmal unwidersprochen hin, ist man nunmehr „nur noch" mit der Schwierigkeit konfrontiert, ein verbindliches Längenmaß zu definieren. Im SI ist das das **Meter**, in Formelschreibweise also 1 m. Dabei ist stets zu beachten, dass in der Physik konkrete Größen wie eine Länge l stets aus einer Maßzahl (hier 1) und einer Einheit (hier Meter bzw. m) bestehen. Physikalische Gesetze sind dabei prinzipiell so zu formulieren, dass sie unabhängig von der Wahl der Einheiten gültig sind. Man kann Längen zwar auch mit anderen Einheiten als dem Meter messen, z. B. ist in den USA noch das alte englische Maßsystem weit verbreitet, wo man verschiedene Arten von Länge in recht verwirrender Weise auch noch in verschiedenen Einheiten misst. Beispielsweise werden technische Abmessungen wie z. B. Schrauben o. Ä. in Inches (Zoll) gemessen, Entfernungen auf der Straße in Miles (Meilen) und Höhen von Brücken oder Bergen in Feet (Fuß). Freilich ändert sich dadurch die Länge eines Gegenstandes nicht, und man kann all diese Einheiten schließlich in Metern messen und hat dann Umrechengrößen. Es ist z. B. $1'' \approx 2{,}54 \cdot 10^{-2}\,\text{m} = 2{,}54\,\text{cm}$.

Im SI schreibt man nämlich alle Größen entweder mit Hilfe von Zehnerpotenzen (also einer Zahl, die Mantisse, multipliziert mit 10^n, wobei n, die Zehnerpotenz, eine ganze Zahl ist) oder mit Hilfe von gewissen **Dezimalvorsätzen**. Die wichtigsten sind durch drei teilbare Zehnerpotenzen: So steht k (Kilo) für $10^3 = 1\,000$, M (Mega) für eine Million, also $10^6 = 1\,000\,000$, G (Giga) für eine Milliarde, also $10^9 = 1\,000\,000\,000$. Dabei sollte man die leider weitverbreitete Unsitte, zur besseren Lesbarkeit Dreierpäckchen von Nullen durch Punkte abzuteilen, vermeiden. Dies führt in der internationalen Kommunikation leicht zu Verwirrungen, denn in weiten Teilen der Welt verwendet man statt des deutschen Dezimalkommas den Dezimalpunkt (und teilt irgendwelche Stellen großer Zahlen entsprechend durch Kommata ab). In der Physik ist es daher allenfalls üblich, kleine Abstände in Dreierpäckchen zu schreiben, wie in den obigen Beispielen. Entsprechend gibt es auch Dezimalvorsätze für kleine Teile, nämlich m (Milli) für ein Tausendstel, also $10^{-3} = 0{,}001$, μ (Mikro) für $10^{-6} = 0{,}000\,001$ und n (Nano) für $10^{-9} = 0{,}000\,000\,001$ usw. Außer der Reihe der durch drei teilbaren Potenzen hat sich aus historischen Gründen auch noch das Zentimeter erhalten, also ein Hundertstel Meter, $1\,\text{cm} = 10^{-2}\,\text{m} = 0{,}01\,\text{m}$.

Freilich müssen wir nun festlegen, wie lang ein Meter ist, und aufgrund der obigen Überlegung mit der wechselseitigen Beziehung zwischen Theorie und Experiment ist es auch klar, dass die Definition der Einheiten (selbst wenn man sich auf die in dieser Vorlesung ausschließlich verwendeten SI-Einheiten beschränkt) eine **Geschichte** haben. Die Idee des SI geht auf die französische Revolution zurück. Dabei hat man den Anspruch entwickelt, ein international verbindliches Einheitensystem für „alle Nationen und alle Zeiten" genau festzulegen, um die Kommunikation über alle möglichen im täglichen Leben wie für die Wissenschaft wichtigen Größen zu ermöglichen.

Zwar ist die Festlegung von Einheiten im Prinzip völlig willkürlich, d. h. man kann es wie in früheren Zeiten halten und die Länge des Armes des jeweiligen Königs als Längenmaß verwenden. Das gab es tatsächlich, und in der Tat war dann in nahezu jeder Stadt eine andere „Elle" im Gebrauch, und man kann sich die Verwirrung vorstellen, wenn man auf diese Art Handel treiben soll und man nach geometrischen Abmessungen bepreiste Waren austauschen will. Außerdem war es auch das Bestreben der französischen Revolutionäre solche von irgendwelchen Fürsten bestimmten Maße ein für allemal abzuschaffen und die Maßeinheiten auf „natürliche Art" zu definieren. Beim Meter legte man fest, dass die Länge des Viertels des durch Paris verlaufenden Längenkreises, vom Pol zum Äquator gemessen, definitionsgemäß $10 \cdot 10^6$ m sein soll, bzw. entsprechend 1 m der zehnmillionste Teil dieses Viertellängengrades.

Man schickte also 1792 mehrere Expeditionen los, um diesen Längengrad genau zu vermessen, mit dem Ziel ein **Urmeter** zu bestimmen, und entsprechende Messungen, die es schon ab 1735 noch vor der Revolution gegeben hatte, mit größerer Genauigkeit zu wiederholen. Dieser Urmeter wurde schließlich in 1799 durch zwei Markierungen in einem Stab aus Platin realisiert. Freilich erwies sich die Messung bei weiteren Kontrollmessungen im 19. Jahrhundert als um ca. 0,02 % zu kurz. Man behielt allerdings die bereits etablierte durch den Urmeter realisierte Definition des Meters bei. Demnach ist die tatsächliche Viertelmeridianlänge $10{,}001\,966 \cdot 10^6$ m.

In 1889 stellte man schließlich einen neueren Urmeter aus einer Platin-Iridium-Legierung mit kreuzförmigen Markierungen her, wobei zwei Marken bei einer Temperatur von $0\,°\text{C}$ einen Meter definierten.

Freilich sind nun solche durch Prototypen realisierten Einheiten höchst fragil. Natürlich stellte man 30 **Sekundärnormale** her, die an diverse Eichämter in aller Welt verteilt wurden. Allerdings ist selbst das keine Garantie, dass der Meter „für alle Zeiten und alle Orte" als präzise festgelegte Maßeinheit verfügbar bleibt.

Entsprechend hat sich, auch aufgrund des rasanten Fortschritts der physikalischen Erkenntnisse, die Definition des Meters noch mehrmals geändert. Die letzte Änderung erfolgte 1983, wo man das Meter dadurch definiert hat, dass die nach der **Relativitätstheorie** unveränderliche Ausbreitungsgeschwindigkeit des Lichts im Vakuum den exakt definierten Wert $c = 299\,792\,458$ m/s besitzt, was freilich eine Festlegung der Zeiteinheit des SI, der **Sekunde** (Formelzeichen s), verlangt.

Bis 1967 war die Sekunde einfach dadurch definiert, dass die mittlere Dauer eines mittleren Sonnentages $24\,\text{h} = 60 \cdot 24\,\text{min} = 60 \cdot 60 \cdot 24\,\text{s} = 86\,400\,\text{s}$ beträgt.

Nun hat es aber gerade bei der Zeitmessung immense Fortschritte bzgl. der erreichbaren Präzision gegeben. Daher wurde 1967 die bis heute gültige Definition der Sekunde über die Frequenz der elektromagnetischen Wellen aufgrund atomarer Übergänge festgelegt, denn diese Übergänge sind gemäß der Erkenntnisse der modernen Atomphysik (basierend auf der Quantentheorie) äußerst stabil bzgl. allerlei Umwelteinflüssen. Konkret definiert man daher heute die Sekunde durch die Frequenz eines bestimmten sog. Hyperfeinübergangs in Cäsium (Cs). Genauer:

Eine Sekunde (1 s) entspricht dem $9,192\,63\,770 \cdot 10^9$-Fachen der Periodendauer der Strahlung, die dem Übergang zwischen den beiden Hyperfeinstrukturniveaus des Grundzustandes von Atomen des Nuklids ^{133}Cs entspricht.

Bleibt schließlich noch die Einheit für die **Masse**, das Kilogramm (kg). Nach einigem Hin und Her in der Geschichte der Definition, die ihren Ausgang in der Definition nahm, dass 1 kg der Masse von Wasser mit dem Volumen von $10^{-3}\,\text{m}^3 = 1\,\text{dm}^3$ (1 Kubikdezimeter, wobei Dezi (d) der Zehnerpotenzenvorsatz für $1/10 = 10^{-1}$ ist) bei einer Temperatur von 4 °C (Temperatur der größten Dichte von Wasser) entspricht, hat man sich schließlich 1889 darauf geeinigt, dass ein **Urkilogramm**, ein Zylinder aus einer Platin-Iridium-Legierung, als Prototyp die Masseneinheit definieren sollte. Zugleich wurden wieder mehrere Sekundärprototypen an diverse Eichämter verteilt.

Wie bereits beim Urmeter bemerkt, ist eine solche Definition durch die Bereitstellung von menschliche Artefakten äußerst heikel. In der Tat haben Vergleiche des Urkilogramms mit den verschiedenen Sekundärprototypen gezeigt, dass ausgerechnet das Urkilogrammstück systematisch vom Mittel der anderen Kilogrammstücke abweicht.

Daher wurde mit der Neudefinition der SI-Basiseinheiten im Jahr 2019 durch eine Festlegung diverser universeller Naturkonstanten (ähnlich wie die oben besprochene Festlegung des Meters, basierend auf der Definition der Sekunde durch Festschreibung eines entsprechenden Zahlenwerts der Vakuumlichtgeschwindigkeit) eine nach heutigem Wissen für alle Zeiten und an allen Orten präzise reproduzierbare Festlegung für alle Einheiten getroffen. Dabei erfährt praktisch das gesamte SI, ausgehend von der Definition der Sekunde und des Meters, eine Revision durch Festlegung von Naturkonstanten, die die sehr präzise und stabile Definition der sieben Basiseinheiten (Sekunde für die Zeit, Meter für die Länge, Kilogramm für die Masse, Ampère für die elektrische Stromstärke, mol für die Stoffmenge, Kelvin für die Temperatur und Candela für die Leuchtstärke von Licht) auf Basis des derzeitigen (quantenphysikalischen) Kenntnisstands ermöglichen. Die Einheiten für alle anderen Größen lassen sich dann auf diese sieben Basiseinheiten zurückführen.

In dieser Vorlesung über die Mechanik benötigen wir nur die entsprechenden drei Basiseinheiten Sekunde, Meter und Kilogramm. Aufgrund des 2. Newton'schen Axioms ist dann die Einheit von Kräften $1\,\text{kg}\,\text{m}/\text{s}^2$. Diese Einheit wird zu Ehren Newtons auch als $1\,\text{Newton} = 1\,\text{N}$ bezeichnet. Entsprechend sind die Einheiten für Geschwindigkeiten $1\,\text{m}/\text{s}$ und für Beschleunigungen $1\,\text{m}/\text{s}^2$ (die keine speziellen Namen erhalten haben). Ebenso ist aufgrund der geometrischen Definition klar, dass Flächen in Einheiten von $1\,\text{m}^2$ (oft auch 1 Quadratmeter genannt) und Volumen in Einheiten von $1\,\text{m}^3$ (1 Kubikmeter) gemessen werden. Auch diese Einheiten tragen keine weiteren speziellen Namen. Winkel geben wir in der theoretischen Physik gewöhnlich im Bogenmaß an. Diese sind durch das Verhältnis der Länge Kreisbogens eines Kreissegments und dem Radius dieses Kreises gegeben und als solche dimensionslos, also reine Zahlen. Dem rechten Winkel entspricht also einfach die reine Zahl $\pi/2$. Um Verwirrungen zu vermeiden, ist es im Rahmen des SI auch erlaubt, das Einheitensymbol rad zu verwenden, d. h. man kann auch für den rechten Winkel $\pi/2\,\text{rad}$ schreiben. Weiter ist auch noch das **Winkelgrad** im SI als Einheit für Winkel vorgesehen, und der rechte Winkel entspricht $90°$. Die Umrechnung ist also durch $180° = \pi\,\text{rad}$, d. h. $1° = \pi/180\,\text{rad}$, gegeben.

2.3 Einfache Bewegungsprobleme

Mit dieser Grundlage der Mechanik durch die Newton'schen Axiome können wir schon einige einfache Bewegungsgleichungen aufstellen, wobei wir, wie oben betont, die Kräfte irgendwie aus Beobachtungen erschließen müssen, denn die Newton'schen Axiome geben nur eine (axiomatische) Definition der Begriffe Masse und Kraft und deren Zusammenhang mit der direkt beobachtbaren Kinematik von Körpern. Die konkreten **Kraftgesetze**, die es erlauben, die Bewegungsgleichung aufzustellen und unter Vorgabe der **Anfangsbedingungen** zu lösen, müssen hingegen zusätzlich ermittelt werden. Dies verdeutlicht das für die Naturwissenschaften typische Wechselspiel zwischen **Theorie und Experiment**.

2.3.1 Freier Fall und schiefer Wurf in Erdnähe

Eine der wichtigsten Entdeckungen Galileis bzgl. der Mechanik waren die **Fallgesetze**. So kam Galilei durch Beobachtung (und auch gehörige Abstraktion) zu dem Schluss, dass bei Vernachlässigung der Luftreibung alle Körper unabhängig von ihrer stofflichen Zusammensetzung und ihrer Masse, aus der Ruhe losgelassen, stets gleich schnell fallen. Gemäß dem 2. Newton'schen Axiom gilt also

$$m\boldsymbol{a} = m\boldsymbol{g}, \tag{2.67}$$

wobei man g in Erdnähe (also für Abstände, die sehr viel kleiner als der [mittlere] Erdradius sind) in kleinen Umgebungen um einen bestimmten Ort der Erde als konstant ansehen darf. Als einen Richtwert für den Betrag dieser **Fallbeschleunigung** verwenden wir $|g| = 9{,}81\,\text{m/s}^2$. Diese Feststellung soll der Legende nach Galilei mit spektakulären Fallexperimenten demonstriert haben, wobei er diverse Gegenstände vom schiefen Turm von Pisa fallengelassen haben soll. Belegen lässt sich diese Legende zwar nicht, gleichwohl ist in der Tat die Folge der Gl. (2.67), dass sich die Masse auf beiden Seiten der Gleichung herauskürzt. Wir werden diese sehr einfache Bewegungsgleichung auch gleich noch lösen.

Bemerkenswerter als diese Rechnung, die allerdings gerade in der Schule sehr nützlich ist, um das Prinzip von Bewegungsgleichungen und deren Lösung zu veranschaulichen, ist die physikalische Erkenntnis, dass die **Gravitationswechselwirkung** als einzige der vier fundamentalen Kräfte[6], die Eigenschaft besitzt, dass beide Seiten des Kraftgesetzes exakt proportional zur Masse des Körpers sind, wodurch sich die Masse ebenso exakt herauskürzt und folglich alle Körper unabhängig von ihrer Beschaffenheit auf der Erde gleich schnell fallen.

Das ist in der Tat höchst erstaunlich, denn eigentlich war ja die Masse lediglich durch das Zusammenspiel von Newtons 1. und 2. Axiom als Maß für die „Trägheit" definiert und taucht erst einmal nur auf der linken Seite des Kraftgesetzes auf. Man nennt die auf diese Art definierte Masse als Maß für die Trägheit entsprechend genauer auch die **träge Masse**. Auf der rechten Seite beschreibt die Masse jedoch nicht die Trägheit sondern die **Schwerkraft**, die die Erde auf diese Masse ausübt, und zwar zusammen mit der für alle Körper gleichen Schwerebeschleunigung in Erdnähe g. Man nennt entsprechend die in diesem Sinne physikalisch die Stärke der Schwerkraft bestimmende Eigenschaft der Masse die **schwere Masse**. Man kann also Galileis Beobachtung der Gleichheit der Fallbewegung aller Körper auf der Erde als eines der ersten wirklich empirisch, also durch Beobachtung und Messung, gefundenen **Naturgesetze** ansehen. Im Rahmen der Newton'schen Mechanik gibt es keine einfachere Erklärung für die in diesem Sinne beobachtete **Äquivalenz von träger und schwerer Masse**, d. h., dieses **Äquivalenzprinzip** ist eine nicht weiter auf einfachere Naturgesetze grundlegende Erkenntnis über eine in diesem Sinne „fundamentale" Wechselwirkung.

Nachdem also nun diese tiefschürfende Erkenntnis durch Galilei gewonnen ist, ist es auch sehr leicht, die Bewegungsgleichung (2.67) zu lösen. Dazu ist es am bequemsten, ein geeignetes Bezugssystem festzulegen. Gewöhnlich definiert man die kartesischen Basisvektoren so, dass $g = -g e_3$ ist, d. h., e_3 wird definitionsgemäß „senkrecht nach oben", also in die Gegenrichtung der auf die Erde weisenden Gravitationsbeschleunigung gesetzt. Entsprechend spannen e_1 und e_2 die dazu senkrechte Ebene parallel zur Erdoberfläche auf. Dann ist die einzige nichttriviale Komponente der Bewegungsgleichung (2.67), nachdem wir die oben ausführlich besprochene

---

[6] Neben der Gravitationswechselwirkung gibt es nach derzeitigem Wissensstand noch die elektromagnetische sowie die starke und schwache Wechselwirkung, wovon für die klassische Mechanik nur noch die elektromagnetische Wechselwirkung relevant ist.

2.3 Einfache Bewegungsprobleme

Kürzung durch die Masse m vorgenommen haben,

$$a_3 = \dot{v}_3 = \ddot{x}_3 = -g. \qquad (2.68)$$

Wir haben hier also eine (wenn auch zum Glück sehr einfache) **Differentialgleichung 2. Ordnung** vorliegen. Sie ist definitionsgemäß von 2. Ordnung, weil die höchste vorkommende Ableitung die zweite Ableitung der Ortskoordinate x_3 nach der Zeit ist. Die rechte Seite ist hier konstant, und das reduziert die Lösungsstrategie auf einfache **Integrationen**. Es ist klar, dass dabei die Lösungen nur bis auf additive Konstanten bestimmt sind, denn die Integration ist ja die Umkehrung der Ableitung, also im Sinne von unbestimmten Integralen die Aufgabe, eine **Stammfunktion** einer vorgegebenen Funktion zu finden, und dabei bleibt eine additive Konstante unbestimmt, denn deren Ableitung verschwindet, d. h., im ersten Lösungsschritt erhalten wir

$$v_3 = \int \mathrm{d}t \, a_3 = -\int \mathrm{d}t \, g = -gt + C_1. \qquad (2.69)$$

Dabei ist C_1 die besagte Integrationskonstante.

Auch dies lässt sich leicht nochmals nach der Zeit integrieren, wobei eine weitere unbestimmte Integrationskonstante auftritt:

$$x_3 = \int \mathrm{d}t \, v_3 = \int \mathrm{d}t (-gt + C_1) = -\frac{g}{2}t^2 + C_1 t + C_2. \qquad (2.70)$$

Um eine konkrete Bewegung zu bestimmen, müssen wir nun irgendwie die Konstanten festlegen. Dazu benötigen wir freilich zusätzliche Information. Das ist auch aus der Erfahrung klar, denn wir müssen den **Ort und die Geschwindigkeit** zu irgendeiner Anfangszeit t_0 kennen, um die Bewegungsgleichung eindeutig lösen zu können. Der Einfachheit halber wählen wir hier $t_0 = 0$. In der Tat legt die Anfangsbedingung $x_3(0) = x_{30}$, $v_3(0) = \dot{x}_3(0) = v_{30}$ die Lösung vollständig fest, denn setzen wir diese Bedingungen in (2.68) bzw. (2.69) ein, erhalten wir schließlich $C_1 = v_{30}$ und $C_2 = x_{30}$. Wir haben also schließlich die Lösung

$$x_3 = -\frac{g}{2}t^2 + v_{30}t + x_{30} \qquad (2.71)$$

gefunden.

Wir können natürlich auch die anderen beiden Komponenten des Ortsvektors berechnen. Da in diesem Beispiel in diesen Richtungen keine Kraft wirkt, gilt

$$\ddot{x}_1 = 0, \quad \ddot{x}_2 = 0, \qquad (2.72)$$

und wir können sofort wieder beide Gleichungen zweimal nach der Zeit integrieren. Wir legen der Einfachheit halber das Bezugssystem so, dass für die Anfangsgeschwindigkeit $\boldsymbol{v}_0 = (v_{01}, 0, v_{03})$ gilt und $\boldsymbol{x}_0 = (0, 0, x_{30})$ ist. Das Resultat der

Integration von (2.72) zusammen mit dem Resultat (2.71) liefert dann die vollständige Lösung der Bewegungsgleichungen mit den vorgegebenen Anfangsbedingungen *(Nachprüfen!)*:

$$\underline{r} = \begin{pmatrix} x_1 \\ x_2 \\ x_3 \end{pmatrix} = \begin{pmatrix} v_{01}t \\ 0 \\ -gt^2/2 + v_{30}t + x_{30} \end{pmatrix}. \tag{2.73}$$

Allgemein können wir aus dem Beispiel schon ersehen, wie die typischen Aufgaben der mechanischen Bewegungsgleichungen zu lösen sind. In der Mathematik wird nämlich bewiesen, dass ganz allgemein zur eindeutigen Festlegung einer Lösung von Differentialgleichungen 2. Ordnung stets die Anfangswerte für die gesuchte Größe bzw. die Größen und ihre ersten Ableitungen ausreichen, um die Bahnkurve eindeutig zu berechnen.

2.3.2 Freier Fall bzw. schiefer Wurf mit Reibung

Als nächst schwierigeres Problem betrachten wir das obige Problem des freien Falls bzw. schiefen Wurfs unter Einbeziehung des **Luftwiderstandes**. Für nicht zu große Geschwindigkeiten zeigt die Erfahrung, dass die entsprechende **Reibungskraft** proportional zum Betrag der Geschwindigkeit ist und stets in die Gegenrichtung zur Geschwindigkeit weist. Zusätzlich zur Gravitationskraft der Erde wirkt also noch diese **Stokes'sche Reibungskraft**[7]

$$\boldsymbol{F}_\mathrm{r} = -\gamma \boldsymbol{v} = -\gamma \dot{\boldsymbol{r}}. \tag{2.74}$$

Dabei ist der Reibungskoeffizient γ eine Konstante, die von der genauen Form und Oberflächenbeschaffenheit des Körpers abhängt. Man kann sie in einfachen Fällen mit Hilfe der Hydro- bzw. Aerodynamik berechnen. Hier denken wir sie uns einfach durch Messung bestimmt.

Zusammen mit der Schwerkraft lautet also die Bewegungsgleichung

$$m\ddot{\boldsymbol{r}} = -\gamma \dot{\boldsymbol{r}} + m\boldsymbol{g}. \tag{2.75}$$

Dies ist nun eine echte Differentialgleichung, die sich nicht mehr durch einfache Integration lösen lässt. Es handelt sich aber um eine **lineare Differentialgleichung**, d. h., die Differentialgleichung hängt linear von der gesuchten Funktion und ihren Ableitungen ab. Dies vereinfacht die Aufgabe der Lösung erheblich, und wir werden uns daher ausführlich mit linearen Differentialgleichungen beschäftigen.

---

[7] George Gabriel Stokes (1819–1903).

2.3 Einfache Bewegungsprobleme

Zunächst schreiben wir (2.75) um, indem wir alle Terme mit der unbekannten Funktion r und ihren Ableitungen auf die linke Seite bringen:

$$m\ddot{\boldsymbol{r}} + \gamma \dot{\boldsymbol{r}} = m\boldsymbol{g}. \tag{2.76}$$

Betrachten wir nun zwei beliebige Lösungen r_1 und r_2 dieser Gleichung, die sich durch verschiedene Wahl der Anfangsbedingung unterscheiden können. Demnach gilt also für beide Funktionen

$$m\ddot{\boldsymbol{r}}_1 + \gamma \dot{\boldsymbol{r}}_1 = m\boldsymbol{g}, \quad m\ddot{\boldsymbol{r}}_2 + \gamma \dot{\boldsymbol{r}}_2 = m\boldsymbol{g}. \tag{2.77}$$

Bilden wir nun die Differenz, folgt

$$m(\ddot{\boldsymbol{r}}_1 - \ddot{\boldsymbol{r}}_2) + \gamma(\dot{\boldsymbol{r}}_1 - \dot{\boldsymbol{r}}_2) = \boldsymbol{0}. \tag{2.78}$$

Wir können daraus schließen, dass wir zunächst nur eine beliebige Lösung der Gl. (2.76) benötigen. Man nennt dies eine **Partikulärlösung** der **inhomogenen Differentialgleichung** (2.76). Nennen wir diese Lösung also r_p. Setzen wir dann $r = r_\mathrm{p} + r_\mathrm{h}$, folgt aus (2.78), dass r_h die entsprechende **homogene Differentialgleichung** lösen muss. Um alle Lösungen zu erhalten, benötigen wir also zusätzlich zur Partikulärlösung der inhomogenen Gl. (2.76) die vollständige Lösung der homogenen Gleichung

$$m\ddot{\boldsymbol{r}}_\mathrm{h} + \gamma \dot{\boldsymbol{r}}_\mathrm{h} = 0. \tag{2.79}$$

Lösen wir also zunächst die homogene Gleichung. Der Standardlösungsansatz beruht auf der Tatsache, dass sich die Exponentialfunktion beim Ableiten immer „reproduziert". Machen wir also den Ansatz

$$\boldsymbol{r}_\mathrm{h} = \boldsymbol{C} \exp(\lambda t) \tag{2.80}$$

mit Konstanten $\boldsymbol{C}$ und λ. In der Tat sind nun die beiden ersten Ableitungen dieser Funktion

$$\dot{\boldsymbol{r}}_\mathrm{h} = \boldsymbol{C}\lambda \exp(\lambda t), \quad \ddot{\boldsymbol{r}}_\mathrm{h} = \boldsymbol{C}\lambda^2 \exp(\lambda t). \tag{2.81}$$

Setzen wir also (2.80) und (2.81) in die homogene Gl. (2.79) ein, erhalten wir

$$\boldsymbol{C}(m\lambda^2 + \gamma\lambda) \exp(\lambda t) = 0. \tag{2.82}$$

Offenbar wird diese Gleichung für *beliebige* Konstanten $\boldsymbol{C}$ erfüllt, wenn

$$m\lambda^2 + \gamma\lambda = 0 \tag{2.83}$$

ist. Dies ist also eine quadratische Gleichung für λ. Klammern wir λ aus, finden wir

$$\lambda(m\lambda + \gamma) = 0, \tag{2.84}$$

d. h., wir erhalten zwei verschiedene (!) Lösungen

$$\lambda_1 = 0, \quad \lambda_2 = -\gamma/m. \tag{2.85}$$

Da (2.79) eine homogene lineare Differentialgleichung ist, gilt das **Superpositionsprinzip**, d. h., mit zwei Lösungen ist auch deren Summe wieder eine Lösung. Da (2.82) mit den beiden Werten (2.85) für λ für jedes C gilt, ist also die **allgemeine Lösung der homogenen Differentialgleichung** gegeben durch

$$\boldsymbol{r}_\text{h} = \boldsymbol{C}_1 \exp 0 + \boldsymbol{C}_2 \exp(-\gamma t/m) = \boldsymbol{C}_1 + \boldsymbol{C}_2 \exp(-\gamma t/m). \tag{2.86}$$

Dass dies alle möglichen Lösungen sind, wird daraus klar, dass wir zwei „Integrationskonstanten" $\boldsymbol{C}_1$ und $\boldsymbol{C}_2$ zur Verfügung haben, die die Erfüllung beliebiger Anfangsbedingungen für die Lösung der homogenen Gleichung gestatten.

Wir lassen aber die Werte noch offen, denn wir wollen ja eigentlich die inhomogene Gl. (2.77) lösen. Aufgrund unserer obigen Überlegung benötigen wir nur noch irgendeine beliebige Lösung dieser Gleichung, die Partikulärlösung $\boldsymbol{r}_\text{p}$. In unserem Fall können wir eine solche Lösung raten. Offenbar lässt sich (2.77) mit dem Ansatz

$$\boldsymbol{r}_\text{p} = \boldsymbol{C}t \tag{2.87}$$

erfüllen. Dann dann ist $\dot{\boldsymbol{r}}_\text{p} = \boldsymbol{C}$ und $\ddot{\boldsymbol{r}}_\text{p} = 0$. Einsetzen in die Gl. (2.77) liefert damit nämlich

$$\boldsymbol{C}\gamma = m\boldsymbol{g} \Rightarrow \boldsymbol{C} = m\boldsymbol{g}/\gamma. \tag{2.88}$$

Die allgemeine Lösung von (2.77) ist nun die Summe aus der allgemeinen Lösung der entsprechenden homogenen Gl. (2.79), also (2.86) mit zunächst beliebigen Integrationskonstanten $\boldsymbol{C}_1$ und $\boldsymbol{C}_2$, und die eine spezielle Lösung der inhomogenen Gleichung, also (2.87) mit der Wahl der Konstanten $\boldsymbol{C}$ gemäß (2.88):

$$\boldsymbol{r} = \boldsymbol{C}_1 + \boldsymbol{C}_2 \exp\left(-\frac{\gamma}{m}t\right) + \frac{m}{\gamma}\boldsymbol{g}t. \tag{2.89}$$

Jetzt können wir durch Vorgabe der Anfangsbedingungen $\boldsymbol{r}(0) = \boldsymbol{r}_0$ und $\boldsymbol{v}(0) = \dot{\boldsymbol{r}}(0) = \boldsymbol{v}_0$ auch die Integrationskonstanten $\boldsymbol{C}_1$ und $\boldsymbol{C}_2$ bestimmen, denn es gilt

$$\boldsymbol{r}(0) = \boldsymbol{r}_0 = \boldsymbol{C}_1 + \boldsymbol{C}_2 \Rightarrow \boldsymbol{C}_1 = \boldsymbol{r}_0 - \boldsymbol{C}_2 \tag{2.90}$$

und

$$\dot{\boldsymbol{r}} = -\frac{\gamma}{m}\boldsymbol{C}_2 \exp\left(-\frac{\gamma}{m}t\right) + \frac{m}{\gamma}\boldsymbol{g} \Rightarrow \dot{\boldsymbol{r}}(0) = \boldsymbol{v}_0 = -\frac{\gamma}{m}\boldsymbol{C}_2 + \frac{m}{\gamma}\boldsymbol{g}. \tag{2.91}$$

Damit folgt

$$C_2 = \frac{m^2}{\gamma^2}g - \frac{m}{\gamma}v_0. \quad (2.92)$$

Aus (2.90) folgt dann weiter

$$C_1 = r_0 - \frac{m^2}{\gamma^2}g + \frac{m}{\gamma}v_0. \quad (2.93)$$

Die Lösung unter Berücksichtigung der Anfangsbedingungen ist also

$$r = r_0 + \left(\frac{m^2}{\gamma^2}g - \frac{m}{\gamma}v_0\right)\left[\exp\left(-\frac{\gamma}{m}t\right) - 1\right] + \frac{m}{\gamma}gt. \quad (2.94)$$

2.4 Erhaltungssätze

Wie wir im vorigen Abschnitt gesehen haben, können wir Bewegungen bereits direkt mittels der Newton'schen Axiome analysieren, vorausgesetzt wir kennen aus Beobachtungen die Kräfte, die auf ein Teilchen einwirken. Das Beispiel des freien Falls und schiefen Wurfs mit Reibung hat allerdings gezeigt, dass schon relativ einfache Beispiele recht komplizierte Methoden zur Lösung der Bewegungsgleichung erfordern. In diesem Abschnitt beschäftigen wir uns mit allgemeinen Methoden, Strategien zur Vereinfachung dieser Aufgabe zu finden.

Sehr wichtig für die gesamte Physik ist dabei die Entdeckung, dass allgemeine **Erhaltungssätze** gelten, die bereits viele Rückschlüsse über die Bewegungen zulassen. Oft benötigt man zur Lösung spezifischer Fragestellungen gar nicht die vollständige Lösung der Bewegungsgleichungen, sondern es genügt die Anwendung allgemeiner Erhaltungssätze.

Wie wir später sehen werden, sind die Erhaltungssätze profunde Folgerungen aus **Symmetrieprinzipien**, deren Analyse zu den wichtigsten Methoden zur Theoriebildung in der modernen Physik (Relativitäts- und Quantentheorie) gehören. Hier leiten wir die Erhaltungssätze direkt aus den **Newton'schen Axiomen** her, wo dieser Zusammenhang zwischen Symmetrien und Erhaltungssätzen noch nicht explizit verständlich wird.

Wir bemerken noch, dass die Erhaltungssätze in ihrer allgemeinsten Form nur für **abgeschlossene Systeme** von Punktteilchen gelten. Unsere obigen Beispiele haben bereits die Bewegung eines einzelnen Teilchens nur effektiv behandelt, denn wir haben nicht berücksichtigt, dass im Prinzip nach dem 3. Newton'schen Axiom der fallende Körper auch eine Kraft auf die Erde ausübt und sich daher auch diese bewegt. Wir haben die freilich sehr berechtigte Näherung gemacht, dass aufgrund der großen Masse der Erde im Vergleich zur Masse der fallenden Körper diese Bewegung vernachlässigbar ist. Die Erde trat lediglich in effektiver Weise durch die auf den Körper wirkenden Gravitationskraft in Erscheinung.

Hier betrachten wir nun anhand des einfachsten Beispiels zweier **miteinander wechselwirkender Punktteilchen** abgeschlossene Systeme und leiten die allgemeinen Erhaltungssätze für **Impuls, Energie, Drehimpuls und Schwerpunktsbewegung** her. Sie erweisen sich später in dieser Vorlesung als die Folge der **Symmetrien der Newton'schen Raum-Zeit**.

2.4.1 Impulserhaltung

Betrachten wir zwei Punktmassen mit Ortsvektoren r_1 und r_2 und Massen m_1 bzw. m_2. Die einzige wirkende Kraft sei gemäß dem 3. Newton'schen Axiom eine beliebige **Wechselwirkungskraft** zwischen den beiden Teilchen. Die Kraft selbst kann eine beliebige Funktion der Orte der beiden Teilchen sein, d. h., die Bewegungsgleichungen lauten

$$m_1 \ddot{r}_1 = F_{12}(r_1, r_2),$$
$$m_2 \ddot{r}_2 = F_{21}(r_1, r_2). \tag{2.95}$$

Nach dem 3. Newton'schen Axiom ist nun gemäß (2.65) $F_{21} = -F_{12}$. Addieren wir also die beiden Bewegungsgleichungen, ergibt sich deshalb

$$m_1 \ddot{r}_1 + m_2 \ddot{r}_2 = F_{12} + F_{21} = F_{12} - F_{12} = 0. \tag{2.96}$$

Dafür können wir aber auch

$$\frac{\mathrm{d}}{\mathrm{d}t}(m_1 \dot{r}_1 + m_2 \dot{r}_2) = 0 \tag{2.97}$$

schreiben. Wenn aber die Zeitableitung einer Größe verschwindet, wie hier die Zeitableitung des **Gesamtimpulses**

$$P = m_1 \dot{r}_1 + m_2 \dot{r}_2, \tag{2.98}$$

d. h. $\dot{P} = 0$, können wir sofort durch Integration schließen, dass

$$\int_0^t \mathrm{d}t'\, \dot{P}(t') = P(t) - P(0) = 0 \Rightarrow P(t) = P(0) = P_0 = \text{const.} \tag{2.99}$$

ist. Anders gesagt, bedeutet dies, dass der **Gesamtimpuls eines abgeschlossenen Systems eine Erhaltungsgröße** ist, d. h., die Bewegung der Teilchen läuft stets so ab, dass $P = P_0 = \text{const}$ ist.

2.4.2 Zentralkräfte, Schwerpunktsatz und Drehimpulserhaltung

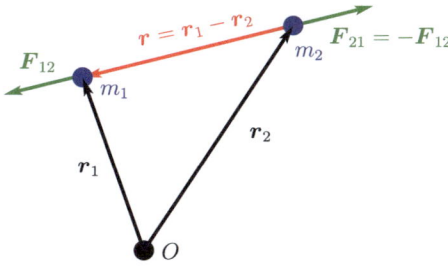

Sehr oft sind Wechselwirkungskräfte **Zentralkräfte**, d. h. sie wirken entlang der Verbindungslinie der beiden Massen. Ein Beispiel ist das **Newton'sche Gravitationsgesetz**, das wir in Abschn. 2.8 ausführlich studieren werden. Hier genügt die Annahme, dass

$$F_{12} = -F_{21} = (r_1 - r_2) f(r_1 - r_2) \qquad (2.100)$$

ist. Dabei ist f irgendeine *skalare* Funktion des *Verbindungsvektors* $r_1 - r_2$ der Massenpunkte (s. die nebenstehende Abbildung).

In diesem Fall liegt es nahe, die Bewegung durch zwei neue Ortsvektoren zu beschreiben, nämlich den **Ortsvektor des Schwerpunktes**

$$R = \frac{1}{M}(m_1 r_1 + m_2 r_2), \quad \text{mit} \quad M = m_1 + m_2 \qquad (2.101)$$

und den **Relativortsvektor**

$$r = r_1 - r_2. \qquad (2.102)$$

Zunächst können wir nun den Gesamtimpuls als

$$P = M\dot{R} \qquad (2.103)$$

schreiben, und wegen (2.99) ist

$$\dot{P} = M\ddot{R} = 0 \Rightarrow \ddot{R} = 0, \qquad (2.104)$$

d. h., der Schwerpunkt bewegt sich wie ein kräftefreies Teilchen, also geradlinig gleichförmig, d. h.

$$V = \dot{R} = V_0 = \text{const}, \quad R = V_0 t + R_0. \qquad (2.105)$$

Das ist der **Schwerpunktsatz**: In einem abgeschlossenen System bewegt sich der Schwerpunkt wie ein kräftefreies Teilchen geradlinig gleichförmig, also mit konstanter Geschwindigkeit.

Betrachten wir nun die Bewegungsgleichungen genauer, d. h., drücken wir sie mit Hilfe von $\boldsymbol{R}$ und $\boldsymbol{r}$, also Schwerpunkts- und Relativortsvektoren und deren Ableitungen aus. Zunächst gilt wegen $\boldsymbol{r}_2 = \boldsymbol{r}_1 - \boldsymbol{r}$ und (2.101)

$$\boldsymbol{R} = \frac{1}{M}[m_1\boldsymbol{r}_1 + m_2(\boldsymbol{r}_1 - \boldsymbol{r})] = \boldsymbol{r}_1 - \frac{m_2}{M}\boldsymbol{r} \Rightarrow \boldsymbol{r}_1 = \boldsymbol{R} + \frac{m_2}{M}\boldsymbol{r} \quad (2.106)$$

und indem wir in (2.101) $\boldsymbol{r}_1 = \boldsymbol{r} + \boldsymbol{r}_2$ setzen

$$\boldsymbol{R} = \frac{1}{M}[m_1(\boldsymbol{r} + \boldsymbol{r}_2) + m_2\boldsymbol{r}_2] = \boldsymbol{r}_2 + \frac{m_1}{M}\boldsymbol{r} \Rightarrow \boldsymbol{r}_2 = \boldsymbol{R} - \frac{m_1}{M}\boldsymbol{r}. \quad (2.107)$$

Setzen wir dies nun in die Bewegungsgleichungen (2.100) ein, erhalten wir

$$\begin{aligned} m_1\ddot{\boldsymbol{R}} + \frac{m_1 m_2}{M}\ddot{\boldsymbol{r}} &\stackrel{(2.104)}{=} \frac{m_1 m_2}{M}\ddot{\boldsymbol{r}} = f(r)\boldsymbol{r}, \\ m_2\ddot{\boldsymbol{R}} - \frac{m_1 m_2}{M}\ddot{\boldsymbol{r}} &\stackrel{(2.104)}{=} -\frac{m_1 m_2}{M}\ddot{\boldsymbol{r}} = -f(r)\boldsymbol{r}. \end{aligned} \quad (2.108)$$

Wir erhalten also nunmehr aus beiden Bewegungsgleichungen nur noch eine weitere Gleichung für die **Relativbewegung**, und zwar kann man offenbar (2.108) als Bewegungsgleichung eines „fiktiven Teilchens" mit der **reduzierten Masse**

$$\mu = \frac{m_1 m_2}{M} = \frac{m_1 m_2}{m_1 + m_2} \quad (2.109)$$

interpretieren. Dieses **Quasiteilchen** erfüllt nun die Bewegungsgleichung für ein Teilchen mit der reduzierten Masse μ, auf das die Kraft $\boldsymbol{F} = f(r)\boldsymbol{r}$ wirkt:

$$\mu\ddot{\boldsymbol{r}} = f(r)\boldsymbol{r}. \quad (2.110)$$

Für diese Bewegungsgleichung lässt sich nun wieder ein Erhaltungssatz herleiten. Offenbar können wir nämlich die rechte Seite zum Verschwinden bringen, indem wir das *Kreuzprodukt* mit $\boldsymbol{r}$ bilden, denn es gilt $\boldsymbol{r} \times \boldsymbol{r} = \boldsymbol{0}$, d. h.

$$\mu\boldsymbol{r} \times \ddot{\boldsymbol{r}} = f(r)\boldsymbol{r} \times \boldsymbol{r} = \boldsymbol{0}. \quad (2.111)$$

Damit dies wirklich als Erhaltungssatz erkennbar wird, müssten wir die linke Seite als die Zeitableitung einer geeigneten Größe schreiben können. Hier bietet sich offenbar der **Drehimpuls der Relativbewegung** an, d. h.

$$\boldsymbol{L}_{\text{rel}} = \mu\boldsymbol{r} \times \dot{\boldsymbol{r}}. \quad (2.112)$$

Bilden wir also mit Hilfe der Produktregel die Zeitableitung:

$$\dot{\boldsymbol{L}}_{\text{rel}} = \mu(\boldsymbol{r} \times \ddot{\boldsymbol{r}} + \dot{\boldsymbol{r}} \times \dot{\boldsymbol{r}}) = \mu\boldsymbol{r} \times \ddot{\boldsymbol{r}} \stackrel{(2.111)}{=} \boldsymbol{0}. \quad (2.113)$$

2.4 Erhaltungssätze

Dieser Drehimpuls ist also offenbar erhalten, d. h.

$$L_{\text{rel}}(t) = L_{\text{rel}}(0) = \text{const.} \tag{2.114}$$

Betrachten wir nun noch den **Gesamtdrehimpuls des Systems**, der durch

$$J = m_1 r_1 \times \dot{r}_1 + m_2 r_2 \times \dot{r}_2 \tag{2.115}$$

definiert ist. Drücken wir dies mit Hilfe von (2.106) und (2.107) wieder durch Schwerpunkts- und Relativkoordinaten aus, erhalten wir nach einigen Umformungen *(nachrechnen)*

$$\begin{aligned}J &= (m_1 R + \mu r) \times (\dot{R} + m_2/M \dot{r}) + (m_2 R - \mu r) \times (\dot{R} - m_1/M \dot{r}) \\ &= M R_0 \times V_0 + L_{\text{rel}}.\end{aligned} \tag{2.116}$$

Da die Schwerpunktsgeschwindigkeit V_0 und der Anfangsortsvektor R_0 beide konstant sind, ist auch **der Gesamtdrehimpuls erhalten**. Das ist der **Drehimpulserhaltungssatz**. Wir können auch den Ursprung unseres Bezugssystems so legen, dass der Schwerpunkt zur Zeit $t = 0$ in den Ursprung fällt, sodass dann $R_0 = 0$ gilt. Dann ist der Bahndrehimpuls der Relativbewegung identisch mit dem Gesamtdrehimpuls des Systems.

Wir halten also fest: Für Zentralkräfte gilt der Drehimpulserhaltungssatz, d. h. der **Gesamtdrehimpuls** eines abgeschlossenen Systems ist erhalten, wenn nur solche Paarwechselwirkungskräfte wirksam sind, die entlang der Verbindungslinie der jeweiligen Paare von Massenpunkten wirken.

2.4.3 Kinetische Energie und Arbeit

Wir können noch einen weiteren Erhaltungssatz herleiten. Im Gegensatz zu den bislang betrachteten Erhaltungssätzen benötigen wir dazu aber das Konzept der **potentiellen Energie** bzw. der **konservativen Kräfte**, zusätzlich zu den Newton'schen Axiomen. Wir beschäftigen uns daher etwas ausführlicher mit dem Energiesatz und betrachten zunächst wieder die Bewegung eines einzelnen Massenpunktes, auf den eine äußere Kraft einwirkt, statt unseres abgeschlossenen Zweiteilchensystems:

$$m_1 \ddot{r}_1 = F_1, \tag{2.117}$$

wobei wir wieder annehmen, dass die Kraft $F_1 = F_1(r_1)$ eine beliebige Funktion des Ortsvektors ist. Wir multiplizieren nun diese Gleichung skalar mit $\dot{r}_1$. Dann entsteht auf der linken Seite

$$m_1 \dot{r}_1 \cdot \ddot{r}_1 = \frac{\text{d}}{\text{d}t}\left(\frac{m_1}{2}\dot{r}_1^2\right), \tag{2.118}$$

wobei wir den letzten Schritt leicht mit Hilfe der Produktregel verifizieren können. Damit ergibt sich mit (2.117)

$$\frac{\mathrm{d}}{\mathrm{d}t}\left(\frac{m_1}{2}\dot{r}_1^2\right) = \dot{r}_1 \cdot F_1. \tag{2.119}$$

Integrieren wir diese Gleichung bzgl. der Zeit über ein beliebiges Zeitintervall, ergibt sich

$$\frac{m_1}{2}\left[\dot{r}_1^2(t_2) - \dot{r}_1^2(t_1)\right] = \int_{t_1}^{t_2} \mathrm{d}t'\dot{r}_1(t') \cdot F_1[r_1(t')] := W. \tag{2.120}$$

Man nennt das Integral auf der rechten Seite der Gleichung die am Teilchen verrichtete **Arbeit**. Dabei ist zu beachten, dass die Arbeit hier als Integral entlang der tatsächlichen Trajektorie des Teilchens definiert ist, also entlang der Bahn, die die Bewegungsgleichung (2.117) löst. Im Allgemeinen wird uns dieses sog. „Energie-Arbeits-Theorem" wenig nützen, um die Bewegungsgleichung zu lösen, denn um die Arbeit zu berechnen, müssen wir ja diese Lösung schon kennen.

Dies vermeiden wir, wenn wir die Kraft auf Fälle spezialisieren, für die die rechte Seite von (2.119) als Zeitableitung geschrieben werden kann, denn dann können wir diese Zeitableitung auf die linke Seite bringen, und dann wird (2.119) zu einer Gleichung für die Erhaltung der entsprechenden Größe. Nehmen wir also an, wir könnten eine Funktion $V(r)$ finden, sodass

$$F(r) = -\nabla V(r) \tag{2.121}$$

ist. Dabei haben wir ein neues Symbol ∇, den sog. **Nabla-Operator**, eingeführt. Hier wirkt es auf ein **skalares Feld** $V(r)$, also eine Funktion, die jedem Raumzeit-Punkt eine reelle Zahl zuordnet. In kartesischen Koordinaten ist es definiert durch

$$\underline{\nabla} V(\underline{r}) = \begin{pmatrix} \partial_1 V(\underline{r}) \\ \partial_2 V(\underline{r}) \\ \partial_2 V(\underline{r}) \end{pmatrix} \quad \text{bzw.} \quad \nabla V(r) = e_j \partial_j V(\underline{r}). \tag{2.122}$$

Dabei schreiben wir $V(\underline{r}) = V(r)$, und

$$\partial_j V(\underline{r}) = \frac{\partial}{\partial x_j} V(\underline{r}) \tag{2.123}$$

bezeichnet die **partielle Ableitung** von V nach der Komponente x_j des Ortsvektors. Eine partielle Ableitung ist dabei eine ganz gewöhnliche Ableitung nach der betreffenden Variablen, wobei man die übrigen Variablen konstant hält. Bei der partiellen Ableitung ∂_1 leitet man also die betreffende Funktion nach x_1 ab, wobei man x_2 und x_3 wie Konstanten behandelt.

Wir zeigen in Anhang B.4, dass der so über die Komponenten des Ortsvektors definierte Gradient eines skalaren Feldes tatsächlich ein von der Wahl der kartesischen Basis unabhängiges Vektorfeld ist.

2.4 Erhaltungssätze

Nun gilt die Kettenregel für Funktionen mehrerer Veränderlicher in der folgenden Form

$$\frac{d}{dt}V[\boldsymbol{r}(t)] = \dot{x}_1\partial_1 V[\boldsymbol{r}(t)] + \dot{x}_2\partial_2 V[\boldsymbol{r}(t)] + \dot{x}_3\partial_3 V[\boldsymbol{r}(t)] = \dot{\boldsymbol{r}}_1 \cdot \nabla V[\boldsymbol{r}(t)]. \quad (2.124)$$

Damit wird aber aus (2.119)

$$\frac{d}{dt}\left(\frac{m_1}{2}\dot{\boldsymbol{r}}_1^2\right) = -\frac{d}{dt}V[\boldsymbol{r}_1(t)] \quad (2.125)$$

oder

$$\frac{d}{dt}\left(\frac{m_1}{2}\dot{\boldsymbol{r}}_1^2 + V[\boldsymbol{r}_1(t)]\right) = 0. \quad (2.126)$$

Dies ist ein Erhaltungssatz. Die Erhaltungsgröße

$$E = \frac{m_1}{2}\dot{\boldsymbol{r}}_1^2 + V(\boldsymbol{r}_1) \quad (2.127)$$

heißt die **Energie** des Teilchens und

$$T = \frac{m_1}{2}\dot{\boldsymbol{r}}_1^2 \quad (2.128)$$

kinetische und $V(r)$ **potentielle Energie**. Im Zusammenhang mit (2.121) nennt man V das **Potential der Kraft**. Wenn also die Kraft ein nur vom Ortsvektor abhängiges Potential besitzt, gilt der **Energieerhaltungssatz** (2.126), und man nennt die Kraft daher dann **konservativ**.

Integrieren wir nun (2.126) über das Zeitintervall $[t_1, t_2]$, ergibt sich nach einer einfachen Umformung der Energieerhaltungssatz in der Form

$$E(t_1) = E(t_2) = E = \text{const.} \quad (2.129)$$

Wir bemerken, dass für konservative Kräfte, die Arbeit (2.118) durch

$$W = V[\boldsymbol{r}_1(t_1)] - V[\boldsymbol{r}_2(t_2)] \quad (2.130)$$

gegeben ist und folglich nur von Anfangs- und Endpunkt der Trajektorie des Teilchens abhängt. Das gilt auch offenbar für beliebige andere Bahnen des Teilchens, die *nicht* notwendig Lösungen der Bewegungsgleichungen sind. Damit ist der Energieerhaltungssatz tatsächlich anwendbar, ohne dass wir die Bewegungsgleichung zuerst lösen müssten und kann daher zur Vereinfachung der Lösungsstrategie für die Bewegungsgleichungen genutzt werden.

Betrachten wir nun wieder ein abgeschlossenes System mit einer Zentralkraft als Wechselwirkung. In dem Fall ist

$$V = V(|\boldsymbol{r}_1 - \boldsymbol{r}_2|) = V(|\boldsymbol{r}|) = V(r). \quad (2.131)$$

Es gilt nämlich zunächst mit der Kettenregel

$$\nabla_1 |r_1 - r_2| = \nabla_1 \sqrt{(r_1 - r_2)^2} = 2(r_1 - r_2) \frac{1}{2\sqrt{(r_1 - r_2)^2}} = \frac{r_1 - r_2}{|r_1 - r_2|} = \frac{r}{r}. \tag{2.132}$$

Dabei ist r der in (2.102) eingeführte Relativortsvektor. Genauso folgt

$$\nabla_2 |r_1 - r_2| = \frac{r_2 - r_1}{|r_2 - r_1|} = -\frac{r}{r}. \tag{2.133}$$

Damit ist in der Tat

$$F_{12} = -F_{21} = -\nabla_1 V(r) = -V'(r) \frac{r}{r}. \tag{2.134}$$

Dies ist offenbar eine Zentralkraft von der Form (2.100), und mit den Bewegungsgleichungen (2.95) folgt für die totale Energie

$$\frac{dE}{dt} = \frac{d}{dt}(T + V) = \frac{d}{dt}\left(\frac{m_1}{2}\dot{r}_1^2 + \frac{m_2}{2}\dot{r}_2^2 + V(r)\right) \tag{2.135}$$
$$= m_1 \dot{r}_1 \cdot \ddot{r}_1 + m_2 \dot{r}_2 \cdot \ddot{r}_2 + \frac{d}{dt} V(r) = 0,$$

denn aus den Bewegungsgleichungen ergibt sich

$$m_1 \dot{r}_1 \cdot \ddot{r}_1 + m_2 \dot{r}_2 \cdot \ddot{r}_2 = -\dot{r}_1 \cdot \nabla_1 V(r) - \dot{r}_2 \cdot \nabla_2 V(r)$$
$$= -\dot{r} \cdot \nabla_r V(r) = -\frac{d}{dt} V(r). \tag{2.136}$$

Wir bemerken noch, dass wir die totale kinetische Energie auch in Schwerpunkts- und Relativkoordinaten bzw. den dazugehörigen Geschwindigkeiten ausdrücken können, denn mit (2.101, 2.102) und der reduzierten Masse (2.109) erhält man nach einigen einfachen Umformungen *(Nachprüfen!)*

$$T_{\text{SPS}} + T_{\text{rel}} = \frac{M}{2}\dot{R}^2 + \frac{\mu}{2}\dot{r}^2$$
$$= \frac{M}{2}\left(\frac{m_1 \dot{r}_1 + m_2 \dot{r}_2}{M}\right)^2 + \frac{m_1 m_2}{2M}(\dot{r}_1 - \dot{r}_2)^2$$
$$= \frac{1}{2M}(m_1^2 \dot{r}_1^2 + m_2^2 \dot{r}_2^2 + 2 m_1 m_2 \dot{r}_1 \cdot \dot{r}_2) + \frac{m_1 m_2}{2M}(\dot{r}_1^2 + \dot{r}_2^2 - 2 \cdot \dot{r}_1 \cdot \dot{r}_2)$$
$$= \frac{1}{2M}[m_1(m_1 + m_2)\dot{r}_1^2 + m_2(m_1 + m_2)\dot{r}_2^2]$$
$$= \frac{m_1}{2}\dot{r}_1^2 + \frac{m_2}{2}\dot{r}_2^2 = T. \tag{2.137}$$

Nun ist wegen (2.105) die kinetische Energie der Schwerpunktsbewegung

$$T_{\text{SPS}} = \frac{M}{2}\dot{R}^2 \qquad (2.138)$$

für sich allein genommen erhalten. Wegen (2.135) ist demnach auch

$$E_{\text{rel}} = T_{\text{rel}} + V(r) \qquad (2.139)$$

erhalten, d. h., die Bewegung des Quasiteilchens der Relativbewegung erfüllt den Energieerhaltungssatz für ein Teilchen der Masse μ im äußeren Kraftpotential $V(r)$.

2.4.4 Zentrale elastische Stöße

Als einfachste Anwendung der Erhaltungssätze betrachten wir **zentrale elastische Stöße** von Punktteilchen. „Zentral" heißt ein Stoß, wenn wir uns uns auf die eindimensionale Bewegung beschränken können, d. h., wir betrachten zwei Massen m_1 und m_2, die entlang der e_1-Richtung eines Inertialsystems aufeinander stoßen. Sie mögen anfangs die Geschwindigkeiten v_1 und v_2 haben, und wir nehmen an, dass die Wechselwirkung relativ kurzreichweitig ist, d. h., wir können annehmen, dass bei hinreichend großer Entfernung der Teilchen voneinander sich die Teilchen kräftefrei bewegen. Unabhängig von der konkreten mathematischen Form der Wechselwirkungskraft gelten dann gemäß den obigen sehr allgemeinen Betrachtungen **Energie- und Impulserhaltungssätze**, d. h., die mit den Impulsen $p_1 = mv_1$ und $p_2 = mv_2$ aufeinander zulaufenden Teilchen wechselwirken miteinander und laufen dann wieder als kräftefreie Teilchen mit Impulsen $p'_1 = m_1 v'_1$ und $p'_2 = m_2 v'_2$ auseinander. Dabei haben wir nur die 1-Komponenten der Vektoren berücksichtigt, weil wir uns ja auf die eindimensionalen Stöße beschränken wollen.

Wir können nun mit Hilfe der Erhaltungssätze die Geschwindigkeiten v'_1 und v'_2 nach dem Stoß bei vorgegebenen Geschwindigkeiten v_1 und v_2 vor dem Stoß berechnen. Der Impuls- und Energieerhaltungssatz lautet für diese **asymptotisch freien ein- und auslaufenden Teilchen**

$$p'_1 + p'_2 = p_1 + p_2 \Rightarrow m_1 v'_1 + m_2 v'_2 = m_1 v_1 + m_2 v_2, \qquad (2.140)$$

$$T'_1 + T'_2 = T_1 + T_2 \Rightarrow \frac{m_1}{2} v'^2_1 + \frac{m_2}{2} v'^2_2 = \frac{m_1}{2} v^2_1 + \frac{m_2}{2} v^2_2. \qquad (2.141)$$

Wir wollen nun diese Gleichungen nach den Geschwindigkeiten v'_1 und v'_2 auflösen. Dazu formen wir die Gleichungen zunächst um zu

$$m_1(v'_1 - v_1) = m_2(v_2 - v'_2), \qquad (2.142)$$
$$m_1(v'^2_1 - v^2_1) = m_2(v^2_2 - v'^2_2). \qquad (2.143)$$

Daraus erhalten wir mit (2.143) unter Verwendung der 3. binomischen Formel und (2.142)

$$m_1(v'_1 - v_1)(v'_1 + v_1) = m_2(v_2 - v'_2)(v_2 + v'_2)$$
$$\stackrel{(2.142)}{=} m_1(v'_1 - v_1)(v_2 + v'_2) \quad (2.144)$$
$$\Rightarrow v_1 + v'_1 = v_2 + v'_2.$$

Multiplizieren wir diese Gleichung mit m_1 subtrahieren sie von (2.142) ergibt sich nach einigen einfachen Umformungen

$$2m_1 v_1 = (m_1 + m_2)(v_2 + v'_2) - 2m_2 v_2 \quad (2.145)$$

und damit durch Auflösen nach v'_2

$$v'_2 = \frac{2}{m_1 + m_2}(m_1 v_1 + m_2 v_2) - v_2 \quad (2.146)$$

und daraus mit (2.144) schließlich noch

$$v'_1 = v_2 - v_1 + v'_2 = \frac{2}{m_1 + m_2}(m_1 v_1 + m_2 v_2) - v_1. \quad (2.147)$$

Betrachten wir nun einige Spezialfälle

- Elastischer zentraler Stoß eines Punktteilchens an einer ruhenden Wand: Dann können wir annehmen, dass die Masse der Wand $m_2 \gg m_1$ ist und in (2.146) und (2.147) einfach den Grenzwert $m_2 \to \infty$ nehmen:

$$v'_2 = v_2 = 0, \quad v'_1 = v_2 - v_1 = -v_1. \quad (2.148)$$

Das stoßende Teilchen wird also einfach an der Wand reflektiert und fliegt mit dem gleichen Geschwindigkeitsbetrag in die entgegengesetzte Richtung.
- Es stoße eine Billardkugel zentral auf eine gleichartige ruhende Billardkugel, d. h., es ist $m_1 = m_2 = m$ und $v_2 = 0$. Dann wird mit (2.148)

$$v'_2 = v_1, \quad v'_1 = 0, \quad (2.149)$$

d. h., nun fliegt die zuvor ruhende Kugel mit der Geschwindigkeit der auftreffenden Kugel weiter, und diese bleibt liegen.

Das letztere Beispiel erklärt auch die Funktionsweise des unter dem Namen „Newton's Cradle" (Newtons Wiege) bekannten Spielzeugs in Abb. 2.1. Dabei muss man allerdings beachten, dass die in Ruhe hängenden Kugeln einen kleinen Abstand besitzen.

Abb. 2.1 zum Kugelstoßpendel (Quelle: Wikipedia – Von Lokilech – Eigenes Werk, CC BY-SA 3.0, Link)

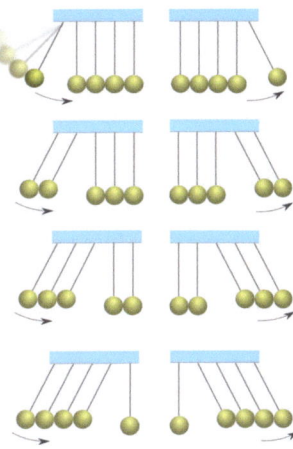

Betrachten wir den obersten Fall: Die losgelassene Kugel trifft mit einer Geschwindigkeit v auf die nächste ruhende Kugel und bleibt stehen, während die gestoßene Kugel mit dieser Geschwindigkeit auf die ihr folgende Kugel stößt, ihrerseits stehen bleibt usw. Die Stöße erfolgen so kurz hintereinander, dass es effektiv so aussieht, also blieben alle Kugeln bis auf die letzte in Ruhe, die dann entsprechend ausgelenkt wird. Dann geht das Spiel in umgekehrter Richtung wieder von vorne los.

Ebenso können wir in den anderen Fällen argumentieren. Betrachten wir als Beispiel den dritten Fall mit anfangs drei ausgelenkten Kugeln. Dann trifft die dritte ausgelenkte Kugel auf die vorletzte Kugel, bleibt stehen und die vorletzte Kugel trifft auf die letzte Kugel und bleibt ihrerseits stehen, während die letzte Kugel sich zu bewegen beginnt. In der Zwischenzeit hat aber die zweite ausgelenkte Kugel die jeweils nächste Kugel gestoßen. Denkt man diese „Kaskade" von Stößen bis zum Schluss zu Ende, gelangt man tatsächlich zu der in der Abbildung gezeichneten Situation, und die gleiche Argumentationskette liefert auch die Erklärung für die übrigen eingezeichneten Fälle.

2.5 Der ungedämpfte harmonische Oszillator

Bei vielen typischen Bewegungsgleichungen der klassischen Mechanik tritt der Fall auf, dass ein Massepunkt sich in einem **Kräftepotential** bewegt. Wir betrachten eindimensionale Bewegungen entlang der x-Achse eines kartesischen Koordinatensystems. Dann ist die Kraft durch die Ableitung des Potentials gegeben:

$$F(x) = -V'(x). \qquad (2.150)$$

Die Newton'sche Bewegungsgleichung für solch einen Massenpunkt lautet demnach

$$m\ddot{x} = -V'(x). \tag{2.151}$$

Um die Bahn der Bewegung als Funktion der Zeit zu erhalten, müssen wir also eine **Differentialgleichung** zweiter Ordnung lösen, d. h., wir suchen die Ortskoordinate x als Funktion von t. Dabei ergibt sich eine ganze Schar von Lösungen. Um die Bewegung des Massenpunktes eindeutig festzulegen, müssen wir noch **Anfangsbedingungen** fordern, d. h., wir müssen zu einem vorgegebenen Zeitpunkt, den wir bequemlichkeitshalber bei $t = 0$ wählen, **Ort und Geschwindigkeit** des Massenpunktes vorgeben. Wir verlangen also von der Lösung der Bewegungsgleichung (2.151), dass die Anfangsbedingungen

$$x(0) = x_0, \quad \dot{x}(0) = v_0 \tag{2.152}$$

erfüllt sind. Wir wissen bereits, dass für die Bewegungsgleichung (2.151) der **Energieerhaltungssatz** gilt, denn multiplizieren wir (2.151) mit $\dot{x}$ und bringen alle Ausdrücke auf die linke Seite der Gleichung, erhalten wir

$$m\dot{x}\ddot{x} + \dot{x}V'(x) = 0. \tag{2.153}$$

Es ist aber leicht zu sehen, dass dies eine totale Zeitableitung ist, denn es gilt

$$\frac{d}{dt}(\dot{x}^2) = 2\dot{x}\ddot{x}, \quad \frac{d}{dt}V(x) = \dot{x}V'(x). \tag{2.154}$$

Wir können also (2.153) in der Form

$$\frac{d}{dt}\left[\frac{m}{2}\dot{x}^2 + V(x)\right] = 0 \tag{2.155}$$

schreiben. Das bedeutet aber, dass der Ausdruck in den eckigen Klammern, die **Gesamtenergie** des Massenpunktes, für alle Lösungen der Bewegungsgleichung (2.151) zeitlich konstant ist:

$$E = \frac{m}{2}\dot{x}^2 + V(x) = \frac{m}{2}v_0^2 + V(x_0) = \text{const.} \tag{2.156}$$

Dabei haben wir die Anfangsbedingung (2.153) eingesetzt, um den Wert der Gesamtenergie zu bestimmen.

Nun ist die **kinetische Energie**

$$E_{\text{kin}} = \frac{m}{2}\dot{x}^2 \geq 0. \tag{2.157}$$

2.5 Der ungedämpfte harmonische Oszillator

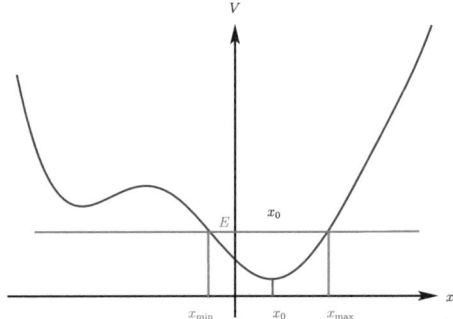

In der obigen Abbildung haben wir ein beliebiges Potential als Funktion der Ortskoordinate aufgezeichnet und den konstanten Wert der Gesamtenergie als horizontale Linie eingetragen. Da $E_{\text{kin}} \geq 0$ ist, muss für alle Zeiten

$$E \geq V(x) \tag{2.158}$$

gelten. Für eine durch die Anfangsbedingungen gegebene Gesamtenergie E kann sich das Teilchen also nur dort aufhalten, wo das Potential unterhalb der Linie für die Gesamtenergie verläuft.

Nun kommt es oft vor, dass das Potential bei einer Stelle x_0 ein **lokales Minimum** aufweist. In diesem Minimum ist $V'(x_0) = 0$. Ist dann die Energie E so gewählt, dass die Linie $E = \text{const}$ das Potential an zwei Stellen x_{min} und x_{max} schneidet, muss das Teilchen in dem Bereich $[x_{\text{min}}, x_{\text{max}}]$ bleiben, denn aufgrund der Differentialgleichung muss die Ortskoordinate als Funktion der Zeit mindestens zweimal differenzierbar sein und ist daher stetig. Der Massenpunkt kann also nicht über eine Potentialbarriere einfach in einen anderen Bereich springen, wo $E > V(x)$ gilt. Das Teilchen ist also in dem besagten Intervall gefangen. Ist dieser Bereich nicht zu groß, reicht es weiter aus, das Potential um x_0 **in eine Potenzreihe** zu entwickeln und nur die Terme bis zur zweiten Ordnung mitzunehmen. Angenommen, das Potential ist mindestens dreimal stetig differenzierbar, können wir schreiben **(Taylor-Entwicklung)**

$$V(x) = V(x_0) + \frac{1}{2}V''(x_0)(x-x_0)^2 + \mathcal{O}[(x-x_0)^3]. \tag{2.159}$$

Dabei bedeutet das **Landau-Symbol** $\mathcal{O}[(x-x_0)^3]$, dass der nächste Term in der Potenzreihenentwicklung von der Größenordnung $(x-x_0)^3$ ist. Es ist klar, dass der Term linear zu $(x-x_0)$ verschwindet, weil voraussetzungsgemäß V an der Stelle x_0 ein Minimum besitzt. Außerdem nehmen wir an, dass $V''(x_0) > 0$ ist.

Für die Kraft folgt dann

$$F(x) = -V'(x) = -V''(x_0)(x-x_0) + \mathcal{O}[(x-x_0)^2]. \tag{2.160}$$

Für nicht zu große Abweichungen der Lage des Massenpunktes von x_0 können wir also näherungsweise die vereinfachte Bewegungsgleichung

$$m\ddot{x} = -D(x - x_0) \quad \text{mit} \quad D = V''(x_0) > 0. \tag{2.161}$$

betrachten.

Wählen wir das Koordinatensystem noch so, dass $x_0 = 0$ ist, erhalten wir die relativ einfache Bewegungsgleichung eines **harmonischen Oszillators**:

$$m\ddot{x} = -Dx. \tag{2.162}$$

Wir können diese Situation durch ein reales System in sehr guter Näherung realisieren, indem wir einen Massenpunkt an eine Feder hängen. Für nicht zu große Auslenkungen der Feder aus ihrer Gleichgewichtslage ist die von der Feder ausgeübte Kraft proportional zur Auslenkung ($|F_{\text{Feder}}| = D\Delta x$, wobei Δx die Dehnung der Feder aus ihrer Ruhelage ist). Der Gleichgewichtspunkt $x_0 = 0$ ist dann dadurch gegeben, dass dort die Federkraft die Schwerkraft mg gerade kompensiert. Die Feder wirkt immer der Auslenkung entgegen, und die gesamte Kraft auf den Massenpunkt ist dann durch $F_x = -Dx$ gegeben. Dabei rührt das Vorzeichen in dieser Gleichung daher, dass die Feder immer der Auslenkung aus der Gleichgewichtslage entgegenwirkt.

Zur Lösung dieser Gleichung beachten wir, dass es sich um eine lineare homogene Differentialgleichung (DGL) zweiter Ordnung handelt.

Aus den Überlegungen über lineare Differentialgleichungen in Abschn. 2.3.2 folgt, dass die allgemeine Lösung von der Form

$$x(t) = C_1 x_1(t) + C_2 x_2(t) \tag{2.163}$$

ist, wobei x_1 und x_2 irgendwelche zwei linear unabhängige Lösungen der Gleichung sind, d. h., es muss $x_1/x_2 \neq$ const sein, und beide Funktionen müssen die DGL lösen. Ein Blick auf (2.162) zeigt, dass ein Ansatz mit trigonometrischen Funktionen

$$x_1(t) = C_1 \cos(\omega_0 t), \quad x_2(t) = C_2 \sin(\omega_0 t) \tag{2.164}$$

Erfolg versprechend ist, denn es gilt

$$\dot{x}_1 = -C_1 \omega_0 \sin(\omega_0 t), \quad \ddot{x}_1 = -C_1 \omega_0^2 \cos(\omega_0 t) \tag{2.165}$$

und

$$\dot{x}_2 = C_2 \omega_0 \cos(\omega_0 t), \quad \ddot{x}_2 = -C_2 \omega_0^2 \sin(\omega_0 t). \tag{2.166}$$

Setzt man diese Ansätze in (2.162) ein, erkennt man sofort, dass beides Lösungen der Differentialgleichung sind, wenn man

$$\omega_0 = \sqrt{\frac{D}{m}} \tag{2.167}$$

2.5 Der ungedämpfte harmonische Oszillator

setzt. Die allgemeine Lösung der DGL (2.162) lautet also

$$x(t) = C_1 \cos(\omega_0 t) + C_2 \sin(\omega_0 t). \tag{2.168}$$

Um diese Lösung etwas einfacher analysieren zu können, bringen wir sie noch in eine etwas einfachere Form. Wir versuchen die Konstanten $\hat{x} \geq 0$ und φ_0 so zu bestimmen, dass

$$x(t) = \hat{x} \cos(\omega_0 t - \varphi_0) \tag{2.169}$$

gilt. Ausnutzen des Additionstheorems für den Kosinus liefert

$$x(t) = \hat{x}[\cos \varphi_0 \cos(\omega_0 t) + \sin \varphi_0 \sin(\omega_0 t)]. \tag{2.170}$$

Vergleicht man dies mit (2.168) folgt, dass dann

$$C_1 = \hat{x} \cos \varphi_0, \quad C_2 = \hat{x} \sin \varphi_0 \tag{2.171}$$

gelten muss.

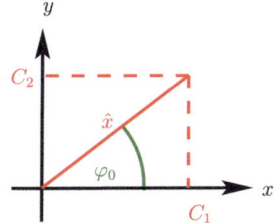

Es ist klar, dass man dies als Gleichung für die Komponenten eines Vektors (C_1, C_2) in der Ebene, ausgedrückt durch seine Polarkoordinaten $(\hat{x}, \varphi_0)$ ansehen kann (s. die obige Abbildung). Quadriert man jedenfalls diese beiden Gleichungen, erhält man

$$\begin{aligned}\hat{x}^2(\cos^2 \varphi_0 + \sin^2 \varphi_0) &= \hat{x}^2 = C_1^2 + C_2^2 \\ \Rightarrow \hat{x} &= \sqrt{C_1^2 + C_2^2}.\end{aligned} \tag{2.172}$$

Aus dem Bild liest man weiter ab, dass

$$\varphi_0 = \text{sign} C_2 \arccos\left(\frac{C_1}{\hat{x}}\right) \in [-\pi, \pi] \tag{2.173}$$

gilt. Das einzige Problem mit dieser Formel ist, dass für $C_2 = 0$ und $C_1 \neq 0$ ein unbestimmtes Ergebnis herauskommt. Man hat dann aber $\cos \varphi_0 = C_1/|C_1| = \pm 1$. Für $C_1 > 0$ erhält man dann immer noch eindeutig $\varphi_0 = 0$. Für $C_1 < 0$ wären aber zwei Lösungen $\varphi_0 = \pm \pi$ korrekt. Man kann in diesem Fall einfach eine von beiden Möglichkeiten wählen, z. B. $\varphi_0 = +\pi$. Diese Gleichung zur Berechnung des Polarwinkels liefert im Gegensatz zu der in der Literatur oft zu findenden Formel

„$\varphi_0 = \arctan(C_2/C_1)$" stets den korrekten Winkel, ohne dass man sich genauere Gedanken machen muss, in welchem Quadranten der gerade betrachtete Punkt liegt.

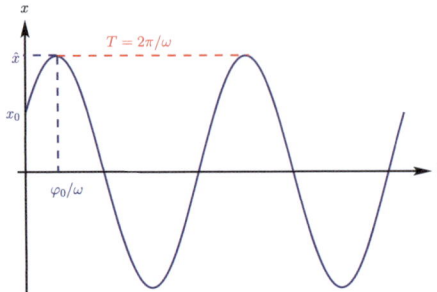

Die Konstanten C_1 und C_2 in (2.168) lassen sich aus den Anfangsbedingungen (2.152) bestimmen. Wir verlangen also

$$x(0) = C_1 = x_0,$$
$$\dot{x}(0) = C_2\omega_0 = v_0 \quad (2.174)$$
$$\Rightarrow C_2 = \frac{v_0}{\omega_0}.$$

Die Lösung für das Anfangswertproblem lautet also

$$x(t) = x_0 \cos(\omega_0 t) + \frac{v_0}{\omega_0} \sin(\omega_0 t). \quad (2.175)$$

Für die Lösungsform (2.169) ergibt sich aus (2.172) und (2.173)

$$\hat{x} = \sqrt{x_0^2 + \frac{v_0^2}{\omega^2}}, \quad (2.176)$$
$$\varphi_0 = \operatorname{sign} v_0 \arccos\left(\frac{x_0}{\hat{x}}\right).$$

Wir erhalten also insgesamt eine um $\Delta t = \varphi_0/\omega_0$ entlang der t-Achse verschobene cos-Funktion mit der **Periodendauer** T, wobei

$$\omega_0 T = 2\pi \Rightarrow T = \frac{2\pi}{\omega_0} \quad (2.177)$$

ist. Die **Frequenz**, also die Anzahl der Schwingungen pro Zeiteinheit, ist durch

$$f = \frac{1}{T} = \frac{\omega_0}{2\pi} \quad (2.178)$$

2.5 Der ungedämpfte harmonische Oszillator

gegeben. Der Massepunkt schwingt zwischen den Werten $\pm\hat{x}$ hin und her. Diese Maximalabweichung von der Ruhelage $\hat{x}$ heißt **Amplitude** der Schwingung. Wir bemerken, dass die Periodendauer der Schwingung unabhängig von der Amplitude ist. Man bezeichnet solche Schwingungen als **harmonische Schwingungen**. Schwingungen sind nur dann strikt harmonisch, wenn die Kraft exakt proportional zur Auslenkung von der Ruhelage ist. Für allgemeinere Kraftgesetze liegt dieser Fall nur näherungsweise für **kleine Amplituden** vor.

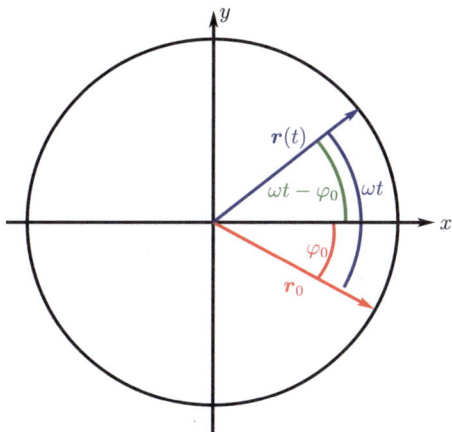

Man kann die Lösung auch mittels eines **Zeigerdiagramms** veranschaulichen. Dazu trägt man entsprechend der nebenstehenden Skizze den „Ortsvektor"

$$\underline{r} = \hat{x} \begin{pmatrix} \cos(\omega t - \varphi_0) \\ \sin(\omega t - \varphi_0) \end{pmatrix} \qquad (2.179)$$

in einer Ebene auf. Dann läuft die Spitze des Vektors im Gegenuhrzeigersinn auf dem Kreis vom Radius $\hat{x}$ mit der konstanten Winkelgeschwindigkeit ω um. Die eigentliche Bewegung ist dann die Projektion dieses Vektors auf die x-Achse, entsprechend der Koordinate $x(t)$. Mit den Additionstheoremen für cos und sin folgt in der Tat

$$\underline{r}(t) = \hat{x} \begin{pmatrix} \cos(\omega t)\cos(\varphi_0) + \sin(\omega t)\sin\varphi_0 \\ \sin\omega t \cos(\varphi_0) - \cos(\omega t)\sin(\varphi_0) \end{pmatrix} \qquad (2.180)$$

$$= \begin{pmatrix} \cos(\omega t) & -\sin(\omega t) \\ \sin(\omega t) & \cos(\omega t) \end{pmatrix} \begin{pmatrix} \hat{x}\cos\varphi_0 \\ -\hat{x}\sin\varphi_0 \end{pmatrix}.$$

Die Matrix ist in der Tat eine **Drehmatrix** (vgl. (van Hees, 2018)), und diese wirkt auf den Vektor $\underline{r}_0 = \underline{r}(0) = \hat{x}(\cos\varphi_0, -\sin\varphi_0)^\mathrm{T}$, d.h. die Spitze des Ortsvektors rotiert mit der konstanten Winkelgeschwindigkeit ω auf einem Kreis mit Radius $\hat{x}$.

2.6 Der gedämpfte harmonische Oszillator

Im Allgemeinen wird die Bewegung eines Massepunktes auch irgendwelchen Reibungsprozessen unterliegen. Um zu sehen, welche Auswirkungen die Reibung hat, untersuchen wir den besonders einfachen Fall der **Stokes'schen Reibung**, für die die Reibungskraft proportional zur Geschwindigkeit $v = \dot{x}$ ist. Die Bewegungsgleichung lautet dann

$$m\ddot{x} = -Dx - \beta\dot{x}. \tag{2.181}$$

In die Normalform gebracht ergibt sich wieder eine lineare homogene Differentialgleichung:

$$\ddot{x} + 2\gamma\dot{x} + \omega_0^2 x = 0 \quad \text{mit} \quad \gamma = \frac{\beta}{2m}, \quad \omega_0^2 = \frac{D}{m}. \tag{2.182}$$

Wir werden gleich sehen, dass die willkürlich erscheinende Einführung des Faktors 2 im Reibungsterm einige Formeln ein wenig übersichtlicher macht.

Wir können diese Bewegungsgleichung auf die Bewegungsgleichung eines *ungedämpften* harmonischen Oszillators zurückführen, indem wir den Ansatz

$$x(t) = \exp(-\lambda t) y(t) \tag{2.183}$$

mit einer neuen unbekannten Funktion $y(t)$ in (2.181) einsetzen. Es gilt

$$\dot{x}(t) = [-\lambda y(t) + \dot{y}(t)] \exp(-\lambda t), \tag{2.184}$$
$$\ddot{x} = [\lambda^2 y(t) - 2\lambda\dot{y}(t) + \ddot{y}(t)] \exp(-\lambda t) y(t).$$

Dies in (2.182) eingesetzt, ergibt

$$[\ddot{y} + 2(\gamma - \lambda)\dot{y} + (\lambda^2 + \omega_0^2 - 2\gamma\lambda)y] \exp(-\lambda t) = 0$$
$$\Rightarrow \ddot{y} + 2(\gamma - \lambda)\dot{y} + (\lambda^2 + \omega_0^2 - 2\gamma\lambda)y = 0. \tag{2.185}$$

Setzen wir nun $\lambda = \gamma$ fällt der Term mit $\dot{y}$ weg, und wir erhalten

$$\ddot{y} + (\omega_0^2 - \gamma^2)y = 0. \tag{2.186}$$

Das ist offenbar in der Tat von der Form der Differentialgleichung eines ungedämpften harmonischen Oszillators. Wir müssen jedoch Fallunterscheidungen gemäß

1. $\omega_0 > \gamma$: Schwingfall,
2. $\omega_0 < \gamma$: Kriechfall,
3. $\omega_0 = \gamma$: aperiodischer Grenzfall

vornehmen.

2.6.1 Schwingfall ($\omega_0 > \gamma$)

Für $\omega_0 > \gamma$ ist $\omega^2 = \omega_0^2 - \gamma^2 > 0$, und (2.186) nimmt tatsächlich die Form der Bewegungsgleichung eines ungedämpften harmonischen Oszillators mit der allgemeinen Lösung

$$y(t) = C_1 \cos(\omega t) + C_2 \sin(\omega) \tag{2.187}$$

an.

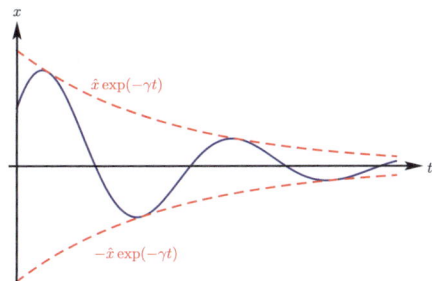

Mit unserem Ansatz (2.183) und $\lambda = \gamma$ ist also

$$x(t) = \exp(-\gamma t)[C_1 \cos(\omega t) + C_2 \sin(\omega)] \tag{2.188}$$

Die Integrationskonstanten bestimmen sich aus den **Anfangsbedingungen** $x(0) = x_0$ und $\dot{x}(0) = v_0$. Zunächst ist

$$\dot{x}(t) = [(C_2\omega - C_1\gamma) \cos(\omega t) \tag{2.189}$$
$$- (C_1\omega + C_2\gamma) \sin(\omega t)] \exp(-\gamma t).$$

Die Anfangsbedingungen ergeben das lineare Gleichungssystem

$$\begin{aligned} x(0) &= C_1 = x_0, \\ \dot{x}(0) &= -(\gamma + \omega)C_1 + (\omega - \gamma)C_2 = v_0. \end{aligned} \tag{2.190}$$

Die Lösung ist offenbar

$$C_1 = x_0, \quad C_2 = \frac{v_0 + \gamma x_0}{\omega}, \tag{2.191}$$

und die Lösung des Anfangswertproblems lautet also

$$x(t) = \exp(-\gamma t) \left[x_0 \cos(\omega t) + \frac{v_0 + \gamma x_0}{\omega} \sin(\omega t) \right]. \tag{2.192}$$

Analog zu unserem Vorgehen oben können wir die eckige Klammer auch in Form einer einzelnen Kosinusfunktion gemäß

$$x(t) = \exp(-\gamma t)\hat{x} \cos(\omega t - \varphi_0) \tag{2.193}$$

schreiben, wobei

$$\hat{x} = \frac{\sqrt{x_0^2 \omega^2 + (v_0 + \gamma x_0)^2}}{\omega}, \quad \varphi_0 = \text{sign}(v_0 + \gamma x_0) \arccos\left(\frac{x_0}{\hat{x}}\right) \quad (2.194)$$

ist. Wir haben also insgesamt eine periodische Schwingung mit der durch die Dämpfung verringerten Kreisfrequenz ω, deren Amplitude exponentiell abfällt. In der **Dämpfungszeit** $t_d = 1/\gamma$ verringert sich die Amplitude um einen Faktor $1/e = \exp(-1) \approx 1/2{,}718$. Der Massepunkt bewegt sich stets innerhalb der Einhüllenden $\pm\hat{x} \exp(-\gamma t)$.

2.6.2 Kriechfall ($\omega_0 < \gamma$)

In diesem Fall schreiben wir die Gl. (2.186) in der Form

$$\ddot{y}(t) - \Gamma^2 y(t) = 0 \quad \text{mit} \quad \Gamma = \sqrt{\gamma^2 - \omega_0^2} > 0. \quad (2.195)$$

Die allgemeine Lösung lautet dann offenbar

$$y(t) = C_1 \cosh(\Gamma t) + C_2 \sinh(\Gamma t). \quad (2.196)$$

Dies in den Ansatz (2.183) mit $\lambda = \gamma$ eingesetzt, ergibt

$$x(t) = [C_1 \cosh(\Gamma t) + C_2 \sinh(\Gamma t)] \exp(-\gamma t). \quad (2.197)$$

Analog wie oben bestimmen wir die Integrationskonstanten wieder aus den Anfangsbedingungen $x(0) = x_0$ und $\dot{x}(0) = v_0$. Das Resultat lautet

$$x(t) = \exp(-\gamma t) \left[x_0 \cosh(\Gamma t) + \frac{v_0 + \gamma x_0}{\Gamma} \sinh(\Gamma t) \right]. \quad (2.198)$$

Verwenden wir

$$\cosh(\Gamma t) = \frac{1}{2}[\exp(\Gamma t) + \exp(-\Gamma t)], \quad \sinh(\Gamma t) = \frac{1}{2}[\exp(\Gamma t) - \exp(-\Gamma t)] \quad (2.199)$$

und fassen die Exponentialfunktionen in (2.197) zusammen, ergeben sich wegen $0 < \Gamma < \gamma$ für alle Terme *fallende* Exponentialfunktionen, d. h., es ist $x(t) \to 0$ für $t \to \infty$.

2.6.3 Aperiodischer Grenzfall ($\omega_0 = \gamma$)

In diesem Fall wird (2.186) besonders einfach:

$$\ddot{y} = 0 \;\Rightarrow\; y(t) = C_1 t + C_2, \tag{2.200}$$

d. h. wegen (2.183) und $\lambda = \gamma$

$$x(t) = (C_1 t + C_2)\exp(-\gamma t). \tag{2.201}$$

Mit den Anfangsbedingungen $x(0) = x_0$ und $\dot{x}(0) = v_0$ ergibt sich nach der Bestimmung der Integrationskonstanten C_1 und C_2

$$x(t) = [(v_0 + \gamma x_0)t + x_0]\exp(-\gamma t). \tag{2.202}$$

2.7 Der harmonisch getriebene gedämpfte Oszillator

Wir schließen unsere Betrachtung der harmonischen Oszillatoren mit der Behandlung der Bewegungsgleichung für den Fall, dass zusätzlich zur Reibungs- und harmonischen Kraft noch eine zeitabhängige äußere **treibende Kraft** an dem Massenpunkt angreift. Dabei beschränken wir uns auf den Fall einer **harmonischen Zeitabhängigkeit der äußeren Kraft**. Die Bewegungsgleichung lautet dann

$$m\ddot{x} = -m\omega_0^2 x - 2m\gamma\dot{x} + mA\cos(\Omega t). \tag{2.203}$$

Dies in die Normalform für lineare Differentialgleichungen 2. Ordnung gebracht liefert die **inhomogene Gleichung**

$$\ddot{x} + 2\gamma\dot{x} + \omega_0^2 x = A\cos(\Omega t). \tag{2.204}$$

Wir bemerken als Erstes, dass wegen der Linearität des Differentialoperators auf der linken Seite die Differenz zweier Lösungen dieser inhomogenen Gleichung wieder die homogene Gleichung löst. Die allgemeine Lösung der inhomogenen Gleichung ist also durch die Summe aus der allgemeinen Lösung der homogenen Gleichung und einer beliebigen speziellen Lösung der inhomogenen Gleichung gegeben:

$$x(t) = C_1 x_1^{(\text{hom})}(t) + C_2 x_2^{(\text{hom})}(t) + x^{(\text{inh})}(t). \tag{2.205}$$

Dabei sind x_1 und x_2 beliebige zueinander linear unabhängige Lösungen der homogenen Differentialgleichung, die wir im vorigen Abschnitt für die drei Fälle (Schwingfall, Kriechfall, aperiodischer Grenzfall) gefunden haben:

$$\begin{cases} x_1(t) = \exp(-\gamma t)\cos(\omega t), & x_2(t) = \exp(-\gamma t)\sin(\omega t) & \text{für } \omega_0 > \gamma, \\ x_1(t) = \exp(-\gamma_1 t), & x_2(t) = \exp(-\gamma_2 t) & \text{für } \omega_0 < \gamma, \\ x_1(t) = \exp(-\gamma t), & x_2(t) = t\exp(-\gamma t) & \text{für } \omega_0 = \gamma. \end{cases} \tag{2.206}$$

Dabei ist im Schwingfall $\omega = \sqrt{\omega_0^2 - \gamma^2}$ und im Kriechfall $\gamma_1 = \gamma + \sqrt{\gamma^2 - \omega_0^2}$ und $\gamma_2 = \gamma - \sqrt{\gamma^2 - \omega_0^2}$.

Diese Lösungen werden allesamt für $t \gg 1/\gamma$ (bzw. im Kriechfall für $t \gg 1/\gamma_2$) exponentiell weggedämpft werden. Für große Zeiten wird die Lösung also durch die spezielle Lösung der inhomogenen Gleichung dominiert. Man spricht vom **eingeschwungenen Zustand**, und wir interessieren uns im Folgenden für diesen Zustand.

2.7.1 Spezielle Lösung der inhomogenen Gleichung

Das Auffinden einer speziellen Lösung für die inhomogene Gleichung wird nun dadurch wesentlich erleichtert, dass sowohl die unabhängige Variable, die Zeit t, als auch die Koeffizienten auf der linken Seite in (2.204) reelle Zahlen sind. Wir können also die linke Seite der Gl. (2.204) als Realteil derselben Gleichung einer komplexen Funktion $z(t) = x(t) + \mathrm{i} y(t)$ ansehen:

$$\ddot{x} + 2\gamma \dot{x} + \omega_0^2 x = \mathrm{Re}(\ddot{z} + 2\gamma \dot{z} + \omega_0^2 z). \qquad (2.207)$$

Die rechte Seite der Gleichung können wir aber auch als Realteil ausdrücken, denn wegen der Euler'schen Formel gilt

$$A \cos(\Omega t) = \mathrm{Re}[A \exp(-\mathrm{i}\Omega t)]. \qquad (2.208)$$

Wir können also die etwas einfacher zu lösende komplexe Gleichung

$$\ddot{z} + 2\gamma \dot{z} + \omega_0^2 z = A \exp(-\mathrm{i}\Omega t) \qquad (2.209)$$

betrachten. Die Wahl des negativen Vorzeichens im Exponenten auf der rechten Seite ist dabei willkürlich und entspricht der in den meisten Lehrbüchern verwendeten Konvention in der theoretischen Physik.

Jedenfalls legt die Form der Gl. (2.209) den Ansatz

$$z(t) = AB \exp(-\mathrm{i}\Omega t) \qquad (2.210)$$

nahe. Dabei ist B eine zu bestimmende komplexwertige Konstante. Setzen wir also (2.210) in (2.209) ein, finden wir

$$AB \exp(-\mathrm{i}\Omega t)(-\Omega^2 - 2\mathrm{i}\gamma\Omega + \omega_0^2) = A \exp(-\mathrm{i}\Omega t). \qquad (2.211)$$

Auflösen nach B liefert

$$B = \frac{1}{\omega_0^2 - \Omega^2 - 2\mathrm{i}\gamma\Omega}. \qquad (2.212)$$

2.7 Der harmonisch getriebene gedämpfte Oszillator

Um nun einfacher $x(t) = \mathrm{Re}z(t)$ bestimmen zu können, machen wir noch den Nenner reell, indem wir den Bruch mit dem konjugiert Komplexen des Nenners erweitern:

$$B = \frac{\omega_0^2 - \Omega^2 + 2\mathrm{i}\gamma\Omega}{(\omega_0^2 - \Omega^2)^2 + 4\gamma^2\Omega^2}. \tag{2.213}$$

Wir können nun B unter Verwendung von (2.172) und (2.173) in die Polardarstellung bringen (Abb. 2.2):

$$B = |B|\exp(\mathrm{i}\varphi_0), \quad |B| = \frac{1}{\sqrt{(\omega_0^2 - \Omega^2)^2 + 4\gamma^2\Omega^2}},$$

$$\varphi_0 = +\arccos\left(\frac{\omega_0^2 - \Omega^2}{\sqrt{(\omega_0^2 - \Omega^2)^2 + 4\gamma^2\Omega^2}}\right). \tag{2.214}$$

Setzen wir dies in unseren Ansatz ein, ergibt sich für die spezielle Lösung der inhomogenen Gleichung schließlich

$$x^{(\mathrm{inh})}(t) = \mathrm{Re}z(t) = A|B|\mathrm{Re}\{\exp[-\mathrm{i}(\Omega t - \varphi_0)]\} = A|B|\cos(\Omega t - \varphi_0). \tag{2.215}$$

Im eingeschwungenen Zustand schwingt also der Massenpunkt mit derselben Frequenz wie die äußere harmonische Kraft, und zwischen der Kraft und der Schwingung des Massenpunktes besteht eine *stets positive* Phasenverschiebung φ_0 (vgl. Abb. 2.3b). Als Funktion von Ω ist φ_0 monoton wachsend. Für $\Omega = \omega_0$ wird $\varphi_0 = \pi/2$, und für $\Omega \to \infty$ strebt $\varphi_0 \to \pi$.

Bei vorgegebener Amplitude der äußeren Kraft mA ist die Amplitude des eingeschwungenen Zustands durch $A|B|$ gemäß (2.214) gegeben. In Abb. 2.3a haben wir $|B|$ als Funktion der Kreisfrequenz der antreibenden Kraft Ω aufgetragen. Er weist in dem gewählten Fall ein ausgeprägtes Maximum bei einer **Resonanzfrequenz** Ω_{res} auf, die wir im nächsten Abschnitt ausrechnen werden.

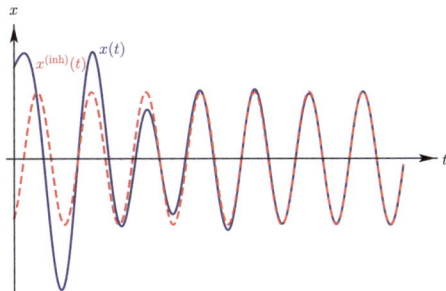

Abb. 2.2 Lösung zum getriebenen gedämpften harmonischen Oszillator im Schwingfall $\omega_0 > \gamma$. Für $t \gg 1/\gamma$ werden die Eigenschwingungen, also der Anteil der Lösung der homogenen Gleichung in (2.205) merklich gedämpft, und die Bewegung geht in den durch die spezielle Lösung der inhomogenen Schwingung eingeschwungenen Zustand über

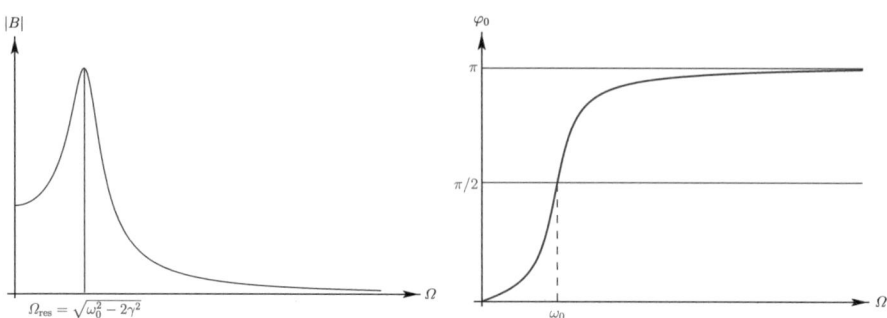

Abb. 2.3 Amplitudenfaktor (links) $|\Omega|$ und Phasenverschiebung φ_0 für den eingeschwungenen Zustand (2.215)

2.7.2 Amplitudenresonanzfrequenz

Die Lösung (2.215) zeigt, dass die Amplitude der Schwingung im eingeschwungenen Zustand zur Amplitude der äußeren Kraft proportional ist und der Proportionalitätsfaktor $|B|$ gemäß (2.214) durch die Parameter des gedämpften freien Oszillators, also ω_0 und γ, und die Kreisfrequenz Ω der äußeren Kraft allein bestimmt ist (s. Abb. 2.3a).

Wir untersuchen nun, für welches Ω dieser Proportionalitätsfaktor maximal wird, d. h., für welche Frequenz der äußeren Kraft die Amplitude der Schwingung bei festgehaltener Amplitude der äußeren Kraft am größten wird.

Dazu müssen wir das Minimum des Ausdrucks unter der Wurzel in (2.214) suchen, d. h., wir müssen die Funktion

$$f(\Omega) = (\Omega^2 - \omega_0^2)^2 + 4\gamma^2 \Omega^2 \tag{2.216}$$

untersuchen. Dazu bilden wir die Ableitung

$$\frac{d}{d\Omega} f(\Omega) = f'(\Omega) = 4\Omega(\Omega^2 - \omega_0^2 + 2\gamma^2). \tag{2.217}$$

Mögliche Minima ergeben sich als die Nullstellen dieser Ableitung. Offenbar ist die Lösung entweder $\Omega = 0$, d. h., es wirkt eine zeitlich konstante äußere Kraft. Es liegt dann offenbar ein Minimum vor, wenn $\omega_0^2 < 2\gamma^2$ ist, denn es gilt

$$f''(\Omega) = 4(2\gamma^2 - \omega_0^2 + 3\Omega^2). \tag{2.218}$$

Es ist also $f''(0) = 4(2\gamma^2 - \omega_0^2)$, und dies ist positiv für $\omega_0^2 < 2\gamma^2$.

Falls $\omega_0^2 > 2\gamma^2$, nimmt (2.217) eine Nullstelle bei der **Resonanzfrequenz**

$$\Omega_{\text{res}} = \sqrt{\omega_0^2 - 2\gamma^2} \tag{2.219}$$

an. Dort gilt $f''(\Omega_{\text{res}}) = 8(\omega_0^2 - 2\gamma^2) > 0$, und es liegt also auch in diesem Fall ein Minimum für f und also ein Maximum der Amplitude vor.

Man nennt daher Ω_{res} die **Amplitudenresonanzfrequenz**, weil dies die Frequenz ist, für die die Amplitude der eingeschwungenen Bewegung maximal wird. Interessanterweise ist sie weder durch die Eigenfrequenz des ungedämpften Oszillators ω_0 noch durch die Eigenfrequenz der gedämpften Schwingung $\omega = \sqrt{\omega_0^2 - \omega^2}$ im Schwingfall $\omega_0 > \gamma$ gegeben, sondern durch die kleinere Amplitudenresonanzfrequenz (2.219).

2.7.3 Energieresonanz

Eine andere Frage ist, bei welcher Frequenz der äußeren Kraft, diese die größte mittlere Leistung aufbringen muss, um den Massenpunkt in dem erzwungenen eingeschwungenen Schwingungszustand zu halten. Dazu berechnen wir die über eine Periode $T = 2\pi/\Omega$ gemittelte Leistung der äußeren Kraft

$$\overline{P} = \frac{1}{T} \int_0^T dt \, mA \cos(\Omega t) \dot{x}^{(\text{inh})}(t). \tag{2.220}$$

Nun ist gemäß (2.215)

$$P(t) = mA \cos(\Omega t) \dot{x}^{(\text{inh})}(t) = -mA^2 |B|\Omega \cos(\Omega t) \sin(\Omega t - \varphi_0). \tag{2.221}$$

Mit dem Additionstheorem für den Sinus ist

$$P(t) = -mA^2 |B|\Omega \cos(\Omega t)[\sin(\Omega t) \cos \varphi_0 - \cos(\Omega t) \sin \varphi_0]. \tag{2.222}$$

Zur einfacheren Integration bemerken wir, dass

$$\cos(\Omega t) \sin(\Omega t) = \frac{1}{2} \sin(2\Omega t), \quad \cos^2(\Omega t) = \frac{1}{2}[1 + \cos(2\Omega t)] \tag{2.223}$$

gilt, was man sofort durch Anwendung der Doppelwinkeltheoreme nachweist. Da weiter

$$\int_0^T dt \, \sin(2\Omega t) = -\left.\frac{\cos(2\Omega t)}{2\Omega}\right|_{t=0}^{t=T} = 0,$$

$$\int_0^T dt \, \cos(2\Omega t) = \left.\frac{\sin(2\Omega t)}{2\Omega}\right|_{t=0}^{t=T} = 0 \tag{2.224}$$

gilt, erhalten wir durch Einsetzen von (2.222) in (2.220) für die mittlere Leitung

$$\overline{P} = \frac{1}{2} mA^2 |B|\Omega \sin \varphi_0. \tag{2.225}$$

Aus (2.214) folgt, dass $\varphi_0 \in [0, \pi]$ und also $\sin \varphi_0 > 0$

$$\sin \varphi_0 = \sqrt{1 - \cos^2 \varphi_0} = \frac{2\gamma\Omega}{\sqrt{(\Omega^2 - \omega_0^2) + 4\gamma^2\Omega^2}} = 2\gamma\Omega|B|. \quad (2.226)$$

Damit wird (2.225)

$$\overline{P} = mA^2|B|^2\gamma\Omega^2. \quad (2.227)$$

Wir fragen nun, bei welcher Kreisfrequenz Ω der äußeren Kraft, bei vorgegebenen Parametern des Oszillators und der Amplitude A der äußeren Kraft, diese mittlere Leistung maximal wird. Man spricht in diesem Fall von **Energieresonanz**, denn dort ist die mittlere Leistungsaufnahme des Massenpunktes aus der äußeren Kraft maximal. Wir haben also diesmal das Maximum der Funktion

$$g(\Omega) = \Omega^2|B|^2 = \frac{\Omega^2}{(\Omega^2 - \omega_0^2)^2 + 4\gamma^2\Omega^2} \quad (2.228)$$

zu suchen. Nach einiger Rechnung findet man für die Ableitung

$$g'(\Omega) = \frac{2\Omega(\Omega^4 - \omega_0^4)}{[(\Omega^2 - \omega_0^2)^2 + 4\gamma^2\Omega^2]^2}. \quad (2.229)$$

Offenbar liegt bei $\Omega = 0$ ein Minimum vor, denn dort ist g' lokal monoton fallend. Ein Maximum erhalten wir bei $\Omega = \omega_0$, denn dort ist g' offenbar lokal monoton wachsend. Die größte mittlere Leistung wird also vom Oszillator aufgenommen, wenn $\Omega = \omega_0$ ist, also die Schwingungsfrequenz der äußeren Kraft der Eigenfrequenz des *ungedämpften* Oszillators entspricht. Wie (2.214) zeigt, ist dort gerade die Phasenverschiebung der eingeschwungenen Bewegung gegenüber der Phase der antreibenden Kraft $\varphi_0 = \pi/2$.

Wir bemerken noch, dass für verschwindende Dämpfung $\gamma = 0$ bei $\Omega = \omega_0$ der Faktor $|B|$ unendlich wird. Das ist die sogenannte **Resonanzkatastrophe**. Dieser Fall ist gesondert zu behandeln.

Wir gehen dazu wieder von der komplexen Gl. (2.209) mit $\gamma = 0$ und $\Omega = \omega_0$ aus:

$$\ddot{z} + \omega_0^2 z = A \exp(-i\omega_0 t). \quad (2.230)$$

Um eine spezielle Lösung der inhomogenen Gleichung zu finden, setzen wir den Ansatz

$$z(t) = C(t) \exp(-i\omega_0 t). \quad (2.231)$$

in (2.230) ein und erhalten

$$\ddot{C} - 2i\omega_0 \dot{C} = A. \quad (2.232)$$

2.7 Der harmonisch getriebene gedämpfte Oszillator

Wir benötigen nur eine beliebige Lösung dieser Gleichung. Offensichtlich führt der Ansatz

$$C(t) = Bt \tag{2.233}$$

zum Ziel. Dann liefert (2.232)

$$-2i\omega_0 B = A \;\Rightarrow\; B = \frac{iA}{2\omega_0}. \tag{2.234}$$

Setzen wir dies in (2.231) ein und beachten, dass die Lösung für die inhomogene Lösung der reellen Gleichung $x = \mathrm{Re}\, z$ ist, folgt

$$x^{(\mathrm{inh})}(t) = \mathrm{Re}\left[\frac{iA}{2\omega_0} t \exp(-i\omega_0 t)\right] = \frac{A}{2\omega_0} t \sin(\omega_0 t). \tag{2.235}$$

Die allgemeine Lösung lautet also in diesem Fall

$$x(t) = C_1 \cos(\omega_0 t) + C_2 \sin(\omega_0 t) + \frac{A}{2\omega_0} t \sin(\omega_0 t). \tag{2.236}$$

Unabhängig von der Anfangsbedingung ist also für große t die Lösung eine gegenüber der äußeren Kraft um $\pi/2$ verschobene harmonische Schwingung, wobei allerdings die Amplitude linear mit der Zeit wächst. Es gibt also i. Allg. keine stationäre physikalische Lösung, denn gewöhnlich ist die rücktreibende Kraft nicht für beliebig große Amplituden proportional zur Auslenkung.

Die Anpassung der Integrationskonstanten C_1 und C_2 an die Anfangsbedingungen (2.152) liefert schließlich

$$x(t) = x_0 \cos(\omega_0 t) + \frac{v_0}{\omega_0} \sin(\omega_0 t) + \frac{A}{2\omega_0} t \sin(\omega_0 t). \tag{2.237}$$

2.7.4 Lösung des Anfangswertproblems

Wir kommen schließlich auf die Lösung des Anfangswertproblems für den getriebenen harmonischen Oszillators zurück, die zur vollständigen Beschreibung der Bewegung bei beliebig vorgegebenen Anfangsbedingungen (2.152) dient und nicht nur den eingeschwungenen Zustand liefert. Man spricht auch vom **Einschwingvorgang**.

Wir müssen nur für die allgemeine Lösung (2.205) die Integrationskonstanten C_1 und C_2 aus den Anfangsbedingungen (2.181) durch Lösung des entsprechenden linearen Gleichungssystems bestimmen. Wir geben das Ergebnis für die oben diskutierten drei Fälle an:

Schwingfall ($\omega_0 > \gamma$):

$$x(t) = \left[x_0 - \frac{A(\omega_0^2 - \Omega^2)}{(\omega_0^2 - \Omega^2)^2 + 4\gamma^2\Omega^2} \right] \cos(\omega t) \exp(-\gamma t)$$
$$+ \frac{1}{\omega} \left[v_0 + \gamma x_0 - \frac{A\gamma(\Omega^2 + \omega_0^2)}{(\omega_0^2 - \Omega^2)^2 + 4\gamma^2\Omega^2} \right] \sin(\omega t) \exp(-\gamma t) \quad (2.238)$$
$$+ A \frac{\omega_0^2 - \Omega^2}{(\omega_0^2 - \Omega^2)^2 + 4\gamma^2\Omega^2} \cos(\Omega t)$$
$$+ \frac{2A\gamma\Omega}{(\omega_0^2 - \Omega^2)^2 + 4\gamma^2\Omega^2} \sin(\Omega t).$$

Kriechfall ($\omega_0 < \gamma$): Setzen wir zur Abkürzung $\alpha = \sqrt{\gamma^2 - \omega_0^2}$, erhalten wir für diesen Fall

$$x(t) = \left[x_0 - \frac{A(\omega_0^2 - \Omega^2)}{(\omega_0^2 - \Omega^2)^2 + 4\gamma^2\Omega^2} \right] \cosh(\alpha t) \exp(-\gamma t)$$
$$+ \frac{1}{\alpha} \left[v_0 + \gamma x_0 - \frac{A\gamma(\Omega^2 + \omega_0^2)}{(\omega_0^2 - \Omega^2)^2 + 4\gamma^2\Omega^2} \right] \sinh(\alpha t) \exp(-\gamma t) \quad (2.239)$$
$$+ A \frac{\omega_0^2 - \Omega^2}{(\omega_0^2 - \Omega^2)^2 + 4\gamma^2\Omega^2} \cos(\Omega t)$$
$$+ \frac{2A\gamma\Omega}{(\omega_0^2 - \Omega^2)^2 + 4\gamma^2\Omega^2} \sin(\Omega t).$$

Zu dieser Lösung können wir auch wieder gelangen, indem wir in (2.238) $\omega = i\alpha$ setzen und die bekannten Formeln

$$\cos(iz) = \cosh z, \quad \sin(iz) = i \sinh z \quad (2.240)$$

verwenden.

Aperiodischer Grenzfall ($\omega_0 = \gamma$):

$$x(t) = \exp(-\gamma t) \left[x_0 - \frac{A(\gamma^2 - \Omega^2)}{(\gamma^2 + \Omega^2)^2} + \left(v_0 + \gamma x_0 - \frac{A\gamma}{\gamma^2 + \Omega^2} \right) t \right]$$
$$+ A \frac{(\gamma^2 - \Omega^2)\cos(\Omega t) + 2\gamma\Omega \sin(\Omega t)}{(\Omega^2 + \gamma^2)^2}. \quad (2.241)$$

2.7.5 Getriebener harmonischer Oszillator mit beliebiger äußerer Kraft

Schließlich beschäftigen wir uns noch mit der Frage, wie sich ein harmonisch gebundener Körper unter Berücksichtigung der Reibung und unter Einwirkung einer beliebig vorgegebenen, von außen eingeprägten Kraft $F_{\text{ext}}(t)$ verhält.

Schreiben wir zur Abkürzung $a(t) = F_{\text{ext}}(t)/m$, lautet nun die zu lösende Bewegungsgleichung

$$\ddot{x}(t) + 2\gamma \dot{x}(t) + \omega_0^2 x(t) = a(t). \tag{2.242}$$

Nehmen wir nun an, wir hätten zwei Lösungen x_1 und x_2 dieser Gleichung gefunden und bilden $y = x_1 - x_2$. Wegen der Linearität der Differentialgleichung erfüllt y die oben gelöste Gleichung für die Bewegung ohne äußere Kraft (die **homogene Gleichung**), d. h., wir müssen nur eine einzige spezielle Lösung der obigen Gleichung finden, denn wir besitzen ja bereits die vollständige Lösung für die homogene Gleichung.

Besonders bequem ist diejenige spezielle Lösung x_i, die die **homogenen Anfangsbedingungen**

$$x_i(t) = 0, \quad \dot{x}_i(t) = 0 \tag{2.243}$$

erfüllt. Wegen der Linearität der Gleichung können wir weiter davon ausgehen, dass diese Lösung **linear in der eingeprägten Kraft** sein wird. Weiter kann die Lösung zur Zeit t aufgrund des **Kausalitätsprinzips** nur von Werten von $a(t)$ zu Zeiten $t' < t$ abhängen. Das führt uns zu dem Ansatz

$$x_i(t) = \int_0^t dt' G(t,t') a(t'). \tag{2.244}$$

Setzen wir diesen Ansatz in die Differentialgleichung (2.243) ein, folgt

$$\int_0^t dt' (\partial_t^2 + 2\gamma \partial_t + \omega_0^2) G(t,t') a(t') = a(t). \tag{2.245}$$

Damit muss $G(t,t')$ der inhomogenen Gleichung mit einer Dirac'schen δ-Distribution als eingeprägter Kraft genügen:

$$(\partial_t^2 + 2\gamma \partial_t + \omega_0^2) G(t,t') = \delta(t-t'). \tag{2.246}$$

Wir fassen die Eigenschaften und einige Rechenregeln zur δ-Distribution in Anhang D zusammen.

Man bezeichnet G als die zu dem linearen Differentialoperator in der Klammer gehörige **Green-Funktion**.

Die rechte Seite hängt nur von der Differenz der Zeiten $t - t'$ ab, so dass wir zur Lösung dieser Gleichung den Ansatz

$$G(t, t') = g(t - t') \tag{2.247}$$

machen können. Dann muss offenbar

$$(\partial_t^2 + 2\gamma \partial_t + \omega_0^2)g(t) = \delta(t) \tag{2.248}$$

gelten. Um die Anfangsbedingung (2.244) zu erfüllen, muss offenbar

$$g(t) = 0 \quad \text{für} \quad t < 0 \tag{2.249}$$

sein. Für $t > 0$ ist aber $\delta(t) = 0$, und g erfüllt die homogene Gleichung. Um diese eindeutig lösen zu können, benötigen wir geeignete Anfangsbedingungen, die auf (2.248) führen. Die δ-Distribution ergibt sich dabei aus dem Term mit der zweiten Zeitableitung. Entsprechend muss wegen (D.17) die erste Ableitung einen Sprung bei $t = 0$ besitzen und demnach g selbst stetig bei $t = 0$ sein. Wir haben also als Randbedingung $g(0^+) = 0$. Um die Bedingung für $\dot{g}$ zu finden, integrieren wir (2.248) über ein kleines Zeitintervall $t \in (-\epsilon, \epsilon)$ um 0 (mit $\epsilon > 0$). Dann erhalten wir

$$\dot{g}(\epsilon) - \dot{g}(-\epsilon) + 2\gamma[g(\epsilon) - g(-\epsilon)] + \omega_0^2 \int_{-\epsilon}^{\epsilon} dt\, g(t) = \int_{-\epsilon}^{\epsilon} dt\, \delta(t) = 1. \tag{2.250}$$

Für $\epsilon \to 0$, folgt wegen $\dot{g}(-\epsilon) = 0$ und $g(-\epsilon) = 0$

$$\dot{g}(0^+) + 2\gamma g(0^+) = \dot{g}(0^+) = 1. \tag{2.251}$$

Wir erhalten demnach die Lösung für die Green-Funktion für die drei Fälle $\omega_0 > \gamma$ (Schwingfall), $\omega_0 = \gamma$ (aperiodischer Grenzfall) und $\omega_0 < \gamma$ (Kriechfall) aus den entsprechenden Lösungen der Anfangswertaufgabe (2.192), (2.202) bzw. (2.198)

$$g(t) = \frac{1}{\omega}\Theta(t)\exp(-\gamma t)\sin(\omega t), \quad \omega = \sqrt{\omega_0^2 - \gamma^2} \quad \text{falls} \quad \omega_0 > \gamma, \tag{2.252}$$

$$g(t) = \Theta(t) t \exp(-\gamma t) \quad \text{falls} \quad \omega_0 = \gamma, \tag{2.253}$$

$$g(t) = \frac{1}{\Gamma}\Theta(t)\exp(-\gamma t)\sinh(\Gamma t), \quad \Gamma = \sqrt{\gamma^2 - \omega_0^2} \quad \text{falls} \quad \omega_0 < \gamma. \tag{2.254}$$

Dabei ist

$$\Theta(t) = \begin{cases} 0 & \text{falls} \quad t < 0, \\ 1 & \text{falls} \quad t \geq 0 \end{cases} \tag{2.255}$$

die **Heaviside-Sprungfunktion**.

2.8 Newton'sche Gravitationstheorie und Himmelsmechanik

In diesem Abschnitt wenden wir uns einer der schönsten Anwendungen der Newton'schen Mechanik zu, nämlich der **Himmelsmechanik**, die zu den ältesten Anwendungen der (theoretischen) Physik gehört und die Hauptmotivation für die Beschäftigung Newtons mit der Mechanik darstellte. Abgesehen von den Erfolgen der theoretischen Mechanik in der Astronomie, angefangen von präzisen Bahnberechnungen von Planeten, Monden, Kometen etc. unter Berücksichtigung von „Bahnstörungen" durch andere Himmelskörper neben der Sonne bis hin zur modernen Raumfahrt, markiert die Entdeckung des **universellen Gravitationsgesetzes** neben der Entwicklung der theoretischen Mechanik in Newtons Principia einen weiteren Meilenstein der Physikgeschichte, nämlich die Entdeckung der Gravitation als eine der vier **fundamentalen Wechselwirkungen** der Natur.

2.8.1 Newtons Entdeckung des Gravitationsgesetzes

Der Legende nach soll Newton auf die Idee zu seinem Gravitationsgesetz durch einen fallenden Apfel gelangt sein. In besonders schön ausgeschmückten Versionen der Geschichte soll er unter einem Apfelbaum eingeschlafen und von einem auf ihn fallenden Apfel geweckt worden sein. Wie dem auch sei, die geniale Eingebung Newtons war, dass die Kraft, die die Planeten auf ihren Bahnen um die Sonne bzw. – bei Newtons Entdeckung des Gravitationsgesetzes – den Mond auf seiner Bahn um die Erde zwingt, dieselbe Kraft sein sollte wie die Kraft der Erde auf den fallenden Apfel. Dabei war klar, dass die Kraft bei den viel größeren Abständen der Himmelskörper voneinander als zwischen Apfel und Erde von diesem Abstand abhängig sein sollte.

Newton ging auf der vereinfachenden Annahme aus, dass es sich bei dieser im Himmel wie auch auf Erden durch ein universelles Gesetz zu beschreibenden **Gravitationskraft** um eine **Zentralkraft** handeln müsste, wie wir sie in Abschn. 2.4.2 betrachtet haben. Außerdem waren Newton selbstverständlich die Fallgesetze bekannt, wonach die Schwerkraft der Erde auf einen Apfel proportional zur Masse des Apfels sein muss. Umgekehrt müsste demnach auch die Kraft des Apfels auf die Erde, die nach seinem dritten Axiom dem Betrag nach gleich sein muss wie die Kraft auf den Apfel, proportional zur Masse der Erde sein. Demnach ist die Wechselwirkungskraft $F_{AE} = -F_{EA} \propto m_A m_E$, und der Ansatz für die Kraft lautet

$$F_{AE} = -m_A m_E f(r_{AE}) r_{AE}, \quad r_{AE} = r_A - r_E, \quad r_{AE} = |r_{AE}|. \quad (2.256)$$

Nun soll nach Newtons genialer Einsicht dieses Kraftgesetz auch für den Mond gelten, d. h.

$$F_{ME} = -m_M m_E f(r_{ME}) r_{ME} \quad (2.257)$$

Nun bewegt sich der Mond auf einer fast kreisförmigen Bahn um die Erde, und der Abstand zwischen Erde und Mond beträgt ca. 60 Erdradien, d. h. $r_{ME} = 60 R_E$. Für r_{AE} können wir in sehr guter Näherung annehmen $r_{AE} \simeq R_E$.

Für eine Kreisbewegung haben wir die Beschleunigung (2.62) berechnet. Nach dem 2. Newton'schen Axiom ist also für die Mondbewegung

$$m_M |a| = m_M \omega^2 r_{ME} = |F|_{ME} = m_M m_E f(r_{ME}) r_{ME}. \tag{2.258}$$

Hier kürzt sich glücklicherweise in für die Gravitation charakteristischer Weise die (Newton unbekannte!) Mondmasse heraus, und man erhält

$$g_M = r_{ME} \omega^2 = 2{,}73 \cdot 10^{-3} \text{ m/s}^2, \tag{2.259}$$

wobei wir die bekannte Umlaufzeit des Mondes um die Erde $T_M = 27{,}3$ Tage $= 2{,}36 \cdot 10^6$ s, den Radius der Mondbahn $r_{ME} = 60 r_E$ und den Radius der Erde $r_E = 6{,}370 \cdot 10^6$ m verwendet haben.

Andererseits ist für den Apfel in Erdnähe die Schwerebeschleunigung

$$g_A = 9{,}81 \text{ m/s}^2 = m_E r_E f(r_E) \simeq 3600 g_M. \tag{2.260}$$

Demnach ist also die Annahme, dass $rf(r) \propto 1/r^2$ also $f(r) \propto 1/r^3$ mit dieser Beobachtung zumindest angenähert kompatibel. Wir sehen, dass diese „Herleitung" nicht besonders zwingend erscheint. Newton nahm trotzdem an, dass das allgemeine Gravitationsgesetz zwischen zwei „Punktmassen" durch

$$F_{12} = -\gamma m_1 m_2 \frac{r}{r^3} \quad \text{mit} \quad r = r_1 - r_2 \tag{2.261}$$

gegeben sei. Dabei ist γ, die **Newton'sche Gravitationskonstante**, eine universell gültige Naturkonstante. Ihr Wert folgt nach dem derzeitigen Stand der theoretischen Physik nicht aus irgendwelchen allgemeinen Naturgesetzen sondern muss im Experiment bestimmt werden. Der derzeitig genaueste Wert ist $\gamma = 6{,}67408(31) \cdot 10^{-11} \text{m}^3/(\text{kg s}^2)$. Eine Möglichkeit der Bestimmung erläutern wir im nächsten Abschnitt noch genauer.

Die eben gegebene Begründung mit dem Vergleich der Kraft zwischen Erde und Mond und Apfel und Erde ist natürlich alles andere als zwingend. Eigentlich überzeugend wird das Kraftgesetz erst dadurch, dass Newton die **Kepler'schen Gesetze der Planetenbewegung** mit diesem Ansatz für die Kraft herleiten konnte. Diese Gesetze hat Kepler durch die Auswertung von sehr präzisen Beobachtungsdaten über die Bewegung der Planeten um die Sonne durch Tycho Brahe gewonnen:

1. Kepler'sches Gesetz: Die Planeten bewegen sich in Ellipsenbahnen um die Sonne, wobei die Sonne sich im Brennpunkt der Bahnellipse befindet.

2. Kepler'sches Gesetz: Der Radiusvektor von der Sonne zum Planeten überstreicht in gleichen Zeitintervallen gleiche Flächen.

3. Kepler'sches Gesetz: Für die Umlaufzeiten T_1 und T_2 zweier Planeten und die großen Halbachsen der Bahnellipsen a_1 und a_2 gilt $T_1^2/T_2^2 = a_1^3/a_2^3$, d.h., die Quadrate der Umlaufzeiten zweier Planeten verhalten sich wie die Kuben der großen Halbachsen der Ellipsenbahnen.

2.8 Newton'sche Gravitationstheorie und Himmelsmechanik

Wir wollen dies nun ausführlich nachrechnen. Dabei helfen uns die allgemeinen Erhaltungssätze aus Abschn. 2.4, die hier allesamt erfüllt sind, denn offenbar ist die Kraft eine Zentralkraft und aus einem Potential herleitbar. Zur Berechnung des Potentials verwenden wir (2.134) und verlangen

$$\nabla V(r) = V'(r)\frac{\boldsymbol{r}}{r} \overset{!}{=} -\boldsymbol{F} = +\gamma m_1 m_2 \frac{\boldsymbol{r}}{r^3}. \tag{2.262}$$

Damit folgt, dass

$$V'(r) = \frac{\gamma m_1 m_2}{r^2} \Rightarrow V(r) = -\frac{\gamma m_1 m_2}{r}. \tag{2.263}$$

Dabei haben wir die willkürliche Integrationskonstante so gewählt, dass das Potential im Unendlichen, also für $r \to \infty$, verschwindet.

2.8.2 Das Kepler-Problem

Für das Kepler-Problem genügt es nun, die Gleichung für die Relativbewegung (2.108)

$$\mu \ddot{\boldsymbol{r}} = -\gamma m_P m_S \frac{\boldsymbol{r}}{r^3}, \quad \boldsymbol{r} = \boldsymbol{r}_P - \boldsymbol{r}_S, \quad \mu = \frac{m_P m_S}{m_P + m_S} \simeq \frac{m_P m_S}{m_S} = m_P. \tag{2.264}$$

zu lösen. Dabei haben wir verwendet, dass die Masse aller Planeten in unserem Sonnensystem sehr klein gegen die Sonnenmasse ist. Der schwerste Planet **Jupiter** besitzt die Masse $m_{\text{Jupiter}} = 1{,}899 \cdot 10^{27}$ kg im Vergleich zur Masse der Sonne $m_S = 1{,}9884 \cdot 10^{30}$ kg. Wir rechnen im Folgenden aber mit der exakten Gl. (2.264) weiter, denn die Näherung erleichtert diese Rechnung nur sehr geringfügig.

Zunächst ist sofort klar, dass der Drehimpulssatz gilt, denn

$$\dot{\boldsymbol{L}}_{\text{rel}} = \mu \frac{d}{dt}(\boldsymbol{r} \times \dot{\boldsymbol{r}}) = \mu \boldsymbol{r} \times \ddot{\boldsymbol{r}} = -\boldsymbol{r} \times \gamma m_P m_S \boldsymbol{r}/r^3 = \boldsymbol{0}. \tag{2.265}$$

Das bedeutet, dass sich die Bewegung gänzlich in einer **Ebene** senkrecht zu $\boldsymbol{L}_{\text{rel}} = $ const abspielt.

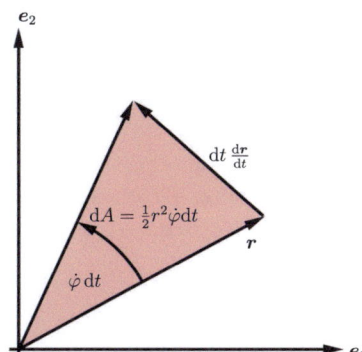

Betrachten wir nun ein kleines Zeitintervall dt. Beachtet man, dass d$t\dot{\boldsymbol{r}}$ tangential zur Bahn ist und erinnert sich an die Bedeutung des Vektorprodukts, folgt aus der obigen Skizze, dass

$$\mathrm{d}t\,L_{\mathrm{rel}} = \mu |\boldsymbol{r} \times \mathrm{d}t\dot{\boldsymbol{r}}| = 2\mu \mathrm{d}A \tag{2.266}$$

ist, wobei dA die in der Zeit dt vom Radiusvektor $\boldsymbol{r}$ überstrichene Dreiecksfläche ist. Aus der Erhaltung des Drehimpulses folgt also bereits das **2. Kepler'sche Gesetz**

$$\dot{A} = \frac{L_{\mathrm{rel}}}{2\mu} = \mathrm{const}, \tag{2.267}$$

und zwar für *jede* Zentralkraft, unabhängig von der konkreten Abhängigkeit vom Abstand.

Als Nächstes wollen wir das **1. Kepler'sche Gesetz**, also die Form der Bahnkurve, herleiten. Dazu verwenden wir den Energieerhaltungssatz für die Relativbewegung (2.139)

$$E_{\mathrm{rel}} = \frac{\mu}{2}\dot{r}^2 - \frac{\alpha}{r} = \mathrm{const} \quad \text{mit} \quad \alpha = \gamma m_\mathrm{P} m_\mathrm{S} = \gamma \mu M. \tag{2.268}$$

Diesen können wir nun durch Einführung geeigneter Koordinaten erheblich vereinfachen. Zunächst wählen wir dazu die x_3-Achse in Richtung des Bahndrehimpulses $\boldsymbol{L}_{\mathrm{rel}} = L\boldsymbol{e}_3$ mit $L > 0$. Dann verläuft die Bahnbewegung in der $x_1 x_2$-Ebene, d. h., es ist $x_3 = 0 = \mathrm{const}$.

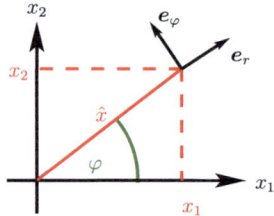

Weiter bietet sich aufgrund der Rotationssymmetrie des Problems um $\boldsymbol{r} = 0$ die Einführung von **Polarkoordinaten** an. Diese sind definiert durch (vgl. die nebenstehende Skizze)

$$x_1 = r\cos\varphi, \quad x_2 = r\sin\varphi. \tag{2.269}$$

Die Geschwindigkeit ist damit vermöge der Kettenregel durch

$$\dot{\boldsymbol{r}} = \frac{\mathrm{d}}{\mathrm{d}t}\begin{pmatrix} x_1 \\ x_2 \\ 0 \end{pmatrix} = \begin{pmatrix} \dot{r}\cos\varphi - r\dot{\varphi}\sin\varphi \\ \dot{r}\sin\varphi + r\dot{\varphi}\cos\varphi \\ 0 \end{pmatrix} = \dot{r}\boldsymbol{e}_r + r\dot{\varphi}\boldsymbol{e}_\varphi \tag{2.270}$$

2.8 Newton'sche Gravitationstheorie und Himmelsmechanik

gegeben. Dabei sind $\boldsymbol{e}_r = \partial_r \boldsymbol{r}$ und $\boldsymbol{e}_\varphi = (\partial_\varphi \boldsymbol{x})/r$ die Einheitstangentenvektoren an die Koordinatenlinien. Daraus folgt *(Nachrechnen!)*

$$\boldsymbol{L}_{\text{rel}} = \mu \boldsymbol{r} \times \dot{\boldsymbol{r}} = \mu \begin{pmatrix} r\cos\varphi \\ r\sin\varphi \\ 0 \end{pmatrix} \times \begin{pmatrix} -r\dot\varphi\sin\varphi \\ r\dot\varphi\cos\varphi \\ 0 \end{pmatrix} = \mu r^2 \dot\varphi \boldsymbol{e}_3 \;\Rightarrow\; L = \mu r^2 \dot\varphi = \text{const.} \tag{2.271}$$

Wir nehmen im Folgenden an, dass $\boldsymbol{L}_{\text{rel}} \neq 0$ ist[8]. Weiter ist *(Nachrechnen!)*

$$\mu \dot{\boldsymbol{r}}^2 = \mu \dot r^2 + \mu r^2 \dot\varphi^2 = \mu \dot r^2 + \frac{L^2}{\mu r^2}. \tag{2.272}$$

Damit wird der Energieerhaltungssatz (2.268) zu

$$E_{\text{rel}} = \frac{\mu}{2} \dot r^2 + \frac{L^2}{2\mu r^2} - \frac{\alpha}{r}. \tag{2.273}$$

Diese Gleichung lässt sich im Prinzip nach $r(t)$ auflösen. Dies führt aber auf ein Integral, das sich nicht mit den üblichen „elementaren Funktionen" ausdrücken lässt. Allerdings können wir wenigstens die Bahnkurve bestimmen, indem wir diese durch den Polarwinkel φ parametrisiert denken, d. h., wir betrachten jetzt die Funktion $r = r(\varphi)$. Wegen der Kettenregel gilt

$$\dot r = \dot\varphi r', \tag{2.274}$$

wobei $r' = dr/d\varphi$ bedeuten soll. Wegen (2.271) folgt

$$\dot r = \frac{L r'}{\mu r^2} = -\frac{L}{\mu} \frac{d}{d\varphi}\left(\frac{1}{r}\right). \tag{2.275}$$

Schreiben wir dann $s = 1/r$ und setzen dies sowie (2.275) in (2.273) ein, erhalten wir

$$E_{\text{rel}} = \frac{L^2}{2\mu}(s'^2 + s^2) - \alpha s. \tag{2.276}$$

Um diese Gleichung zu lösen, ist es nun einfacher, diese zunächst nochmals nach φ abzuleiten. Es ergibt sich

$$s'\left[\frac{L^2}{\mu}(s'' + s) - \alpha\right] = 0. \tag{2.277}$$

---

[8] Der Fall $\boldsymbol{L}_{\text{rel}} = 0$ entspricht der Bewegung der beiden Himmelskörper radial voneinander weg bzw. aufeinander zu.

Diese Gleichung wird zum einen für $s' = 0$ erfüllt. Dann ist $r = 1/s = $ const, und wir haben eine Kreisbahn. Diese wird sich jedoch im Folgenden auch aus der allgemeinen Lösung ergeben, die aus dem Verschwinden des Ausdrucks innerhalb der eckigen Klammer folgt. Die entsprechende Gleichung können wir in

$$s'' + s = \frac{\mu\alpha}{L^2} \qquad (2.278)$$

umformen. Die allgemeine Lösung dieser linearen Differentialgleichung ergibt sich als Summe der allgemeinen Lösung der homogenen Gleichung

$$s''_{\text{hom}} + s = 0, \qquad (2.279)$$

und einer beliebigen Lösung der inhomogenen Gleichung. Die homogene Gl. (2.279) ist die Gleichung eines harmonischen Oszillators, und die allgemeine Lösung lautet

$$s_{\text{hom}}(\varphi) = C \cos(\varphi - \varphi_0), \quad C > 0, \qquad (2.280)$$

wobei C und φ_0 Integrationskonstanten sind. Um eine spezielle Lösung der inhomogenen Gl. (2.278) zu finden, machen wir den Ansatz $s = D = $ const, was sofort auf $D = \mu\alpha/L^2$ führt. Die allgemeine Lösung der Gl. (2.278) ist also

$$s = \frac{\mu\alpha}{L^2} + C \cos(\varphi - \varphi_0). \qquad (2.281)$$

Die Astronomen zählen den Winkel φ so, dass $\varphi = 0$ dem kleinsten Radius $r_{\min} = 1/s_{\max}$ entspricht, d.h. dem Punkt, in dem Sonne und Planet einander am nächsten kommen, dem sog. **Perihel**. Das impliziert $\varphi_0 = 0$. Die verbliebene Integrationskonstante C ergibt sich dann durch Einsetzen in (2.276) zu *(Nachrechnen!)*

$$C = \sqrt{\frac{\mu^2\alpha^2}{L^4} + \frac{2\mu E_{\text{rel}}}{L^2}}. \qquad (2.282)$$

Die Bahnkurve ist also ein **Kegelschnitt** mit dem Ursprung des Koordinatensystems als einem Brennpunkt (vgl. Anhang A.2.1)

$$r = \frac{1}{s} = \frac{p}{1 + \epsilon \cos \varphi} \quad \text{mit} \quad p = \frac{L^2}{\mu\alpha}, \quad \epsilon = \sqrt{1 + \frac{2 E_{\text{rel}} L^2}{\mu\alpha^2}}. \qquad (2.283)$$

Dabei liegt für $E_{\text{rel}} < 0$ ($0 \leq \epsilon < 1$) eine Ellipse, für $E_{\text{rel}} = 0$ ($\epsilon = 1$) eine Parabel und für $E_{\text{rel}} > 0$ ($\epsilon > 1$) eine Hyperbel vor. Für einen Planeten haben wir es also immer mit einer Ellipse zu tun.

Bis jetzt haben wir allerdings nur die Relativbewegungsgleichung gelöst. Betrachten wir nun also die Bewegung der beiden Himmelskörper selbst. Aus der allgemeinen Herleitung der Bewegung des abgeschlossenen Zweikörpersystems in Abschn. 2.4.2 hat sich ergeben, dass sich der Schwerpunkt des Systems geradlinig gleichförmig bewegt. Wir können uns also unser Bezugssystem als das Ruhsystem des Schwerpunkts mit dem Schwerpunkt als Koordinatenursprung vorgeben. Dann ist $\boldsymbol{R} = \boldsymbol{0} = \text{const}$ und folglich gemäß (2.106) und (2.107)

$$\boldsymbol{r}_1 = \frac{m_2}{M}\boldsymbol{r}, \quad \boldsymbol{r}_2 = -\frac{m_1}{M}\boldsymbol{r}. \tag{2.284}$$

Für unser Sonnensystem ist die Masse der Sonne viel größer als die Masse aller Planeten, d. h., setzen wir $m_1 = m_P$ und $m_2 = m_S$, so gilt $m_2 \gg m_1$, und dann wird

$$\boldsymbol{r}_1 \simeq \boldsymbol{r}, \quad \boldsymbol{r}_2 \simeq \boldsymbol{0}, \tag{2.285}$$

d. h., dann können wir näherungsweise die Sonne als unbeweglich mit dem Schwerpunkt des Systems gleichsetzen, und der Planet bewegt sich auf Ellipsen bzw. Kreisen um die im Schwerpunkt befindliche Sonne. Das ist das **1. Kepler'sche Gesetz**.

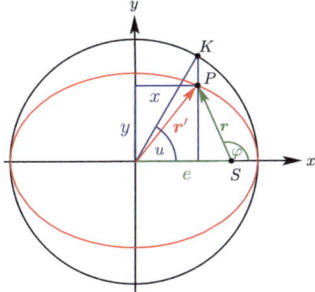

Beschäftigen wir uns schließlich noch mit der Frage nach dem zeitlichen Ablauf der Bewegung. Dazu führt man gemäß der obigen Skizze die **exzentrische Anomalie** u ein. Aus der Zeichnung liest man zunächst ab, dass $x = a \cos u$ ist. Daraus folgt mit der Mittelpunktsform der Ellipsengleichung (vgl. Anhang A.2.1)

$$\frac{x^2}{a^2} + \frac{y^2}{b^2} = 1$$

$y = \pm b\sqrt{1 - x^2/a^2} = \pm b\sqrt{1 - \cos^2 u} = b \sin u$. Dabei macht man sich anhand der Abbildung klar, dass das Vorzeichen für y in Abhängigkeit des Winkels u wie in der letzten Gleichung angegeben korrekt ist, d. h. es gilt

$$x = a \cos u, \quad y = b \sin u. \tag{2.286}$$

Für den ursprünglichen Radiusvektor $\boldsymbol{r}$ (mit dem Schwerpunkt als Ursprung) lesen wir aus der Skizze

$$\underline{r} = \underline{r}' - e\boldsymbol{e}_1 = \underline{r}' - \epsilon a \boldsymbol{e}_1 = \begin{pmatrix} a(\cos u - \epsilon) \\ b \sin u \end{pmatrix} \Rightarrow \underline{\dot{r}} = \dot{u} \begin{pmatrix} -a \sin u \\ b \cos u \end{pmatrix} \tag{2.287}$$

ab. Dabei haben wir $e = \epsilon a$ verwendet. Für die konstante Drehimpulskomponente $L = L_3$ ergibt sich also in dieser Parametrisierung *(Nachrechnen!)*

$$L = \mu(r_1\dot{r}_2 - x_2\dot{x}_1) = \mu a b \dot{u}(1 - \epsilon \cos u). \quad (2.288)$$

Durch Trennung der Variablen erhalten wir

$$\int_0^t dt' = \frac{\mu a b}{L} \int_0^u du'(1 - \epsilon \cos u) \Rightarrow t = \frac{\mu a b}{L}(u - \epsilon \sin u), \quad (2.289)$$

wobei wir die Zeit von einem Periheldurchgang ($u = 0$) an zählen. Diese **Kepler-Gleichung** ergibt die Zeitabhängigkeit der exzentrischen Anomalie u in impliziter Form.

Ein vollständiger Umlauf der Himmelskörper umeinander ist offenbar für $u = 2\pi$ erfolgt. Für die Umlaufzeit $t = T$ ergibt dann (2.289) wegen $\sin(2\pi) = 0$

$$T = \frac{2\pi \mu a b}{L}. \quad (2.290)$$

Nun folgt aus (2.283)

$$b^2 = ap = \frac{aL^2}{\mu \alpha} \quad (2.291)$$

und damit

$$T^2 = \frac{4\pi^2 \mu a^3}{\alpha} = \frac{4\pi^2 a^3}{\gamma M}. \quad (2.292)$$

Dabei haben wir im letzten Schritt $\mu = m_1 m_2/M$ und $\alpha = \gamma m_1 m_2 = \gamma \mu M$ verwendet. Für unser Sonnensystem ist $M \simeq m_2 = m_S$, d.h., es ist in sehr guter Näherung

$$\frac{T^2}{a^3} \simeq \frac{4\pi^2}{\gamma m_S} \quad (2.293)$$

für alle Planeten gleich. Das ist aber gerade das **3. Kepler'sche Gesetz**, wonach das besagte Verhältnis aus dem Quadrat der Umlaufdauer für alle Planeten um die Sonne und der 3. Potenz der großen Halbachse ihrer Ellipsenbahn gleich ist.

2.8.3 Der Rutherford-Streuquerschnitt

Ein weiteres wichtiges Beispiel für die Anwendung der Lösungen für die Bewegungsgleichung von Teilchen, die über eine Zentralkraft $\propto 1/r^2$ wechselwirken, ist die Berechnung des **Rutherford'schen Streuquerschnitts**[9]. Dabei handelt es sich

---
[9] Ernest Rutherford (1871–1937).

um die elastische Streuung zweier geladener Punktteilchen. Wir betrachten der Einfachheit halber als Beispiel die Streuung eines Elektrons an einem Atomkern. Da die Masse des Elektrons $m_e = 9{,}109 \cdot 10^{-31}$ kg sehr viel kleiner ist als bereits die Masse des leichtesten Atomkerns, also eines Protons mit $m_p = 1{,}673 \cdot 10^{-27}$ kg, rechnen wir gleich in der Näherung, dass wir den Atomkern als ruhend annehmen dürfen.

Die Kraft ist dann durch die elektrostatische Kraft auf das Elektron gegeben, also

$$\boldsymbol{F} = -\boldsymbol{\nabla} V, \quad V = -\frac{Ze^2}{4\pi\epsilon_0 |\boldsymbol{r} - \boldsymbol{r}_{\text{Kern}}|} = -\frac{\alpha}{|\boldsymbol{r} - \boldsymbol{r}_{\text{Kern}}|}. \tag{2.294}$$

Dabei ist Z die Anzahl der positiv geladenen Protonen im Kern und $e \simeq 1{,}602 \cdot 10^{-19}$ C die Elementarladung, d. h. Ze ist die Ladung des Atomkerns und $(-e)$ die Ladung des Elektrons. Schließlich ist $\epsilon_0 \simeq 8{,}854 \cdot 10^{-12}$ C/(V m) die elektrische Feldkonstante. Wir haben es also mit der gleichen Bewegungsgleichung wie bei der Planetenbewegung um die Sonne zu tun. Der einzige Unterschied ist die Konstante $\alpha = Ze^2/(4\pi\epsilon_0)$.

Wir sind in diesem Fall an einer **Streulösung** interessiert, d. h., wir nehmen an, dass das Elektron sehr weit entfernt mit einem Impuls $\boldsymbol{p}_{\text{ein}} = p\boldsymbol{e}_{\text{ein}}$ auf den Atomkern zuläuft und, nachdem es von diesem aufgrund der Coulomb-Kraft abgelenkt wurde, sich wieder sehr weit vom Atomkern entfernt. Aufgrund der Energieerhaltung ist der entsprechende Impuls $\boldsymbol{p}_{\text{aus}} = p\boldsymbol{e}_{\text{aus}}$, denn für $|\boldsymbol{r} - \boldsymbol{r}_{\text{Kern}}| \to \infty$ ist $V = 0$ und damit die erhaltende Gesamtenergie

$$E = \frac{p^2}{2m_e} > 0. \tag{2.295}$$

Es ist klar, dass wir dann als Bahnkurve wieder (2.283) erhalten, aber diesmal ist $E > 0$ mit

$$\epsilon = \sqrt{1 + \frac{2EL^2}{m_e \alpha^2}} > 1, \tag{2.296}$$

wobei wir die Größen unserem neuen Problem angepasst haben, d. h., wir haben E_{rel} durch E und μ durch m_e ersetzt. Das bedeutet, dass die Bahnkurve nun eine **Hyperbel** ist, wie in der folgenden Abbildung eingezeichnet (vgl. Anhang A.2.2).

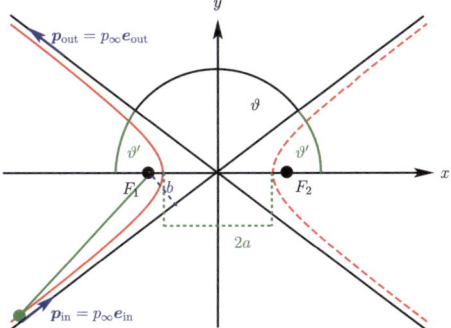

Wie wir gleich sehen werden, ist es für dieses Streuproblem bequem, die weitere Anfangsbedingung durch die Angabe des sog. **Stoßparameters** b (s. die nebenstehende Abbildung) zu charakterisieren. Die Richtungen der Impulse e_{ein} und e_{aus} des Elektrons für $t \to \pm\infty$ sind durch die beiden Asymptoten der Hyperbel bestimmt, und der Stoßparameter ist der Abstand des Protons (also des Streuzentrums) von der die einlaufende Richtung charakterisierenden Asymptote (vgl. wieder die Skizze). Der Bahndrehimpuls ist dann offenbar durch

$$L = |(\boldsymbol{r} - \boldsymbol{r}_{\text{Kern}}) \times \boldsymbol{p}|_{t \to -\infty} = p_\infty b = b\sqrt{\frac{2E}{m_e}} \qquad (2.297)$$

gegeben.

Wir bezeichnen die große Halbachse der Hyperbel wie üblich mit a und die der kleinen Halbachse mit $\tilde{b}$ (da bereits der Stoßparameter üblicherweise mit b bezeichnet wird). Gemäß (A.20) lautet die Gleichung für die Hyperbelbahn in dem hier verwendeten Koordinatensystem

$$\frac{x^2}{a^2} - \frac{y^2}{\tilde{b}^2} = 1 \quad \Rightarrow \quad y = \pm\sqrt{\frac{\tilde{b}^2}{a^2}x^2 - \tilde{b}^2}. \qquad (2.298)$$

Die Asymptoten ergeben sich für $x \to \pm\infty$ daraus, dass man dann unter der Wurzel $\tilde{b}^2$ vernachlässigen kann:

$$y = \pm\frac{\tilde{b}}{a}x. \qquad (2.299)$$

Gesucht ist nun der **Streuwinkel** ϑ, der die Ablenkung des Elektrons aufgrund der Streuung am Kern angibt. Dazu berechnen wir zunächst den Winkel ϑ', der sich aus der Steigung der Asymptoten durch

$$\tan\vartheta' = \frac{\tilde{b}}{a} = \frac{a\sqrt{\epsilon^2 - 1}}{a} = \sqrt{\epsilon^2 - 1} \qquad (2.300)$$

ergibt. Aus der Skizze liest man ab, dass $\vartheta + 2\vartheta' = \pi$ und also $\vartheta' = \pi/2 - \vartheta/2$ ist. Daraus folgt *(warum?)*

$$\tan\vartheta' = \tan(\pi/2 - \vartheta/2) = \cot(\vartheta/2) = \sqrt{\epsilon^2 - 1} = \sqrt{\frac{2EL^2}{m_e\alpha^2}} = \frac{2bE}{\alpha}. \qquad (2.301)$$

Dabei haben wir im letzten Schritt (2.296) und (2.297) verwendet. Wir erhalten also für den Stoßparameter

$$b = \frac{\alpha}{2E}\cot(\vartheta/2). \qquad (2.302)$$

Bei einem realen Experiment kann man den Stoßparameter nicht genau festlegen. Vielmehr wird man viele Elektronen mit einem gegebenen Impuls $\boldsymbol{p}_{\text{ein}}$ auf den Kern schießen und die entstehende Verteilung der Streuwinkel beobachten. Diese Verteilung wird durch den **differentiellen Streuquerschnitt** charakterisiert. Die einlaufenden Elektronen beschreibt man dabei durch eine **Stromdichte** j_0, d. h. als Anzahl von Elektronen, die pro Zeiteinheit durch eine Fläche senkrecht zur Bewegungsrichtung e_{ein} laufen. Als Fläche betrachten wir dabei einen infinitesimalen Kreisring, der Stoßparametern zwischen b und $b + db$ entspricht. Die Fläche dieses Kreisrings ist $dA = 2\pi b\, db$. Wir zählen dann die Anzahl dn der Elektronen, die pro Zeiteinheit um einen Streuwinkel zwischen ϑ und $\vartheta + d\vartheta$ abgelenkt werden und definieren den differentiellen Streuquerschnitt durch

$$\frac{d\sigma}{d\vartheta} = \frac{1}{j_0}\frac{dn}{d\vartheta} = \frac{1}{j_0} 2\pi b \left|\frac{db}{d\vartheta}\right| j_0 = 2\pi b \left|\frac{db}{d\vartheta}\right|. \qquad (2.303)$$

Für die Rutherford-Streuung, also die Streuung im Coulomb-Potential, folgt aus (2.302) *(Nachrechnen!)*

$$\frac{d\sigma}{d\vartheta} = \left(\frac{\alpha}{2E}\right)^2 \frac{\pi \cos(\vartheta/2)}{\sin^3(\vartheta/2)}. \qquad (2.304)$$

In der Literatur findet man eher den differentiellen Streuquerschnitt, der auf einen **Raumwinkel** $d\Omega$ bezogen ist. Dabei ist der Raumwinkel durch ein Einheitskugelflächenstück definiert, das durch den Bereich $\vartheta \ldots \vartheta + d\vartheta$ und $\varphi \ldots \varphi + d\varphi$ gegeben ist. Dabei sind ϑ und φ die Winkel der üblichen Kugelkoordinaten, wobei die Polarachse in Richtung der einlaufenden Elektronen e_{ein} weist. Der entsprechende Raumwinkel ist $d\Omega = d\vartheta\, d\varphi \sin \vartheta$. Da das Streuproblem offenbar rotationssymmetrisch um e_{ein} ist, können wir in (2.304) $d\Omega = 2\pi\, d\vartheta \sin \vartheta$ verwenden. Es ist also

$$\frac{d\sigma}{d\Omega} = \frac{d\sigma}{d\vartheta}\frac{d\vartheta}{d\Omega} = \left(\frac{\alpha}{2E}\right)^2 \frac{\pi \cos(\vartheta/2)}{\sin^3(\vartheta/2) 2\pi \sin \vartheta}. \qquad (2.305)$$

Nun ist wegen der Doppelwinkelformel für den Sinus $\sin \vartheta = 2 \sin(\vartheta/2) \cos(\vartheta/2)$ und damit schließlich

$$\frac{d\sigma}{d\Omega} = \left(\frac{\alpha}{4E}\right)^2 \frac{1}{\sin^4(\vartheta/2)}. \qquad (2.306)$$

Der Streuquerschnitt (2.306) hat eine bedeutende Rolle bei der Aufklärung des **Aufbaus der Atome** gespielt. Als in 1911 Rutherford α-Teilchen, also Heliumkerne mit der Ladung $2e$ aus dem Zerfall radioaktiver Materialien, auf eine Goldfolie schoss, stellte er fest, dass diese entgegen seinen Erwartungen fast ungestört durch diese Folie hindurchdringen und nur wenige abgelenkt oder gar zurückgestreut werden. Er kam dadurch zu dem Schluss, dass Atome weitgehend leer sein müssen und aus einem praktisch punktförmigen positiv geladenen Kern bestehen, der von den negativ geladenen Elektronen umkreist wird. Er stellte dann die Formel (2.306) für den Streuquerschnitt auf und fand gute Übereinstimmung mit seinen Messungen. Dabei ist zu beachten, dass für zwei positiv geladene Teilchen die Coulomb-Kraft abstoßend ist, was aber nichts daran ändert, dass die Gleichungen für das Kepler-Problem weiterhin anwendbar sind. Es gibt dann natürlich nie gebundene Ellipsenbahnen wie für anziehende $1/r^2$-Kräfte, sondern nur die für das Streuproblem maßgebenden Hyperbelbahnen, aber die obige Rechnung, die zu (2.306) geführt hat, hat ja lediglich den Energie- und Drehimpulserhaltungssatz und die Hyperbelform der Bahn verwendet, sodass in der Tat die als **Rutherford'sche Streuformel** bekannte Gl. (2.306) für den differentiellen Wirkungsquerschnitt für die Coulomb-Streuung auch in diesem Fall gilt.

Das war die Geburtsstunde der modernen Atomphysik, denn Niels Bohr (1885–1962) stellte bei einem Forschungsaufenthalt bei Rutherford sein berühmtes Atommodell (1913) auf, was schließlich zur Entwicklung der modernen Quantentheorie (Heisenberg, Born, Jordan 1925/1926; Schrödinger 1926; Dirac 1926) geführt hat.

2.9 Beschleunigte Bezugssysteme

In diesem Kapitel betrachten wir die Frage, wie ein Beobachter Bewegungen beschreibt, der sich in einem gegenüber den Inertialsystemen **beschleunigten Bezugssystem** befindet. Dabei kann man zwischen **nichtrotierenden Bezugssystemen** und allgemein beschleunigten Bezugssystemen, die auch **Rotationen gegenüber Inertialsystemen** beinhalten, unterscheiden. Wir betrachten zuerst den einfacheren Fall nichtrotierender Bezugssysteme.

2.9.1 Nichtrotierende Bezugssysteme

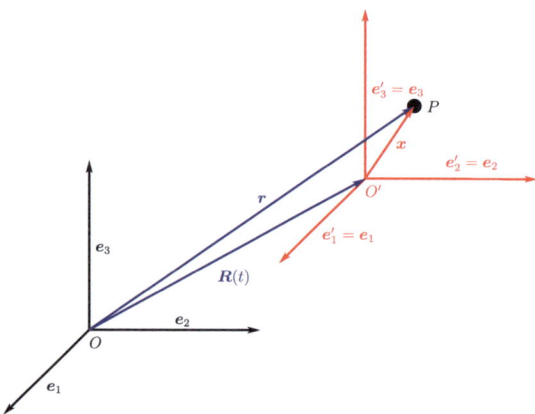

Wir kennen die Bewegungsgleichungen eines Massenpunktes in Inertialsystemen. Sei also O der Ursprung und e_j kartesische rechtshändige Basisvektoren eines **Inertialsystems**. Für ein beliebig gegen dieses Bezugssystem **beschleunigtes, nichtrotierendes Bezugssystem**, das wir ebenfalls durch einen Ursprung O' und ein Basissystem e'_k definiert denken können, sind definitionsgemäß die e'_k zeitlich konstant, also allenfalls gegenüber e_j gedreht. Wir können dann aber auch $e'_k = e_k$ setzen. Der Unterschied zwischen dem Inertialsystem (O, e_j) und dem Nichtinertialsystem

2.9 Beschleunigte Bezugssysteme

(O', e'_k) ist also, dass sich O' gegenüber O beschleunigt bewegt, d.h., $\boldsymbol{R}(t) = \overrightarrow{OO'}$ kann sich entlang einer beliebigen Kurve beschleunigt bewegen.

Für den Ortsvektor eines Massenpunktes am Ort P bzgl. des Inertialsystems gilt also

$$\boldsymbol{r} = \overrightarrow{OP} = \boldsymbol{R} + \boldsymbol{x} = \overrightarrow{OO'} + \overrightarrow{O'P}, \tag{2.307}$$

wobei $\boldsymbol{x} = \overrightarrow{O'P}$ der Ortsvektor im beschleunigten Bezugssystem ist.

Wir nehmen nun an, dass sich das Teilchen in einem äußeren Kraftfeld bewegt, d.h. es ist bzgl. des Inertialsystems die Kraft $\boldsymbol{F} = \boldsymbol{F}(\boldsymbol{r})$. Dann gilt im Inertialsystem

$$m\ddot{\boldsymbol{r}} = \boldsymbol{F}(\boldsymbol{r}). \tag{2.308}$$

Setzen wir hier (2.308) ein, erhalten wir

$$m(\ddot{\boldsymbol{R}} + \ddot{\boldsymbol{x}}) = \boldsymbol{F}(\boldsymbol{R} + \boldsymbol{x}). \tag{2.309}$$

Dies können wir formal in die Form einer Newton'schen Bewegungsgleichung wie in einem Inertialsystem bringen, indem wir $m\ddot{\boldsymbol{R}}$ auf die rechte Seite bringen. Dann erhalten wir

$$m\ddot{\boldsymbol{x}} = \boldsymbol{F}(\boldsymbol{R} + \boldsymbol{x}) - m\ddot{\boldsymbol{R}}. \tag{2.310}$$

Für den **beschleunigten Beobachter** erscheint es also so, als wirkte auf den Körper neben dem äußeren Kraftfeld $\boldsymbol{F}(\boldsymbol{R} + \boldsymbol{x})$ eine weitere Kraft $\boldsymbol{F}_{\text{träg}} = -m\ddot{\boldsymbol{R}}$. Wie die Herleitung zeigt, rührt diese Kraft einfach daher, dass sich der Beobachter nicht in Ruhe oder gleichförmiger Bewegung relativ zu einem Inertialsystem befindet. Man nennt solche Kräfte daher **Trägheitskräfte**.

Es ist interessant, dass die Trägheitskräfte dieselbe Wirkung besitzen wie ein räumlich konstantes (i. Allg. aber zeitabhängiges) **Gravitationsfeld**, denn es ist $\boldsymbol{F}_{\text{träg}} = -m\ddot{\boldsymbol{R}}$.

Betrachten wir nun das einfache Beispiel eines in Erdnähe frei fallenden Körpers. Dann gilt im Inertialsystem

$$m\ddot{\boldsymbol{r}} = m\boldsymbol{g}, \quad \boldsymbol{g} = \text{const.} \tag{2.311}$$

Für einen Beobachter, der ebenfalls in diesem Schwerefeld frei fällt ist offenbar

$$\boldsymbol{R} = \frac{1}{2}\boldsymbol{g}t^2 + \boldsymbol{v}_0 t + \boldsymbol{R}_0, \tag{2.312}$$

und die Bewegungsgleichung (2.310) für einen Massenpunkt bzgl. dieses **frei fallenden Beobachters** lautet einfach

$$m\ddot{\boldsymbol{x}} = m\boldsymbol{g} - m\ddot{\boldsymbol{R}} = 0, \tag{2.313}$$

d.h., für diesen **frei fallenden Beobachter** bewegt sich der Massenpunkt kräftefrei, d.h., er **wähnt sich in einem Inertialsystem**.

Ist umgekehrt der Körper im Inertialsystem kräftefrei, folgt

$$m\ddot{x} = -m\ddot{R} = -mg. \qquad (2.314)$$

Demnach wähnt sich der Beobachter dann in einem Inertialsystem, in dem eine konstante Schwerkraft $F = -mg$ auf einen Körper der Masse m wirkt.

Ein Gravitationsfeld in einem kleinen Bereich des Raumes, wo man es als konstant ansehen kann, ist also einem **gleichmäßig beschleunigten** Bezugssystem äquivalent.

Diese Betrachtung ist der Ausgangspunkt Albert Einsteins bei der Aufstellung seiner **allgemeinen Relativitätstheorie**, wobei er diese Ununterscheidbarkeit lokaler beschleunigter Bezugssysteme von in hinreichend kleinen Raum-Zeit-Bereichen konstanten Gravitationsfeldern zum Prinzip erhebt. Die Gleichheit der trägen und schweren Masse ist dann bereits in den Grundlagen der Theorie berücksichtigt und nicht mehr ein rein experimentell zu bestätigendes Faktum.

Schließlich betrachten wir noch ein abgeschlossenes System aus zwei Massenpunkten, die über paarweise Zentralwechselwirkungen miteinander interagieren. Dann lauten die Bewegungsgleichungen im Inertialsystem gemäß (2.95) und (2.100)

$$m_1 \ddot{r}_1 = (r_1 - r_2) f(|r_1 - r_2|), \quad m_2 \ddot{r}_2 = -(r_1 - r_2) f(|r_1 - r_2|), \qquad (2.315)$$

wobei nach dem 3. Newton'schen Axiom

$$F_{21} = -F_{12} \qquad (2.316)$$

berücksichtigt wurde. Drückt man dies durch Schwerpunkts- und Relativvektoren aus, wobei wir jetzt den Schwerpunktvektor mit

$$s = \frac{m_1 r_1 + m_2 r_2}{M} \quad \text{mit} \quad M = m_1 + m_2 \qquad (2.317)$$

bezeichnen, um ihn von dem jetzt als $R = \overrightarrow{OO'}$ definierten Ortsvektor des Ursprungs des Nichtinertialsystems relativ zum Ursprung des Inertialsystems zu unterscheiden. Dann gilt gemäß (2.104) bzw. (2.110) mit $r = r_1 - r_2$

$$M\ddot{s} = 0, \quad \mu \ddot{r} = r f(|r|) \quad \text{mit} \quad \mu = \frac{m_1 m_2}{m_1 + m_2} = \frac{m_1 m_2}{M}. \qquad (2.318)$$

Drücken wir dies nun durch die Ortsvektoren bzgl. des Nichtinertialsystems aus, d. h. wir definieren

$$r_1 = R + x_1, \quad r_2 = R + x_2. \qquad (2.319)$$

Dann gilt gemäß (2.317)

$$s = \frac{(m_1 + m_2)R + m_1 x_1 + m_2 x_2}{M} = R + \frac{m_1 x_1 + m_2 x_2}{M} = R + \tilde{s}, \quad r = x_1 - x_2 = x. \qquad (2.320)$$

Dabei ist $\tilde{s}$ der Ortsvektor des Schwerpunktes im Nichtinertialsystem. Die Bewegungsgleichungen bzgl. des Nichtinertialsystems ergeben sich dann durch Einsetzen dieser Resultate in (2.318)

$$M\ddot{\tilde{s}} = -M\ddot{R}, \quad \mu\ddot{x} = xf(|x|). \tag{2.321}$$

Im nichtrotierend beschleunigten Bezugssystem wird also die Schwerpunktsbewegung durch die Bewegung in einem räumlich homogenen (aber i. Allg. zeitabhängigen) Trägheitskraftfeld $F_{\text{träg}} = -M\ddot{R}$ beschrieben, während sich die Bewegungsgleichung für die Relativbewegung nicht ändert.

Schließlich ergibt sich aus all diesen Überlegungen auch, dass die Bewegung in Inertialsystemen für solch ein abgeschlossenes System immer gleich aussieht. In diesem Fall bewegt sich nämlich der Ursprung O' geradlinig gleichförmig, also unbeschleunigt und damit ist

$$R(t) = vt + R_0 \Rightarrow \ddot{R} = 0. \tag{2.322}$$

Dann gilt aber gemäß (2.322)

$$M\ddot{\tilde{s}} = 0, \quad \mu\ddot{x} = xf(|x|), \tag{2.323}$$

d. h. exakt die gleichen Bewegungsgleichungen wie im ursprünglichen Inertialsystem (2.318). Für die ursprünglichen Koordinaten der Teilchen entspricht (2.322) der **Galilei-Transformation**

$$r_1 = vt + R_0 + x_1, \quad r_2 = vt + R_0 x_2. \tag{2.324}$$

Man sagt daher auch, dass die **Newton'schen Bewegungsgleichungen** für ein abgeschlossenes System **invariant unter Galilei-Transformationen** sind, d. h., man kann innerhalb eines geschlossenen Systems nicht zwischen einem Inertialsystem und einem anderen gegenüber diesem gleichförmig geradlinig bewegten Inertialsystem unterscheiden.

2.9.2 Allgemein beschleunigte Bezugssysteme

Nun betrachten wir allgemein gegen die Inertialsysteme beschleunigt bewegte Bezugssysteme. Neben der rein translatorisch beschleunigten Bewegung des Ursprungs O' des entsprechenden Nichtinertialsystems (O', e'_k) können dann auch noch alle bzgl. des Nichtinertialsystems ruhenden Vektoren gegenüber dem Inertialsystem **rotieren**. Es ist im Folgenden bequemer, mit den entsprechenden Komponenten des Ortsvektors eines Massenpunktes P als mit den basisunabhängigen Vektoren zu rechnen. Betrachten wir also zunächst einen einzelnen Massenpunkt. Der Ortsvektor bzgl. des Inertialsystems sei wieder $r = \overrightarrow{OP}$. Der Ortsvektor des

Ursprungs O' des Nichtinertialsystems sei $\boldsymbol{R} = \overrightarrow{OO'}$ und der Ortsvektor bzgl. des Nichtinertialsystems $\boldsymbol{x} = \overrightarrow{O'P}$. Es gilt wieder

$$\boldsymbol{r} = \boldsymbol{R} + \boldsymbol{x}. \tag{2.325}$$

Die entsprechenden Komponenten bzgl. der kartesischen rechtshändigen zeitunabhängigen Basis des Inertialsystems $\boldsymbol{e}_j$ bezeichnen wir entsprechend mit $\underline{r}$, $\underline{R}$ und $\underline{x}$ bzw. bzgl. der i. Allg. zeitabhängigen rechtshändigen Basis des Nichtinertialsystems als $\underline{r}'$, $\underline{R}'$ und $\underline{x}'$.

Da die Basisvektoren $\boldsymbol{e}'_k$ des Nichtinertialsystems fest mit diesem verbunden sind, muss es nun eine **zeitabhängige Drehmatrix** $\hat{D}(t)$ geben, sodass

$$\boldsymbol{e}'_k = D_{jk}(t)\boldsymbol{e}_j \tag{2.326}$$

gilt (vgl. Anhang B). Im Folgenden benötigen wir die Komponenten von Zeitableitungen von Vektoren bzgl. der Basis $\boldsymbol{e}'_k$, um die Newton'sche Bewegungsgleichung im Inertialsystem (2.308) durch Bewegungsgleichungen für die Komponenten im Nichtinertialsystem auszudrücken. Sei also $\boldsymbol{V}(t)$ ein beliebiger Vektor. Dann gilt

$$\boldsymbol{V}(t) = V_j(t)\boldsymbol{e}_j = V'_k(t)\boldsymbol{e}'_k = V'_k(t)D_{jk}(t)\boldsymbol{e}_j \Rightarrow \underline{V}(t) = \hat{D}(t)\underline{V}'(t), \tag{2.327}$$

wobei wir wieder die Einstein'sche Summationskonvention verwenden, d. h., über in einer Gleichung doppelt vorkommende Indizes wird stets summiert. Für die Zeitableitung gilt demnach

$$\dot{\boldsymbol{V}}(t) = \dot{V}_j(t)\boldsymbol{e}_j = \dot{V}'_k(t)D_{jk}(t)\boldsymbol{e}_j + V'_k(t)\dot{D}_{jk}\boldsymbol{e}_j = [\dot{V}'_k(t) + V'_l(t)[D^{-1}(t)]_{kj}\dot{D}_{jl}(t)]\boldsymbol{e}'_k. \tag{2.328}$$

Da $\hat{D}$ eine Drehmatrix ist, gilt $\hat{D}^{-1} = \hat{D}^{\mathrm{T}}$ und damit

$$[D^{-1}]_{kj}\dot{D}_{jl} = D_{jk}\dot{D}_{jl} = \Omega'_{kl}. \tag{2.329}$$

Dabei haben wir eine Matrix $\hat{\Omega}'$ mit den Komponenten Ω'_{kl} definiert. In Matrizenschreibweise lautet (2.329) offenbar

$$\hat{\Omega}' = \hat{D}^{-1}\dot{\hat{D}} = \hat{D}^{\mathrm{T}}\dot{\hat{D}}. \tag{2.330}$$

Gemäß (B.15) gilt für eine Drehmatrix $\hat{D}^{-1} = \hat{D}^{\mathrm{T}}$, d. h., $\hat{D}$ ist eine **orthogonale Matrix**. Da weiter beide kartesische Basen $\boldsymbol{e}_j$ und $\boldsymbol{e}_k(t)$ zu jeder Zeit rechtshändig sind, ist auch $\det \hat{D} = 1$. Aus $\hat{D}^{\mathrm{T}} = \hat{D}^{-1}$ folgt jedenfalls

$$\hat{D}^{\mathrm{T}}\hat{D} = \mathbb{1} \Rightarrow \hat{D}^{\mathrm{T}}\dot{\hat{D}} + \dot{\hat{D}}^{\mathrm{T}}\hat{D} = \hat{0} \tag{2.331}$$

2.9 Beschleunigte Bezugssysteme

bzw.

$$\hat{\Omega}' = \hat{D}^{\mathrm{T}} \dot{\hat{D}} = -\dot{\hat{D}}^{\mathrm{T}} \hat{D} = -\hat{\Omega}'^{\mathrm{T}}, \qquad (2.332)$$

d. h., $\hat{\Omega}'$ ist eine antisymmetrische Matrix. Für ihre Komponenten bedeutet das

$$\Omega'_{jk} = -\Omega'_{kj}. \qquad (2.333)$$

Die Matrix hat also folgende Gestalt

$$\hat{\Omega}' = \begin{pmatrix} 0 & \Omega'_{12} & -\Omega'_{31} \\ -\Omega'_{12} & 0 & \Omega_{23} \\ \Omega'_{31} & -\Omega'_{23} & 0 \end{pmatrix}. \qquad (2.334)$$

Setzen wir dann $\omega'_1 = -\Omega'_{23}$, $\omega'_2 = -\Omega'_{31}$ und $\omega'_3 = -\Omega'_{12}$, ergibt sich schließlich

$$\Omega'_{jk} = -\epsilon_{jkl}\omega'_l \Rightarrow \hat{\Omega}' = \hat{D}^{\mathrm{T}} \dot{\hat{D}} = \begin{pmatrix} 0 & -\omega'_3 & \omega'_2 \\ \omega'_3 & 0 & -\omega'_1 \\ -\omega'_2 & \omega'_1 & 0 \end{pmatrix}. \qquad (2.335)$$

Wenden wir also (2.335) auf (2.329) an, folgt

$$[D^{-1}]_{kj} \dot{D}_{jl} = \Omega'_{kl} = -\epsilon_{klm}\omega'_m \qquad (2.336)$$

und damit wegen (2.328)

$$\dot{\boldsymbol{V}}(t) = [\dot{V}'_k(t) - \epsilon_{klm} V'_l(t) \omega'_m]\boldsymbol{e}'_k = [\dot{V}'_k(t) + \epsilon_{klm} \omega'_l V'_m(t)]\boldsymbol{e}'_k \qquad (2.337)$$

Die Komponenten von $\dot{\boldsymbol{V}}$, bzgl. der Basis des Nichtinertialsystems ausgedrückt durch die entsprechenden Komponenten von $\boldsymbol{V}$, sind also durch

$$\dot{\boldsymbol{V}}(t) = \boldsymbol{e}'_k(t) \mathrm{D}_t V'_k(t) \quad \text{mit} \quad \mathrm{D}_t \underline{V}'(t) = \underline{\dot{V}}'(t) + \underline{\omega}' \times \underline{V}'(t) \qquad (2.338)$$

gegeben. Man nennt den Vektor $\boldsymbol{\omega}(t) = \omega'_k(t)\boldsymbol{e}'_k(t) = \omega_j(t)\boldsymbol{e}_j(t)$ die **momentane Winkelgeschwindigkeit** des Nichtinertialsystems gegenüber dem Inertialsystem. Wegen (2.326) gilt für die Komponenten beliebiger Vektoren bzgl. der beiden Basissysteme

$$\boldsymbol{V} = V'_k \boldsymbol{e}'_k = D_{jk} V'_k \boldsymbol{e}_j = V_j \boldsymbol{e}_j$$
$$\Rightarrow \underline{V} = \hat{D} \underline{V}' \Rightarrow \underline{V}' = \hat{D}^{-1} \underline{V} = \hat{D}^{\mathrm{T}} \underline{V}. \qquad (2.339)$$

Zur Aufstellung der Bewegungsgleichung (2.308) eines einzelnen Massepunktes, beschrieben durch die Komponenten der diversen Vektoren bzgl. der Basis des Nichtinertialsystems, benötigen wir die Komponenten der Beschleunigung $\ddot{\boldsymbol{r}}$:

$$\mathrm{D}_t^2 \underline{r}' = \mathrm{D}_t(\underline{\dot{r}}' + \underline{\omega}' \times \underline{r}') = \underline{\ddot{r}}' + 2\underline{\omega}' \times \underline{\dot{r}}' + \underline{\omega}' \times (\underline{\omega}' \times \underline{r}') + \underline{\dot{\omega}}' \times \underline{r}'. \qquad (2.340)$$

Bei Bedarf kann diese Bewegungsgleichung noch in $\underline{r}' = \underline{R}' + \underline{x}'$ aufgespalten werden. Setzen wir dies in die Bewegungsgleichung (2.308) ein und lösen nach $m\underline{\ddot{r}}'$ auf, erhalten wir

$$m\underline{\ddot{r}}' = \underline{F}'(\underline{r}') - 2m\underline{\omega}' \times \underline{\dot{r}}' - m\underline{\omega}' \times (\underline{\omega}' \times \underline{r}') - m\underline{\dot{\omega}}' \times \underline{r}'. \quad (2.341)$$

Für einen im Inertialsystem ruhenden Beobachter ergeben sich neben der Wirkung der äußeren Kraft mehrere Beiträge von Trägheitskräften, die von der Rotation des Nichtinertialsystems gegenüber dem Inertialsystem herrühren. Die einzelnen Terme werden wie folgt benannt:

- **Coriolis-Kraft**

$$\underline{F}'_{\text{Cor}} = -2m\underline{\omega}' \times \underline{\dot{r}}'. \quad (2.342)$$

Die Coriolis-Kraft[10] wirkt demnach stets senkrecht zur momentanen Winkelgeschwindigkeit des Nichtinertialsystems gegenüber dem Inertialsystem und der Geschwindigkeit des Teilchens.
- **Zentrifugalkraft**

$$\underline{F}'_{\text{Zf}} = -m\underline{\omega}' \times (\underline{\omega}' \times \underline{r}') = -m[\underline{\omega}'(\underline{\omega}' \cdot \underline{r}') - \underline{\omega}'^2 \underline{r}']. \quad (2.343)$$

Die Zentrifugalkraft wirkt stets senkrecht zur momentanen Drehachse, also zur Winkelgeschwindigkeit $\underline{\omega}'$, radial nach außen.
- **Winkelbeschleunigung**

$$\underline{F}'_{\text{Wb}} = -m\underline{\dot{\omega}}' \times \underline{r}'. \quad (2.344)$$

Dieser Beitrag rührt von der momentanen Winkelbeschleunigung des Nichtinertialsystems relativ zum Inertialsystem her.

2.9.3 Freier Fall auf der rotierenden Erde

Wir betrachten nun als einfachen aber interessanten Spezialfall die Bewegungen für einen auf der Erdoberfläche ruhenden Beobachter unter Berücksichtigung der Tatsache, dass es sich bei dem entsprechenden Bezugssystem nur näherungsweise um ein Inertialsystem handelt. Dazu betrachten wir die Rotation der Erde um ihre Achse und legen die Nordrichtung in Richtung der x_3-Achse des Inertialsystems.

---

[10] Gaspard Gustave de Coriolis (1792–1843).

2.9 Beschleunigte Bezugssysteme

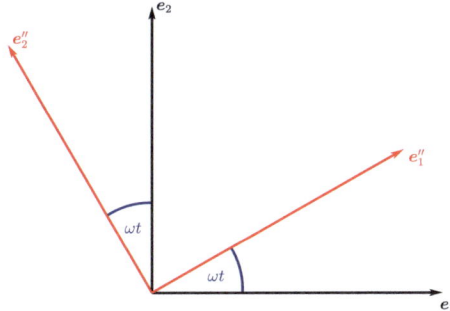

Wir betrachten zunächst ein mitrotierendes Bezugssystem, für das $e_3'' = e_3 = \text{const}$ ist. In der obigen Skizze weist $e_3'' = e_3$ senkrecht aus der Zeichenebene heraus. Wir legen sowohl den Ursprung O des Inertialsystems als auch den Ursprung O' des Nichtinertialsystems in den Mittelpunkt der als kugelförmig angenommenen Erde. Dann ist $\boldsymbol{R} = \overrightarrow{OO'} = \boldsymbol{0} = \text{const}$.

Die Drehmatrix, die von der Basis $\boldsymbol{e}_j$ des Inertialsystems in die Basis $\boldsymbol{e}_k''$ des rotierenden Bezugssystems transformiert, entnehmen wir der obigen Skizze (vgl. auch Anhang B.2). Demnach ist

$$\begin{aligned} \boldsymbol{e}_1'' &= \boldsymbol{e}_1 \cos(\omega t) + \boldsymbol{e}_2 \sin(\omega t), \\ \boldsymbol{e}_2'' &= -\boldsymbol{e}_1 \sin(\omega t) + \boldsymbol{e}_2 \cos(\omega t), \\ \boldsymbol{e}_3'' &= \boldsymbol{e}_3. \end{aligned} \quad (2.345)$$

Wir haben angenommen, dass zur Zeit $t = 0$ die beiden Basen gleich sind, also $\boldsymbol{e}_j''(0) = \boldsymbol{e}_j$ gilt. Dabei ist $\omega = 2\pi/T_{\text{sid}} \simeq 7{,}292 \cdot 10^{-5}/\text{s}$ die Winkelgeschwindigkeit der Erde und $T_{\text{sid}} = 23\,\text{h} + 56\,\text{min} + 10\,\text{s} = 8{,}617 \cdot 10^4\,\text{s}$ die Dauer eines **siderischen Tages**, d. h. die Dauer einer vollständigen Erdrotation vom Ruhsystem der Fixsterne aus betrachtet.

Die Drehmatrix erhalten wir, indem wir dies als $\boldsymbol{e}_k'' = D_{jk}\boldsymbol{e}_j$ bzw. in Matrix-Vektor-Schreibweise als

$$(\boldsymbol{e}_1'', \boldsymbol{e}_2'', \boldsymbol{e}_3'') = (\boldsymbol{e}_1, \boldsymbol{e}_2, \boldsymbol{e}_3)\hat{D} \quad (2.346)$$

schreiben. Aus (2.345) liest man ab, dass

$$\hat{D} = \hat{D}^{(3)}(\omega t) = \begin{pmatrix} \cos(\omega t) & -\sin(\omega t) & 0 \\ \sin(\omega t) & \cos(\omega t) & 0 \\ 0 & 0 & 1 \end{pmatrix} \quad (2.347)$$

ist. Die Winkelgeschwindigkeitsmatrix bzgl. des rotierenden Bezugssystems berechnet sich nun gemäß (2.330) zu *(Nachprüfen!)*

$$\hat{\Omega}'' = \hat{D}^{\text{T}}\dot{\hat{D}} = \omega \begin{pmatrix} 0 & -1 & 0 \\ 1 & 0 & 0 \\ 0 & 0 & 0 \end{pmatrix} \Rightarrow \Omega''_{jk} = -\omega\epsilon_{jk3} \Rightarrow \underline{\omega}'' = \begin{pmatrix} 0 \\ 0 \\ \omega \end{pmatrix}, \quad (2.348)$$

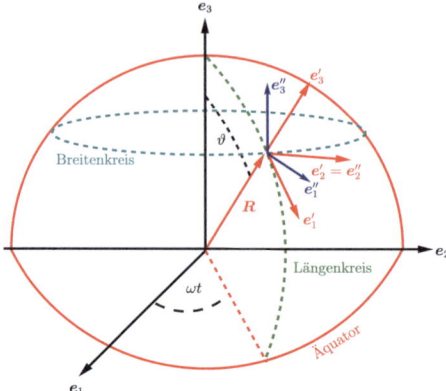

wobei wir im letzten Schritt (2.336) verwendet haben. Die Winkelgeschwindigkeit ist also ein Vektor, der in die momentane Richtung der Drehachse weist. Die Orientierung der Drehung ist dabei durch die **Rechte-Hand-Regel** gegeben: Streckt man den Daumen der rechten Hand in Richtung der Drehachse, geben die gekrümmten Finger die Rotationsrichtung an.

Jetzt wollen wir aber die Bewegung auf der rotierenden Erde durch einen Beobachter beschreiben, der sich bei einem beliebigen Breitengrad $\lambda = \pi/2 - \vartheta$ auf der Erdoberfläche befindet (s. Skizze). Dazu müssen wir offenbar die Basis noch um den zeitlich konstanten Winkel ϑ um die $-e_2''$-Achse rotieren. Wie in Anhang B.2 gezeigt, ist die entsprechende Drehmatrix durch

$$\hat{D}^{(2)}(\vartheta) = \begin{pmatrix} \cos\vartheta & 0 & \sin\vartheta \\ 0 & 1 & 0 \\ -\sin\vartheta & 0 & \cos\vartheta \end{pmatrix} \qquad (2.349)$$

gegeben. Bzgl. der neuen Basis $e_l' = D_{kl}^{(2)}(\vartheta) e_k''$ sind dann die Komponenten der Winkelgeschwindigkeit

$$\underline{\omega}' = \hat{D}^{(2)\mathrm{T}}(\vartheta)\underline{\omega}'' = \omega \begin{pmatrix} -\sin\vartheta \\ 0 \\ \cos\vartheta \end{pmatrix}. \qquad (2.350)$$

Die Drehmatrix, die direkt von der Basis des Inertialsystems zur Basis e_l' des rotierenden Systems führt, ergibt sich aus

$$e_l' = e_k'' D_{kl}^{(2)}(\vartheta) = e_j D_{jk} D_{kl}^{(2)} = e_j D_{jl}' \Rightarrow \hat{D}' = \hat{D}\hat{D}^{(2)}(\vartheta). \qquad (2.351)$$

Schließlich wollen wir den Ursprung des rotierenden Systems an die entsprechende Stelle auf der Erdoberfläche setzen. Es ist klar, dass dann $\underline{R}' = $ const ist.

Wir betrachten nun den freien Fall auf der rotierenden Erde. Mit $\underline{x}' = \underline{R}' + \underline{r}'$ und $\underline{\dot{R}}' = 0$ folgt aus (2.341)

$$m\underline{\ddot{r}}' = m\underline{\ddot{x}}' = \underline{F}'(\underline{x}') - m\underline{\omega}' \times (\underline{\omega}' \times \underline{R}') - 2m\underline{\omega}' \times \underline{\dot{r}}' - \underline{\omega}' \times (\underline{\omega}' \times \underline{r}'). \qquad (2.352)$$

2.9 Beschleunigte Bezugssysteme

Für den freien Fall in Erdnähe setzt nun der mitrotierende Beobachter

$$\underline{F}'(\underline{x}') - m\underline{\omega}' \times (\underline{\omega}' \times \underline{R}') = m\underline{g}' = -mg \begin{pmatrix} 0 \\ 0 \\ 1 \end{pmatrix}, \quad (2.353)$$

denn dies ist die gesamte aus der Gravitationskraft der Erde und der Zentrifugalkraft auf der Erdoberfläche zusammengesetzte Kraft $\propto m$ für einen bei $\underline{r}' = \underline{0}$ ruhenden Beobachter.

Die Bewegungsgleichung für den freien Fall in Erdnähe lautet demnach unter Berücksichtigung der Erdrotation

$$m\underline{\ddot{r}} = m\underline{g}' - 2m\underline{\omega}' \times \underline{\dot{r}}' - m\underline{\omega}' \times (\underline{\omega}' \times \underline{r}'). \quad (2.354)$$

Setzt man hier (2.350) und (2.353) ein, erhält man nach Kürzen durch m

$$\begin{pmatrix} \ddot{r}'_1 \\ \ddot{r}'_2 \\ \ddot{r}'_3 \end{pmatrix} = \begin{pmatrix} 2\omega \cos \vartheta \, \dot{r}'_2 + \omega^2 \cos \vartheta (\cos \vartheta \, r'_1 + \sin \vartheta \, r'_3) \\ -2\omega(\cos \vartheta \, \dot{r}'_1 + \sin \vartheta \, \dot{r}'_3) + \omega^2 r'_2 \\ -g + 2\omega \sin \vartheta \, \dot{r}'_2 + \omega^2 \sin \vartheta (\cos \vartheta \, r'_1 + \sin \vartheta \, r'_3) \end{pmatrix}. \quad (2.355)$$

Wir wollen dieses gekoppelte System von Bewegungsgleichung für die Situation des freien Falls lösen. Die Anfangsbedingungen seien also

$$\underline{r}'_0 = \begin{pmatrix} 0 \\ 0 \\ h \end{pmatrix}, \quad \underline{\dot{r}}'_0 = \begin{pmatrix} 0 \\ 0 \\ 0 \end{pmatrix}. \quad (2.356)$$

Die obige Herleitung lässt vermuten, dass sich die Gleichungen vereinfachen dürften, wenn wir mit den Komponenten $\underline{r}'' = \hat{D}^{(2)}(\vartheta)\underline{r}'$ rechnen. Multiplizieren wir also (2.355) von links mit $\hat{D}^{(2)}(\vartheta)$, erhalten wir *(Nachrechnen!)*

$$\begin{pmatrix} \ddot{r}''_1 \\ \ddot{r}''_2 \\ \ddot{r}''_3 \end{pmatrix} = \hat{D}^{(2)}\underline{\ddot{r}}' = \begin{pmatrix} -g \sin \vartheta + 2\omega \dot{r}''_2 + \omega^2 r''_1 \\ -2\omega \dot{r}''_1 + \omega^2 r''_2 \\ -g \cos \vartheta \end{pmatrix}. \quad (2.357)$$

Die Anfangsbedingungen lauten entsprechend

$$\underline{r}''_0 = \hat{D}^{(2)}(\vartheta)\underline{r}'_0 = \begin{pmatrix} h \sin \vartheta \\ 0 \\ h \cos \vartheta \end{pmatrix}, \quad \underline{\dot{r}}''_0 = \hat{D}^{(2)}(\vartheta)\underline{\dot{r}}'_0 = \begin{pmatrix} 0 \\ 0 \\ 0 \end{pmatrix}. \quad (2.358)$$

In der Tat entkoppelt in (2.357) die dritte Komponente vom Rest der gesuchten Komponenten, und die entsprechende Gleichung lässt sich durch zweimaliges Integrieren nach der Zeit unter Berücksichtigung der Anfangsbedingungen (2.358) lösen:

$$r''_3(t) = -\frac{g}{2} \cos \vartheta \, t^2 + h \cos \vartheta. \quad (2.359)$$

Die beiden ersten Komponenten lassen sich durch einen Umweg ins Komplexe einfacher lösen. Dazu definieren wir

$$z'' = r_1'' + \mathrm{i} r_2''. \tag{2.360}$$

Dann folgt mit (2.357) *(Nachrechnen!)*

$$\ddot{z}'' + 2\omega \mathrm{i} \dot{z}'' - \omega^2 z'' = -g \sin \vartheta. \tag{2.361}$$

Dies ist eine lineare inhomogene Differentialgleichung mit konstanten Koeffizienten.
  Wir benötigen zur Lösung zunächst die allgemeine Lösung der homogenen Gleichung

$$\ddot{z}_\mathrm{h}'' + 2\omega \mathrm{i} \dot{z}_\mathrm{h}'' - \omega^2 z_\mathrm{h}'' = 0. \tag{2.362}$$

Diese können wir mit dem Standardexponentialansatz

$$z_\mathrm{h}''(t) = A \exp(\lambda t) \tag{2.363}$$

lösen. Setzen wir nämlich diesen Ansatz in (2.361) ein, folgt *(Nachrechnen!)*

$$(\lambda + \mathrm{i}\omega)^2 = 0 \;\Rightarrow\; \lambda = -\mathrm{i}\omega. \tag{2.364}$$

Die quadratische Gleichung für λ hat also nur eine Lösung. Um eine zweite linear unabhängige Lösung der DGL (2.362) zu finden, bedienen wir uns der Methode der **Variation der Konstanten**, d. h., wir machen den Ansatz

$$z_\mathrm{h}''(t) = A(t) \exp(-\mathrm{i}\omega t). \tag{2.365}$$

Einsetzen in (2.361) liefert *(Nachrechnen!)*

$$\ddot{A} = 0 \;\Rightarrow\; A(t) = A_1 t + A_2, \quad A_1, A_2 = \text{const}. \tag{2.366}$$

Damit ist die allgemeine Lösung von (2.362)

$$z_\mathrm{h}''(t) = (A_1 t + A_2) \exp(-\mathrm{i}\omega t). \tag{2.367}$$

Schließlich benötigen wir noch eine beliebige Lösung der inhomogenen Gl. (2.361). Offenbar ist eine solche Lösung $z_\mathrm{inh}''(t) = g \sin \vartheta / \omega^2$. Die allgemeine Lösung der inhomogenen Gleichung ist also schließlich

$$z''(t) = z_\mathrm{inh}(t) + z_\mathrm{h}(t) = (A_1 t + A_2) \exp(-\mathrm{i}\omega t) + \frac{g \sin \vartheta}{\omega^2}. \tag{2.368}$$

Die Konstanten A_1 und A_2 bestimmen sich aus den Anfangsbedingungen gemäß (2.358), also $z_0'' = h \sin \vartheta$, $\dot{z}_0'' = 0$ zu *(Nachrechnen!)*

$$A_1 = \mathrm{i}\omega \sin \vartheta \left(h - \frac{g}{\omega^2}\right), \quad A_2 = \sin \vartheta \left(h - \frac{g}{\omega^2}\right). \tag{2.369}$$

2.9 Beschleunigte Bezugssysteme

Damit wird (2.368) zu

$$z''(t) = \sin\vartheta \left(h - \frac{g}{\omega^2}\right)(1 + i\omega t)\exp(-i\omega t) + \frac{g}{\omega^2}\sin\vartheta. \tag{2.370}$$

Die Berechnung von Real- und Imaginärteil unter Verwendung von $\exp(-i\omega t) = \cos(\omega t) - i\sin(\omega t)$ liefert schließlich die gesuchte Lösung des Differentialgleichungssystems (2.357)

$$\begin{aligned} r_1''(t) &= \operatorname{Re} z''(t) = \sin\vartheta\left(h - \frac{g}{\omega^2}\right)[\cos(\omega t) + \omega t \sin(\omega t)] + \frac{g\sin\vartheta}{\omega^2}, \\ r_2''(t) &= \operatorname{Im} z''(t) = \sin\vartheta\left(h - \frac{g}{\omega^2}\right)[\omega t \cos(\omega t) - \sin(\omega t)], \\ r_3''(t) &= -\frac{g}{2}\cos\vartheta\, t^2 + h\cos\vartheta. \end{aligned} \tag{2.371}$$

Da nun $\omega = 2\pi/24\,\text{h}$ sehr klein ist, sodass für übliche Fallzeiten von der Größenordnung von Sekunden $\omega t \ll 1$ ist, können wir dieses Resultat noch nach Potenzen von ω entwickeln. Wir gehen bis zur einschließlich 2. Ordnung, wobei wir $\cos(\omega t) = 1 - \omega^2 t^2/2 + \mathcal{O}(\omega^4 t^4)$ und $\sin(\omega t) = \omega t + \mathcal{O}(\omega^3 t^3)$ verwenden:

$$\begin{aligned} r_1''(t) &= \left[\left(h - \frac{gt^2}{2}\right) + \frac{\omega^2 t^2}{8}(4h + gt^2)\right]\sin\vartheta + \mathcal{O}(\omega^3), \\ r_2''(t) &= \frac{gt^2}{3}\omega t \sin\vartheta + \mathcal{O}(\omega^3), \\ r_3''(t) &= \left(h - \frac{g}{2}t^2\right)\cos\vartheta. \end{aligned} \tag{2.372}$$

Schließlich können wir das Resultat in die ursprünglichen Koordinaten umrechnen, die sich leichter interpretieren lassen:

$$\underline{r}'(t) = \hat{D}^{(2)\text{T}}(\vartheta)\underline{r}''(t). \tag{2.373}$$

Es ergibt sich[11]

$$\begin{aligned} r_1'(t) &= \frac{(4h + gt^2)(\omega t)^2}{8}\cos\vartheta\sin\vartheta + \mathcal{O}(\omega^3), \\ r_2'(t) &= \frac{g\omega t^3}{3}\sin\vartheta + \mathcal{O}(\omega^3) \\ r_3'(t) &= h - \frac{gt^2}{2} + \frac{\omega^2 t^2}{8}(4h + gt^2)\sin^2\vartheta + \mathcal{O}(\omega^3). \end{aligned} \tag{2.374}$$

---

[11] Die Terme der Ordnung $\mathcal{O}(\omega^2)$ weichen von den Resultaten in der Standardlehrbuchliteratur ab. Dort werden nämlich bereits in den Bewegungsgleichungen alle Wirkungen der Zentrifugalkraft, also die Terme der Ordnung $\mathcal{O}(\omega^2)$ vernachlässigt. In dieser Näherung ist eine Diskussion der Südabweichung demnach unzulässig, weil sie nur bis zu Korrektoren der Ordnung $\mathcal{O}(\omega)$ genau ist!

Im Gegensatz zum freien Fall im Inertialsystem (entsprechend unserer Lösung mit $\omega = 0$, d. h. $r_1'(t) = r_2'(t) = 0 = \text{const}$, $r_3'(t) = h - gt^2/2$) wird also aufgrund der **Coriolis- und Zentrifugalkräfte** der Körper sehr wenig nach **Süden** (Korrektur der Ordnung $\mathcal{O}(\omega^2)$) und nach **Osten** (Korrektur der Ordnung $\mathcal{O}(\omega t)$) abgelenkt. Für eine Fallzeit von $t = 5\,\text{s}$, entsprechend der Fallhöhe $h \simeq gt^2/2 \simeq 122{,}6\,\text{m}$, ergeben sich für die Süd- bzw. Ostabweichung bei der geografischen Breite $\lambda = 50°$ (Mainz), also $\vartheta = 40°$, $r_2' \simeq 1{,}92\,\text{cm}$ und für die Südabweichung $r_1' \simeq 6{,}02 \cdot 10^{-4}\,\text{cm}$.

Die experimentelle Überprüfung dieser kleinen Effekte ist naturgemäß sehr schwierig. Hier erweist sich der **Foucault'sche Pendelversuch** als wesentlich genauer.

2.9.4 Das Foucault-Pendel

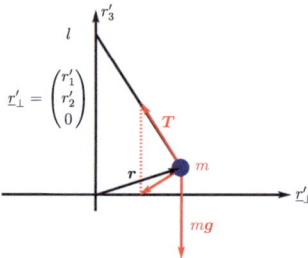

Das Foucault-Pendel ist einfach ein auf der rotierenden Erde an einem (als masselos approximierten) Faden der Länge l bei $\underline{a}' = (0, 0, l)^\text{T}$ aufgehängter Massenpunkt. Auf den Massenpunkt wirkt nun neben der Schwerkraft $-mg\underline{e}_3'$ und den Trägheitskräften noch die **Fadenspannung**

$$\underline{T}' = \frac{T}{\sqrt{r_1'^2 + r_2'^2 + (l - r_3')^2}} \begin{pmatrix} -r_1' \\ -r_2' \\ l - r_3' \end{pmatrix} \quad (2.375)$$

$$\simeq \frac{T}{l} \begin{pmatrix} -r_1' \\ -r_2' \\ l \end{pmatrix}.$$

Dabei haben wir im letzten Schritt angenommen, dass die Auslenkung des Massenpunktes $|\underline{r}'| \ll l$ ist (Kleinwinkelnäherung für Pendel). Formal setzen wir dazu $r_1' = \epsilon l \xi_1'$, $r_2' = \epsilon l \xi_2'$ und dann folgt $|r_3'| = l - \sqrt{l^2 - r_\perp'^2} = \mathcal{O}(l\epsilon^2) \simeq 0$. Dann lauten in dieser Näherung die Bewegungsgleichungen im rotierenden Bezugssystem, wobei wir wieder zu den ursprünglichen Koordinaten $\underline{r}'$ zurückkehren:

$$\begin{pmatrix} \ddot{r}_1' \\ \ddot{r}_2' \\ \ddot{r}_3' \end{pmatrix} = \begin{pmatrix} -r_1' T/l + 2\omega \cos\vartheta \dot{r}_2' + \omega^2 \cos^2\vartheta r_1' \\ -r_2' T/l - 2\omega(\cos\vartheta \dot{r}_1' + \sin\vartheta \dot{r}_3') + \omega^2 r_2' \\ -g + T + 2\omega \sin\vartheta \dot{r}_2' + \omega^2 \sin\vartheta \cos\vartheta r_1' \end{pmatrix}. \quad (2.376)$$

2.9 Beschleunigte Bezugssysteme

Um den unbekannten Betrag der Fadenspannung näherungsweise zu berechnen, nehmen wir wieder an, dass $|r'_3| \ll l$, d.h. $r'_3 \simeq 0 = $ const und folglich $\ddot{r}'_3 \simeq 0$ gesetzt werden kann. Dann folgt

$$-g + T + 2\omega \sin\vartheta \dot{r}'_2 + \omega^2 \sin\vartheta \cos\vartheta r'_1 = 0$$
$$\Rightarrow T = g - 2\omega \sin\vartheta \dot{r}'_2 - \omega^2 \sin\vartheta \cos\vartheta r'_1. \qquad (2.377)$$

Setzen wir dies in (2.377) ein, können wir im Sinne der Entwicklung bis zur linearen Ordnung in ϵ (s. o.) alle Produkte $r'_j r'_k$ und $\dot{r}'_j r'_k$ vernachlässigen, sodass die entsprechend vereinfachten Bewegungsgleichungen durch

$$\begin{pmatrix} \ddot{r}'_1 \\ \ddot{r}'_2 \end{pmatrix} = \begin{pmatrix} -\omega_0^2 r'_1 + 2\omega \cos\vartheta \dot{r}'_2 + \omega^2 \cos^2\vartheta r'_1 \\ -\omega_0^2 r'_2 - 2\omega \cos\vartheta \dot{r}'_1 + \omega^2 r'_2 \end{pmatrix} \quad \text{mit} \quad \omega_0^2 = \frac{g}{l} \qquad (2.378)$$

gegeben sind. Da weiter $\omega^2 = (2\pi/T_{\text{sid}})^2 \ll \omega_0^2$ ist, können wir die entsprechenden Terme gegenüber $\omega_0 = \sqrt{g/l}$ ebenfalls vernachlässigen. Dann erhalten wir

$$\begin{pmatrix} \ddot{r}'_1 \\ \ddot{r}'_2 \end{pmatrix} = \begin{pmatrix} -\omega_0^2 r_1 + 2\omega \cos\vartheta \dot{r}'_2 \\ -\omega_0^2 r'_2 - 2\omega \cos\vartheta \dot{r}'_1 \end{pmatrix}. \qquad (2.379)$$

Hier führt nun wieder der gleiche Rechentrick wie oben beim freien Fall zum Erfolg, d. h., wir setzen $z' = r'_1 + ir'_2$ und erhalten aus (2.379)

$$\ddot{z}' + 2i\omega' \dot{z}' + \omega_0^2 z' = 0 \quad \text{mit} \quad \omega' = \omega \cos\vartheta. \qquad (2.380)$$

Dies ist eine homogene lineare Differentialgleichung mit konstanten Koeffizienten, und Einsetzen des Standardansatzes

$$z'(t) = A \exp(\lambda t) \qquad (2.381)$$

führt auf

$$\lambda^2 + 2i\lambda \omega' + \omega_0^2 = (\lambda + i\omega')^2 + \omega_0^2 + \omega'^2 = 0$$
$$\Rightarrow \lambda_{1/2} = -i\omega' \pm i\omega'_0 \quad \text{mit} \quad \omega'_0 = \sqrt{\omega_0^2 + \omega'^2} \simeq \omega_0. \qquad (2.382)$$

Die allgemeine Lösung der Differentialgleichung (2.380) lautet also

$$z'(t) = [C_1 \exp(i\omega'_0 t) + C_2 \exp(-i\omega'_0 t)] \exp(-i\omega' t). \qquad (2.383)$$

Wir denken uns nun das Pendel zur Zeit $t = 0$ aus der Ruhelage um $a \ll l$ in Südrichtung ausgelenkt. Dann lauten die Anfangsbedingungen $r'_{10} = a$, $r'_{20} = 0$ und

$\dot{\underline{r}}'_0 = \underline{0}$. Daraus ergeben sich die Integrationskonstanten C_1 und C_2. Das Resultat lautet *(Nachrechnen!)*

$$z'(t) = a \left[\cos(\omega'_0 t) + i \frac{\omega'}{\omega'_0} \sin(\omega'_0 t) \right] \exp(-i\omega' t). \tag{2.384}$$

Dies bedeutet, dass über kleine Zeiträume betrachtet das Pendel entlang einer Geraden mit der Schwingungsdauer $T_0 = 2\pi/\omega_0 = 2\pi \sqrt{l/g}$ (je nach Länge l im Größenordnungsbereich von einigen Sekunden) hin- und herschwingt. Diese Gerade rotiert langsam mit der Periode $T' = 2\pi/\omega' = 2\pi/(\omega \cos \vartheta)$. Betrachten wir ein Foucault-Pendel am Breitengrad $\lambda = 90° - \vartheta = 50°$ (also in Mainz), rotiert also die Schwingungsebene des Pendels in $24\,\text{h}/\cos 40° \simeq 31{,}3\,\text{h}$ einmal vollständig im Kreis. Foucaults Demonstration der Erddrehung mittels eines Pendels der Länge $l = 67\,\text{m}$ im Pariser Pantheon erregte im Jahre 1851 einiges Aufsehen.

Die letztere Behauptung folgt dabei aus

$$\begin{aligned}\tilde{x}_1 + i\tilde{x}_2 &= \exp(-i\omega' t)(x_1 + ix_2) = [\cos(\omega' t) - i\sin(\omega' t)](x_1 + ix_2) \\ &= [\cos(\omega' t)x_1 + \sin(\omega' t)x_2] + i[-\sin(\omega' t)x_1 + \cos(\omega' t)x_2].\end{aligned} \tag{2.385}$$

Schreibt man dies als Spaltenvektoren der Real- und Imaginärteile, erhält man

$$\underline{\tilde{x}} = \begin{pmatrix} \tilde{x}_1 \\ \tilde{x}_2 \end{pmatrix} = \begin{pmatrix} \cos(\omega' t) & \sin(\omega t) \\ -\sin(\omega' t) & \cos(\omega' t) \end{pmatrix} \begin{pmatrix} x_1 \\ x_2 \end{pmatrix}. \tag{2.386}$$

Dies beschreibt in der Tat eine Drehung des Anfangsvektors $(x_1, x_2)^\mathrm{T}$ mit der konstanten Winkelgeschwindigkeit im Uhrzeigersinn.

Analytische Mechanik 3

In diesem Kapitel betrachten wir **Extremalprobleme,** bei denen man Funktionen sucht, die eine bestimmte reelle Größe minimal oder maximal machen. Wir gehen dabei vom **Brachistochronenproblem** als typischem Beispiel aus und entwickeln die allgemeinen mathematischen Methoden zur Lösung solcher Probleme. Das Hauptanwendungsgebiet in der theoretischen Physik ist das **Hamilton'sche Prinzip der kleinsten Wirkung,** das man mit einigem Recht als das umfassendste mathematische Prinzip für die gesamte moderne Physik bezeichnen kann.

Die Hauptmotivation für eine solche Formulierung der Dynamik physikalischer Systeme ist die Anwendung **gruppentheoretischer Methoden** auf **Symmetrien** der entsprechenden Differentialgleichungen. In der Tat haben sich spätestens im 20. Jahrhundert die Symmetrieprinzipien als die wichtigste fundamentale Methode zur Analyse und Entdeckung physikalischer Gesetze erwiesen.

Wie wir sehen werden, lässt das sog. **Noether-Theorem**[1] über den Zusammenhang zwischen **Symmetrien und Erhaltungssätzen** bereits in der klassischen Mechanik interessante und tiefgehende Schlussfolgerungen zu: Die Symmetrien des Newton'schen Raum-Zeit-Modells legen die typische Form der Bewegungsgleichungen, die wir im vorigen Kapitel besprochen haben, weitgehend fest. Neben dem ästhetischen Aspekt dieser Entdeckung spielt sie auch eine wesentliche Rolle zum Verständnis der modernen Physik, also der Relativitätstheorie und Quantentheorie. Einer des spektakulärsten Erfolge der gruppentheoretischen Methoden und Anwendung von Symmetrieprinzipien war die Entwicklung der **relativistischen Quantenfeldtheorie** und des **Standardmodells der Elementarteilchen.**

---

[1] Amalie Emmy Noether (1882–1935).

3.1 Variationsrechnung: Das Brachistochronenproblem

Das **Brachistochronenproblem** steht am Anfang der Entwicklung der Variationsrechnung. Der schwierige Name leitet sich aus dem Griechischen her (brachistos = kürzest, chronos = Zeit). Es handelt sich um das Problem, diejenige Kurve zu finden, die zwei vorgegebene, nicht vertikal übereinander gelegene Punkte verbindet, entlang derer man ein Punktteilchen im homogenen Schwerefeld der Ebene reibungsfrei gleiten lassen muss, sodass es in möglichst kurzer Zeit von einem zum anderen Punkt gelangt.

Dazu müssen wir uns zunächst überlegen, wie wir die Bewegung entlang einer beliebigen Kurve $y = f(x)$ in der (x, y)-Ebene beschreiben können. Wir wählen die y-Achse nach unten, sodass die Schwerkraft auf das Teilchen durch $\boldsymbol{F} = mg\boldsymbol{e}_y$ gegeben ist. Diese Kraft lässt sich offenbar als Gradient des Potentials

$$V(\boldsymbol{x}) = -mgy \;\Rightarrow\; \boldsymbol{F} = -\nabla V = mg\boldsymbol{e}_y \tag{3.1}$$

schreiben. Demnach wird der Energiesatz gelten

$$E = T + V = \frac{m}{2}\dot{\boldsymbol{x}}^2 + V(\boldsymbol{x}) = \text{const.} \tag{3.2}$$

Nehmen wir nun an, dass sich der Anfangspunkt bei $(x, y) = (0, 0)$ befindet und das Teilchen aus der Ruhe losläuft, so folgt

$$\frac{m}{2}\dot{\boldsymbol{x}}^2 - mgy = 0. \tag{3.3}$$

Die Geschwindigkeit ergibt sich daraus zu

$$\begin{pmatrix} x \\ y \end{pmatrix} = \begin{pmatrix} x \\ f(x) \end{pmatrix} \;\Rightarrow\; \dot{\boldsymbol{x}} = \dot{x}\begin{pmatrix} 1 \\ f'(x) \end{pmatrix}, \tag{3.4}$$

wobei $f'(x)$ die Ableitung der Funktion f nach x bedeutet. Ein Punkt über einem Symbol bedeutet stets die Ableitung nach der Zeit. Setzen wir dies in (3.3) ein, folgt

$$\frac{m}{2}\dot{x}^2[1 + f'^2(x)] - mgf(x) = 0. \tag{3.5}$$

Dies können wir nun nach $\mathrm{d}t/\mathrm{d}x = 1/\dot{x}$ auflösen:

$$\frac{\mathrm{d}t}{\mathrm{d}x} = \sqrt{\frac{1 + f'^2(x)}{2gf(x)}}. \tag{3.6}$$

Bewegt sich also das Teilchen von $(x, y) = 0$ zu $(x_0, y_0 = f(x_0))$, ist die Gesamtdauer der Bewegung

$$A[f] = \int_0^{x_0} \mathrm{d}x \sqrt{\frac{1 + f'^2(x)}{2gf(x)}}. \tag{3.7}$$

Es muss natürlich $y = f(x) > 0$ sein, damit das Integral reell ist.

Dies ist ein sog. **Funktional,** d. h. eine Abbildung, die einer Funktion f eine reelle Zahl zuordnet. In unserem Beispiel ordnet sie jeder Kurve, die die vorgegebenen Punkte $P_1 = (0, 0)$ und $P_2 = (x_0, y_0 = f(x_0))$ verbindet, die von einem reibungsfrei auf der Kurve im Schwerefeld der Erde gleitenden Teilchen benötigte Zeit zu, um vom Punkt P_1 zum Punkt P_2 zu gelangen.

Die Aufgabe ist es nun, diejenige Kurve zu finden, die (3.7) möglichst klein macht.

3.2 Die Euler-Lagrange-Gleichungen

Wir schreiben das Funktional zunächst in allgemeinerer Form hin. Es sei $L(f, f')$ eine Funktion von zwei reellen Parametern, die **Lagrange-Funktion** des Variationsproblems. Dann sei das Funktional

$$A[f] = \int_{x_1}^{x_2} dx\, L[f(x), f'(x)] \tag{3.8}$$

gegeben, wobei $f'(x)$ hier die Ableitung von f bedeutet.

Wir suchen nun diejenige Funktion f, die das Funktional $A[f]$ extremal macht, wobei $y_1 = f(x_1)$ und $y_2 = f(x_2)$ fest vorgegebene Werte sein sollen.

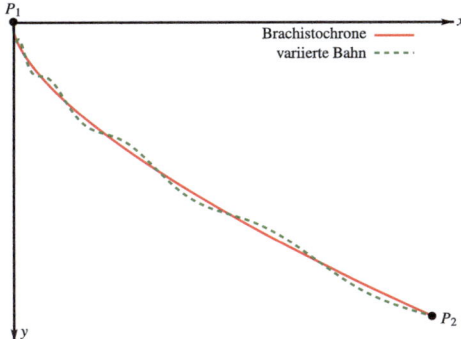

Dazu erinnern wir uns, dass eine differenzierbare Funktion $g(\eta)$ bei $\eta = 0$ nur dann extremal werden kann (also ein lokales Minimum oder Maximum besitzen kann), wenn $g'(0) = 0$ ist. Wir definieren diese Funktion als

$$g(\eta) = A[f + \eta \delta f]. \tag{3.9}$$

Dabei ist δf eine beliebige Funktion mit $\delta f(x_1) = \delta f(x_2) = 0$. Wir variieren also f um die gesuchte Funktion f, wobei wir die Endpunkte festhalten (vgl. die obige Abbildung). Wir sagen auch, wir **variieren** die Funktion f um die das Funktional $A[f]$ extremierende Funktion. Daher rührt der Name **Variationsrechnung.**

Die notwendige Bedingung für das Vorliegen eines Extremums bei $\eta = 0$ ist demnach

$$g'(\eta)|_{\eta=0} = \int_{x_1}^{x_2} dx\, \frac{d}{d\eta} L[f(x) + \eta \delta f(x), f'(x) + \eta \delta f'(x)]\bigg|_{\eta=0} \stackrel{!}{=} 0. \tag{3.10}$$

Nach der Kettenregel für die Ableitung von Funktionen mehrerer Veränderlicher gilt

$$g'(\eta)|_{\eta=0} = \int_{x_1}^{x_2} dx \left[\delta f(x) \frac{\partial L[f(x), f'(x)]}{\partial f} + \delta f'(x) \frac{\partial L[f(x), f'(x)]}{\partial f'} \right] \stackrel{!}{=} 0. \tag{3.11}$$

Wir wenden nun auf den zweiten Term die partielle Integration an. Wegen $\delta f(x_1) = \delta f(x_2) = 0$ ergibt sich dann

$$g'(\eta)|_{\eta=0} = \int_{x_1}^{x_2} dx \, \delta f(x) \left[\frac{\partial L[f(x), f'(x)]}{\partial f} - \frac{d}{dx} \left(\frac{\partial L[f(x), f'(x)]}{\partial f'} \right) \right] \stackrel{!}{=} 0. \tag{3.12}$$

Diese Bedingung muss nun für beliebige Funktionen $\delta f(x)$ mit $\delta f(x_1) = \delta f(x_2) = 0$ gelten. Offenbar ist das der Fall, wenn die eckige Klammer unter dem Integral verschwindet. Diese notieren wir in der etwas bequemeren abgekürzten Schreibweise

$$\frac{\partial L}{\partial f} - \frac{d}{dx} \frac{\partial L}{\partial f'} = 0. \tag{3.13}$$

Dies ist die **Euler-Lagrange-Gleichung** des Variationsproblems.

Im nächsten Abschnitt zeigen wir, dass tatsächlich diese Schlussweise sogar streng gilt, d.h. (3.12) kann nur dann für alle $\delta f(x)$ gelten, wenn die Euler-Lagrange-Gleichungen erfüllt sind.

Damit haben wir das Variationsproblem auf die Aufgabe, die Euler-Lagrange-Gleichungen zu lösen, zurückgeführt. Diese sind offensichtlich gewöhnliche Differentialgleichungen 2. Ordnung, und dies ist auch genau die Form der Bewegungsgleichungen in der Newton'schen Mechanik (mit der Zeit als unabhängige und die Koordinaten der Trajektorien der Teilchen als abhängige Variablen).

Wir leiten gleich noch eine weitere Folgerung aus (3.13) her. Dazu berechnen wir die totale Ableitung von $L[f(x), f'(x)]$ nach x. Wir lassen der Bequemlichkeit halber wieder die Argumente von L weg und erhalten dann aus der Kettenregel

$$\frac{d}{dx} L = f'(x) \frac{\partial L}{\partial f} + f''(x) \frac{\partial L}{\partial f'}. \tag{3.14}$$

Für die Lösung des Variationsproblems gilt nun die Euler-Lagrange-Gleichung, d.h., wir können $\partial L / \partial f$ in (3.14) mit Hilfe dieser Gleichung eliminieren. Wir erhalten dann

$$\frac{d}{dx} L = f'(x) \frac{d}{dx} \frac{\partial L}{\partial f'} + f''(x) \frac{\partial L}{\partial f'} = \frac{d}{dx} \left[f'(x) \frac{\partial L}{\partial f'} \right]. \tag{3.15}$$

Dabei haben wir im letzten Schritt die Produktregel verwendet. Indem wir die beiden Ableitungen auf eine Seite der Gleichung bringen, erhalten wir somit

$$\frac{d}{dx} H = 0 \quad \text{mit} \quad H := f' \frac{\partial L}{\partial f'} - L, \tag{3.16}$$

d.h., die so definierte **Hamilton-Funktion** des Variationsproblems ist eine Erhaltungsgröße. Wir bemerken, dass dies gilt, weil wir angenommen haben, dass L nicht

3.2 Die Euler-Lagrange-Gleichungen

explizit von x sondern nur implizit über die Abhängigkeit von $f(x)$ und $f'(x)$ von x abhängt. Wir können (3.16) sofort integrieren:

$$H = E = \text{const.} \tag{3.17}$$

Man nennt H ein **erstes Integral** dieser Differentialgleichung, denn sie ist nurmehr nur noch eine Differentialgleichung 1. Ordnung, die i. Allg., einfacher zu lösen ist als eine Differentialgleichung 2. Ordnung.

3.2.1 Lösung des Brachistochronenproblems

Jetzt können wir uns weiter mit der Lösung des Brachistochronenproblems beschäftigen. Hier ist gemäß (3.7)

$$L(f, f') = \sqrt{\frac{1 + f'^2(x)}{2gf(x)}}, \tag{3.18}$$

und wir können direkt (3.17) anwenden. Dazu berechnen wir zunächst die Hamilton-Funktion mit (3.16). Es gilt

$$\frac{\partial L}{\partial f'} = \frac{f'}{\sqrt{2gf(1 + f'^2)}} \tag{3.19}$$

und damit

$$H = f' \frac{\partial L}{\partial f'} - L = -\frac{1}{\sqrt{2gf(1 + f'^2)}}. \tag{3.20}$$

Für die Lösung des Extremalproblems ist gemäß (3.17) diese Größe konstant. Die Kurve ist also durch die Differentialgleichung

$$f(1 + f'^2) = C = \text{const} \tag{3.21}$$

bestimmt. Offenbar lässt sie sich durch Trennung der Variablen lösen:

$$f' = \sqrt{\frac{C - f}{f}} \Rightarrow \frac{dx}{df} = \sqrt{\frac{f}{C - f}}, \tag{3.22}$$

d. h.

$$\int dx = \int df \sqrt{\frac{f}{C - f}}. \tag{3.23}$$

Hier führt offenbar die Substitution

$$f = C \sin^2(\lambda/2) \tag{3.24}$$

zum Ziel, wobei die Wahl des Arguments $\lambda/2$ sich als bequem erweisen wird. Es gilt

$$\sqrt{\frac{f}{C-f}} = \sqrt{\frac{\sin^2(\lambda/2)}{1-\sin^2(\lambda/2)}} = \tan(\lambda/2) \tag{3.25}$$

und

$$\mathrm{d}f = C \sin(\lambda/2) \cos(\lambda/2) \tag{3.26}$$

und folglich wegen (3.24)

$$x = C \int \mathrm{d}\lambda \sin^2(\lambda/2) = \frac{C}{2} \int \mathrm{d}\lambda (1 - \cos\lambda) = \frac{C}{2}(\lambda - \sin\lambda). \tag{3.27}$$

Dabei haben wir verwendet, dass nach dem Doppelwinkeltheorem für den Kosinus

$$\cos\lambda = \cos[2(\lambda/2)] = \cos^2(\lambda/2) - \sin^2(\lambda/2) = 1 - 2\sin^2(\lambda/2) \tag{3.28}$$

und folglich

$$\sin^2(\lambda/2) = \frac{1}{2}(1 - \cos\lambda) \tag{3.29}$$

ist. Die Integrationskonstante in (3.27) haben wir so gewählt, dass $x(\lambda = 0) = 0$ ist. Da dann auch $f(\lambda = 0) = y(\lambda = 0) = 0$ ist, läuft damit die Kurve wie gewünscht durch den Anfangspunkt $(x, y) = (0, 0)$. Die Kurve ist also durch die Parameterdarstellung

$$\underline{r}(\lambda) = \begin{pmatrix} x(\lambda) \\ f(\lambda) \end{pmatrix} = \frac{C}{2} \begin{pmatrix} \lambda - \sin\lambda \\ 1 - \cos\lambda \end{pmatrix} \tag{3.30}$$

gegeben.

3.3 Das Fundamentallemma der Variationsrechnung

Wir holen nun den Beweis des sog. **Fundamentallemmas der Variationsrechnung** nach. Sei $f : [t_a, t_b] \to \mathbb{R}$ stetig. Gilt dann für jede auf dem Intervall für jede beliebig oft stetig differenzierbare Funktion δ

$$\int_{t_a}^{t_b} \mathrm{d}t f(t)\delta(t) = 0, \tag{3.31}$$

so ist notwendig $f(t) = 0$ für alle $t \in (t_a, t_b)$.

Beweis Als ersten Schritt beweisen wir, dass die Funktion

$$m : \mathbb{R} \to \mathbb{R} : \quad m(x) = \begin{cases} \exp\left(-\frac{1}{1-x^2}\right) & \text{für } |x| < 1 \\ 0 & \text{für } |x| \geq 1 \end{cases} \tag{3.32}$$

eine überall beliebig oft stetig differenzierbare Funktion ist. Sie erfüllt dies mit Sicherheit in den offenen Mengen $(-1, 1)$, $(-\infty, -1)$ und $(1, \infty)$. An den Stellen $x = \pm 1$ besitzt die für das Intervall $(-1, 1)$ zur Definition benutzte Funktion Ableitungen, die das Produkt einer rationalen Funktion mit Polen bei $x = \pm 1$ multipliziert mit dem Exponentialausdruck darstellen. Der Exponentialausdruck konvergiert allerdings für $x \to \pm 1$ stärker gegen 0 als jedes Polynom, sodass der Grenzwert jeweils 0 ergibt. Damit sind aber alle Ableitungen von m wie m selbst stetig bei $x = \pm 1$.

Zum Beweis des Fundamentallemmas nehmen wir nun an, es gäbe eine Stelle $t_0 \in (t_1, t_2)$ mit $f(t_0) \neq 0$. Da f nach Voraussetzung stetig ist, existiert eine Umgebung $U_a(t_0) = [t_0 - a, t_0 + a] \cap (t_1, t_2)$, in der f beständig dasselbe Vorzeichen besitzt wie an der Stelle t_0.

Die Funktion

$$\delta(t) = m\left(\frac{t - t_0}{a}\right) \tag{3.33}$$

ist nun in der besagten Umgebung $U_a(t_0)$ positiv und beliebig oft differenzierbar. Im Widerspruch zur Voraussetzung gilt also offenbar

$$\int_{t_a}^{t_b} dt\, f(t)\delta(t) = \int_{U_a(t_0)} dt\, f(t)\delta(t) \neq 0, \tag{3.34}$$

denn der Integrand besitzt im Integrationsbereich gemäß unserer Konstruktion beständig dasselbe Vorzeichen und ist nicht beständig 0. Da aber das Integral nach Voraussetzung verschwindet, muss die Annahme, dass, für irgendein $t_0 \in (t_a, t_b)$, $f(t_0) \neq 0$ sei, falsch sein, also ist $f \equiv 0$ in (t_a, t_b). q.e.d.

3.4 Das Hamilton'sche Prinzip

Das **Hamilton'sche Prinzip der kleinsten Wirkung** stellt eines der wichtigsten mathematischen Beschreibungsweisen für die Dynamik physikalischer Systeme dar. Die klassische Mechanik ist dafür das einfachste Beispiel. Seine Anwendungen umfassen jedoch weit größere Bereiche der Physik, insbesondere die klassische Feldtheorie (Elektrodynamik, Allgemeine Relativitätstheorie), und es spielt eine entscheidende Rolle bei der Formulierung der Quantentheorie.

3.4.1 Die Lagrange-Funktion

Die Idee besteht dabei darin, die Bewegungsgleichungen für dynamische Systeme als **Euler-Lagrange-Gleichungen** geeigneter **Variationsprobleme** zu beschreiben. Wir betrachten zuerst den einfachsten Fall eines Teilchens, das sich in einem vorgegebenen äußeren **konservativen Kraftfeld** bewegt. Dabei heißt ein Kraftfeld konservativ, wenn man es als Gradient eines von der Zeit unabhängigen skalaren Potentials V beschreiben kann. Am einfachsten lässt sich dieses Problem in kartesischen

Koordinaten x_k bzgl. eines Inertialsystems beschreiben. Dann gilt die Newton'sche Bewegungsgleichung

$$m\ddot{x}_k = -\nabla_k V = -\frac{\partial V}{\partial x_k}. \qquad (3.35)$$

Diese Bewegungsgleichung lässt sich nun leicht als Variationsproblem beschreiben. Wir benötigen dazu nur eine Lagrange-Funktion $L(x_k, \dot{x}_k)$, deren Euler-Lagrange-Gleichungen

$$\frac{\mathrm{d}}{\mathrm{d}t}\frac{\partial L}{\partial \dot{x}_k} = \frac{\partial L}{\partial x_k} \qquad (3.36)$$

der Newton'schen Bewegungsgleichung (3.35) entsprechen.

Dann ergibt sich die Trajektorie des Teilchens als die Lösung des Variationsproblems, das sog. **Wirkungsfunktional**

$$S[x_k] = \int_{t_1}^{t_2} \mathrm{d}t\, L(x_k, \dot{x}_k) \qquad (3.37)$$

extremal zu machen, wobei die Endpunkte der Bahnen $x_k(t)$ festgehalten werden, d. h., für die Variation um die Trajektorie gilt $\delta x_k(t_1) = \delta x_k(t_2) = 0$. Dies ist das **Hamilton-Prinzip der kleinsten Wirkung.**

Um nun die Lagrange-Funktion zu bestimmen, verlangen wir, dass

$$m\ddot{x}_k = \frac{\mathrm{d}}{\mathrm{d}t}\frac{\partial L}{\partial \dot{x}_k}, \quad \frac{\partial L}{\partial x_k} = -\frac{\partial V}{\partial x_k} \qquad (3.38)$$

gilt, denn dann ist die Newton'sche Bewegungsgleichung (3.35) offenbar durch die Euler-Lagrange-Gleichung (3.36) beschrieben. Die erste Gl. (3.38) können wir einmal nach er Zeit integrieren, wobei für unsere Zwecke zunächst eine spezielle Lösung der entsprechenden Differentialgleichungen ausreicht, denn jede Lagrange-Funktion, deren Euler-Lagrange-Gleichung die Newton'sche Bewegungsgleichung reproduziert, ist physikalisch gleichberechtigt. Wir können also einfach

$$m\dot{x}_k = \frac{\partial L}{\partial \dot{x}_k} \qquad (3.39)$$

verlangen, und diese Gleichungen werden offensichtlich durch

$$L(x_k, \dot{x}_k) = \frac{m}{2}\dot{x}^2 + \tilde{L}(x_k) \qquad (3.40)$$

gelöst. Dabei ist $\tilde{L}$ nur noch von den x_k abhängig, also bzgl. der $\dot{x}_k$ konstant. Für diese Funktion muss gemäß der zweiten Gleichung in (3.38)

$$\frac{\partial L}{\partial x_k} = \frac{\partial \tilde{L}}{\partial x_k} = -\frac{\partial V}{\partial x_k} \qquad (3.41)$$

3.4 Das Hamilton'sche Prinzip

gelten, und dies wird offenbar durch $\tilde{L} = -V$ erfüllt. Eine mögliche Lagrange-Funktion ist damit durch

$$L(x_k, \dot{x}_k) = \frac{m}{2}\dot{x}^2 - V(x) \tag{3.42}$$

gegeben.

Wie bei der Herleitung von (3.16) gezeigt, ergibt sich, dass die **Hamilton-Funktion**

$$H = \sum_{k=1}^{3} \dot{x}_k \cdot \frac{\partial L}{\partial \dot{x}_k} - L \tag{3.43}$$

entlang der Trajektorie erhalten ist. Setzt man (3.42) ein, erhält man den Energiesatz, der stets gilt, wenn die Kräfte konservativ sind und demzufolge die Lagrange-Funktion nicht explizit von der Zeit abhängt, d. h. die Größe

$$H = \frac{m}{2}\dot{x}^2 + V(x) = E \tag{3.44}$$

ist für die Lösung der Euler-Lagrange-Gleichung, also die Trajektorie des Teilchens unter Einfluss der konservativen Kraft, erhalten. Dies ist der von der Newton'schen Mechanik her bekannte **Energieerhaltungssatz**. Man bezeichnet den ersten Term $T = m\dot{x}^2/2$ als **kinetische Energie** und das Potential $V(x)$ der Kräfte als **potentielle Energie**.

Der erste Vorteil des Hamilton-Prinzips gegenüber der Newton'schen Bewegungsgleichung ist, dass es sich leicht auf **verallgemeinerte Koordinaten** umschreiben lässt. Dies ist bequem, wenn bei einer Anwendung bestimmte **Symmetrien** vorliegen, z. B. wenn für das Potential $V(x) = V(r)$ mit $r = |x|$ gilt, d. h. wenn ein **Zentralpotential** vorliegt. Dann ist es offensichtlich, dass es vorteilhaft ist, statt der oben verwendeten kartesischen Koordinaten Kugelkoordinaten (r, ϑ, φ) zu benutzen.

Seien also q_j ($j \in \{1, 2, 3\}$) beliebige verallgemeinerte Koordinaten, die zumindest einen Teil des Raumes umkehrbar eindeutig beschreiben, d. h., die kartesischen Koordinaten x_k sind umkehrbar eindeutige Funktionen der q_j:

$$x_k = x_k(q_j). \tag{3.45}$$

Die Trajektorien in diesem Raumbereich werden dann eindeutig als Funktionen $q_k = q_k(t)$ der generalisierten Koordinaten von der Zeit beschrieben. Wir müssen nun nur die Lagrange-Funktion durch diese generalisierten Koordinaten und deren Zeitableitungen ausdrücken. Zunächst gilt wegen der Kettenregel.

$$T = \frac{m}{2} \sum_{i,j,k,l=1}^{3} \frac{\partial x_k}{\partial q_i} \frac{\partial x_l}{\partial q_j} \dot{q}_i \dot{q}_j \delta_{kl}. \tag{3.46}$$

Hier und im Folgenden bietet es sich an, die **Einstein'sche Summationskonvention** zu verwenden, wonach wir das Summenzeichen einfach weglassen und über Indizes, die doppelt in einer Gleichung auftreten, summieren.

Definieren wir nun

$$g_{ij}(q) = \delta_{kl} \frac{\partial x_k}{\partial q_i} \frac{\partial x_l}{\partial q_j}, \qquad (3.47)$$

ergibt sich

$$T = \frac{m}{2} g_{ij}(q) \dot{q}_i \dot{q}_k. \qquad (3.48)$$

Dabei sind die über die generalisierten Koordinaten q_k vom Ort abhängigen Koeffizienten g_{ij} die Komponenten der **euklidischen Metrik** bzgl. der lokalen Basisvektoren

$$\boldsymbol{g}_j = \frac{\partial \boldsymbol{x}}{\partial q_j}, \quad g_{ij} = \boldsymbol{g}_i \cdot \boldsymbol{g}_j. \qquad (3.49)$$

Das Potential können wir über die Parametrisierung (3.45) direkt durch die generalisierten Koordinaten ausdrücken, wobei wir dem etwas laxen Physikerbrauch in der Notation folgen, das gleiche Symbol V für diese Funktion zu verwenden, d. h., wir schreiben einfach

$$V(q) = V[\boldsymbol{x}(q)]. \qquad (3.50)$$

Die Wirkung ist dann einfach durch

$$S[q] = \int_{t_1}^{t_2} dt\, L(q, \dot{q}) \quad \text{mit} \quad L(q, \dot{q}) = T(q, \dot{q}) - V(q) = \frac{m}{2} g_{ij}(q) \dot{q}_i \dot{q}_j - V(q) \qquad (3.51)$$

gegeben.

Die Bewegungsgleichungen ergeben sich wieder nach dem Hamilton-Prinzip der kleinsten Wirkung, nur dass wir jetzt die Trajektorie vermöge der verallgemeinerten Koordinaten $q_k = q_k(t)$ ausdrücken. Entsprechend gelten die Euler-Lagrange-Gleichungen für beliebige generalisierte Koordinaten, d. h., sie sind **forminvariant unter allgemeinen Koordinatentransformationen**:

$$\frac{d}{dt} \frac{\partial L}{\partial \dot{q}_k} = \frac{\partial L}{\partial q_k}. \qquad (3.52)$$

Wichtig ist noch der Begriff der **kanonisch konjugierten Impulse**. Sie werden definiert als

$$p_k = \frac{\partial L}{\partial \dot{q}_k}. \qquad (3.53)$$

Wir können dann die Euler-Lagrange-Gleichungen (3.52) in der Form

$$\dot{p}_k = \frac{\partial L}{\partial q_k} \qquad (3.54)$$

schreiben. Daraus ist ersichtlich, dass ein kanonisch konjugierter Impuls p_k **entlang der Trajektorie erhalten** ist, wenn die Lagrange-Funktion nicht von der generalisierten Koordinate q_k abhängt. Man nennt eine solche generalisierte Koordinate **zyklisch**.

Es ist also für die Integration der Bewegungsgleichungen eines Problems wünschenswert, solche generalisierten Koordinaten einzuführen, für die möglichst viele Koordinaten zyklisch sind. Dies erreicht man i. Allg. dadurch, dass man **Symmetrien** eines Problems ausnutzt. Zu einer systematischen Betrachtung dazu kommen wir in Abschn. 3.5.

3.4.2 Äquivalente Lagrange-Funktionen

Es ist klar, dass die soeben hergeleitete Lagrange-Funktion nicht die einzige Funktion ist, die auf die Bewegungsgleichungen führt. Wir bezeichnen zwei Lagrange-Funktionen als **äquivalent,** wenn sie zu denselben Bewegungsgleichungen führen. Dies ist sicher immer dann der Fall, wenn die Variation der Wirkungen, die aus diesen beiden Lagrange-Funktionen vermöge (3.51) definiert werden, übereinstimmen.

Sei also

$$L'(q, \dot{q}, t) = L(q, \dot{q}, t) + \Lambda(q, \dot{q}, t). \qquad (3.55)$$

Dann sind die Lagrange-Funktionen L' und L offenbar äquivalent, wenn die mit der Funktion Λ gebildeten Euler-Lagrange-Gleichungen identisch erfüllt werden, also *für alle Trajektorien* $(q(t))$

$$\frac{\mathrm{d}}{\mathrm{d}t} \frac{\partial \Lambda}{\partial \dot{q}_k} = \frac{\partial \Lambda}{\partial q_k} \qquad (3.56)$$

gilt. Führen wir die totale Zeitableitung auf der linken Seite aus, erhalten wir[2]

$$\frac{\partial^2 \Lambda}{\partial q_j \partial \dot{q}_k} \dot{q}_j + \frac{\partial^2 \Lambda}{\partial \dot{q}_j \partial \dot{q}_k} \ddot{q}_j + \frac{\partial}{\partial t} \frac{\partial \Lambda}{\partial \dot{q}_k} = \frac{\partial \Lambda}{\partial q_k}. \qquad (3.57)$$

Dabei bedeutet die partielle Zeitableitung $\partial/\partial t$ die Ableitung nach der expliziten Zeitabhängigkeit. Da nun voraussetzungsgemäß die rechte Seite dieser Gleichung nicht von $\ddot{q}_k$ abhängt, muss notwendig

$$\frac{\partial^2 \Lambda}{\partial \dot{q}_j \partial \dot{q}_k} = 0 \qquad (3.58)$$

sein. Dies ist aber nur möglich, wenn Λ eine lineare Funktion bzgl. der $\dot{q}_k$ ist, wobei die Koeffizienten von q und t abhängen dürfen. Damit wird

$$\Lambda(q, \dot{q}, t) = \tilde{\Lambda}_{1j}(q, t) \dot{q}_j + \tilde{\Lambda}_2(q, t). \qquad (3.59)$$

---

[2] Es gilt wieder die Einstein'sche Summenkonvention!

Setzen wir dies in (3.57) ein, erhalten wir

$$\frac{\partial \tilde{\Lambda}_{1k}}{\partial q_j}\dot{q}_j + \frac{\partial \tilde{\Lambda}_{1k}}{\partial t} = \frac{\partial \tilde{\Lambda}_{1j}}{\partial q_k}\dot{q}_j + \frac{\partial \tilde{\Lambda}_2}{\partial q_k}. \tag{3.60}$$

Bringen wir nun die beiden Terme mit $\dot{q}_j$ auf die linke Seite und alle übrigen Terme auf die rechte, folgt

$$\left(\frac{\partial \tilde{\Lambda}_{1k}}{\partial q_j} - \frac{\partial \tilde{\Lambda}_{1j}}{\partial q_k}\right)\dot{q}_j = \frac{\partial \tilde{\Lambda}_2}{\partial q_k} - \frac{\partial \tilde{\Lambda}_{1k}}{\partial t}. \tag{3.61}$$

Da die rechte Seite der Gleichung nicht von den $\dot{q}$ abhängt, muß die linke Seite 0 sein und damit

$$\partial_t \tilde{\Lambda}_{1k} = \frac{\partial \tilde{\Lambda}_2}{\partial q_k}. \tag{3.62}$$

Damit die linke Seite für beliebige $\dot{q}_j$ verschwindet, gilt

$$\frac{\partial \tilde{\Lambda}_{1k}}{\partial q_j} - \frac{\partial \tilde{\Lambda}_{1j}}{\partial q_k} = 0, \tag{3.63}$$

und damit ist

$$\tilde{\Lambda}_{1k} = \frac{\partial}{\partial q_k}\Omega(q,t) \tag{3.64}$$

mit einer beliebigen Funktion Ω, die nur von den q_k und t abhängt, ist. Aus (3.62) folgt dann, dass

$$\tilde{\Lambda}_2 = \partial_t \Omega \tag{3.65}$$

ist. Setzen wir nun (3.64) und (3.65) in (3.59) ein, folgt

$$\Lambda = \frac{\partial \Omega}{\partial q_k}\dot{q}_k + \partial_t \Omega = \frac{d}{dt}\Omega. \tag{3.66}$$

Das bedeutet, dass die beiden Lagrange-Funktionen L' und L genau dann äquivalent sind, wenn es eine Funktion $\Omega(q,t)$ gibt, sodass

$$L'(q,\dot{q},t) = L(q,\dot{q},t) + \frac{d}{dt}\Omega(q,t) \tag{3.67}$$

gilt.

Betrachten wir nun die Wirkungen. Offenbar ist

$$S'[q] = \int_{t_1}^{t_2} dt\, L' = S[q] + \Omega[q(t_2), t_2] - \Omega[q(t_1), t_1]. \tag{3.68}$$

3.4 Das Hamilton'sche Prinzip

Die Wirkungen unterscheiden sich also nur durch **Randterme,** also Werte der Trajektorien an den Randpunkten des betrachteten Zeitintervalls $[t_1, t_2]$. Zudem hängen diese Randterme nur von den $q_k(t_1)$ und $q_k(t_2)$ und nicht von $\dot{q}_k$ ab. Da beim Hamilton'schen Prinzip definitionsgemäß die Randpunkte festgehalten werden, stimmen in der Tat die Variationen der beiden Wirkungsfunktionale überein, und folglich liefern die beiden Lagrange-Funktionen L und L' die gleichen Bewegungsgleichungen.

3.4.3 Beispiel: Freier Fall bzw. schiefer Wurf

Wir betrachten im Folgenden einige sehr einfache Beispiele, um die grundlegende Rechentechnik des Lagrange-Formalismus zu erläutern. Beginnen wir mit dem freien Fall in Erdnähe. Dazu nähern wir die Gravitationskraft auf ein Punktteilchen als konstant:

$$\boldsymbol{F} = -mg\boldsymbol{e}_3, \tag{3.69}$$

wobei $\boldsymbol{e}_3$ ein Basisvektor der kartesischen Basis $(\boldsymbol{e}_j)$ ($j \in \{1, 2, 3\}$) ist. Natürlich lässt sich dieses Beispiel am einfachsten durch direkte Anwendung der Newton'schen Bewegungsgleichungen lösen, aber wir wollen den Lagrange-Formalismus verwenden, um an diesem einfachen Beispiel die grundlegenden Rechenschritte zu erläutern.

Zunächst müssen wir uns überlegen, welche generalisierten Koordinaten wir wählen. Das entscheidet sich am einfachsten, wenn wir zunächst das Potential der Kraft bestimmen[3], d. h., wir suchen eine skalare Funktion V, sodass

$$\boldsymbol{\nabla} V = -\boldsymbol{F} = -mg\boldsymbol{e}_3 \tag{3.70}$$

gilt. Offensichtlich sind dazu kartesische Koordinaten besonders bequem, denn es gilt

$$\boldsymbol{\nabla} V = \sum_{j=1}^{3} \boldsymbol{e}_j \frac{\partial V}{\partial x_j} \Rightarrow \frac{\partial V}{\partial x_1} = \frac{\partial V}{\partial x_2} = 0, \quad \frac{\partial V}{\partial x_3} = +mg. \tag{3.71}$$

Die ersten beiden Gleichungen besagen, dass $V = V(x_3)$ ist, d. h., dass V nicht von x_1 und x_2 abhängt, und die letzte Gleichung lässt sich sofort integrieren:

$$V(x_3) = mgx_3. \tag{3.72}$$

Man könnte noch eine beliebige Konstante addieren, aber diese spielt im Folgenden keine Rolle für die Bewegungsgleichungen, weil in den Euler-Lagrange-Gleichungen

---

[3] Um den Lagrange-Formalismus anwenden zu können, müssen wir annehmen, dass die Kraft ein Potential besitzt.

nur Ableitungen vorkommen, sodass eine additive Konstante in der Lagrange-Funktion irrelevant für die Bewegungsgleichungen ist. Die Lagrange-Funktion lautet also in unseren kartesischen Koordinaten

$$L = T - V = \frac{m}{2}\dot{\mathbf{x}}^2 - mgx_3. \tag{3.73}$$

Die Lagrange-Funktion hängt nicht von x_1 und x_2 ab, d. h. diese Koordinaten sind zyklisch, und folglich sind die dazugehörigen generalisierten Impulse wegen (3.54) Erhaltungsgrößen, d. h. es gilt

$$\begin{aligned} p_1 &= \frac{\partial L}{\partial \dot{x}_1} = m\dot{x}_1 = \text{const}, \\ p_2 &= \frac{\partial L}{\partial \dot{x}_2} = m\dot{x}_2 = \text{const}. \end{aligned} \tag{3.74}$$

Damit lassen sich die Bewegungsgleichungen für x_1 und x_2 sofort lösen:

$$\begin{aligned} x_1(t) &= v_{01}t + x_{01}, & v_{01} &= \dot{x}_1(0) = \text{const}, & x_{01} &= x_1(0) = \text{const}, \\ x_2(t) &= v_{02}t + x_{02}, & v_{02} &= \dot{x}_2(0) = \text{const}, & x_{02} &= x_2(0) = \text{const}. \end{aligned} \tag{3.75}$$

Auch die Bewegungsgleichung für x_3 lässt sich in diesem Fall am einfachsten direkt integrieren. Um sie aus dem Lagrange-Formalismus herzuleiten, betrachten wir die entsprechende Euler-Lagrange-Gleichung

$$\frac{d}{dt}\frac{\partial L}{\partial \dot{x}_3} = \dot{p}_3 = m\ddot{x}_3 \stackrel{!}{=} \frac{\partial L}{\partial x_3} = -mg, \tag{3.76}$$

und dies kann man in der Tat einfach zweimal nach der Zeit integrieren. Unter Berücksichtigung der Anfangsbedingungen folgt

$$x_3(t) = -\frac{g}{2}t^2 + v_{03}t + x_{03}. \tag{3.77}$$

Wir bemerken noch, dass die Lagrange-Funktion nicht explizit von der Zeit abhängt und somit wegen (3.44) die Energie erhalten ist. Es ist also

$$H = \frac{m}{2}\dot{\mathbf{x}}^2 + mgx_3 = E = \text{const}. \tag{3.78}$$

Das bestätigt man auch unmittelbar durch Einsetzen der Lösungen (3.75) und (3.77) *(Übung!)*.

3.4.4 Beispiel: Harmonischer Oszillator

Als Nächstes betrachten wir den **eindimensionalen harmonischen Oszillator.** Die Lagrange-Funktion ist in diesem Fall

$$L = \frac{m}{2}\dot{x}^2 - \frac{k}{2}x^2. \tag{3.79}$$

In der Tat lautet dann die Bewegungsgleichung

$$\frac{\mathrm{d}}{\mathrm{d}t}\frac{\partial L}{\partial \dot{x}} = m\ddot{x} \stackrel{!}{=} \frac{\partial L}{\partial x} = -kx. \tag{3.80}$$

Auch diese **lineare Differentialgleichung 2. Ordnung** mit konstanten Koeffizienten lässt sich leicht direkt integrieren (vgl. Abschn. 2.5). Wir wollen hier aber den alternativen Weg über den Energieerhaltungssatz verwenden, um diese generell wichtige Methode zu erläutern. Da nämlich L nicht explizit zeitabhängig ist, gilt der Energieerhaltungssatz, d. h.

$$H = \dot{x}\frac{\partial L}{\partial \dot{x}} - L = \frac{m}{2}\dot{x}^2 + \frac{k}{2}x^2 = E = \text{const.} \tag{3.81}$$

Dies ist eine Differentialgleichung 1. Ordnung und insofern einfacher als die Bewegungsgleichung. Sie ist zwar nicht linear, lässt sich aber leicht durch „Trennung der Variablen" lösen:

$$\dot{x} = \pm\sqrt{\frac{1}{m}(2E - kx^2)}, \tag{3.82}$$

d. h. es gilt

$$\int_0^t \mathrm{d}t' = t = \pm \int_{x_0}^x \mathrm{d}x' \sqrt{\frac{m}{2E - kx'^2}}. \tag{3.83}$$

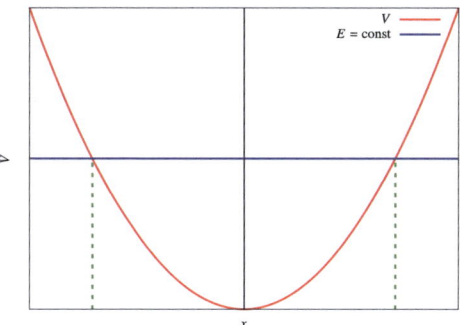

Das Vorzeichen bestimmt sich dabei wie folgt. Wegen (3.81) ist $|x_0| \leq \sqrt{2E/k}$, sodass das Argument unter der Wurzel positiv ist. Das Vorzeichen der Anfangsgeschwindigkeit bestimmt dann das Vorzeichen in (3.83) und ob $x < x_0$ oder $x > x_0$ wird, denn die Zeit muss immer monoton wachsen, d. h. $t > 0$ sein. Erreicht dann x

die Werte $\pm\sqrt{2E/k}$, muss sich das Vorzeichen der Wurzel und die Änderungsrichtung von x wieder umkehren. Das Teilchen bewegt sich also stets zwischen diesen beiden Endpunkten hin und her. Das wird auch an der obigen Skizze deutlich, wo das Potential $V(x) = kx^2/2$ aufgetragen und der Wert der Gesamtenergie als horizontale Linie eingetragen ist. Da die kinetische Energie $T = m\dot{x}^2/2 \geq 0$ ist, können nur die Bereiche von x durch den Massenpunkt erreicht werden, wo $V(x) \leq E$ ist, und damit bestimmt die Gleichung $V(x) = E$ die beiden Umkehrpunkte der Bewegung.

Wir können nun das Integral (3.83) ausführen:

$$\int_{x_0}^{x} dx' \sqrt{\frac{m}{2E - kx'^2}} = \sqrt{\frac{m}{2E}} \int_{x_0}^{x'} dx' \sqrt{\frac{1}{1 - k/(2E)x'^2}}$$
$$= \sqrt{\frac{m}{k}} \left[\arccos\left(\sqrt{\frac{k}{2E}}x\right) - \arccos\left(\sqrt{\frac{k}{2E}}x_0\right) \right]. \quad (3.84)$$

Setzen wir $\omega = \sqrt{k/m}$, liefert dies gemäß (3.83)

$$x(t) = \pm\sqrt{\frac{2E}{k}} \cos(\omega t - \varphi_0), \quad \varphi_0 = \mp \arccos\left(\sqrt{\frac{k}{2E}}x_0\right). \quad (3.85)$$

Wie zu erwarten, stimmt dies mit den ausführlichen Betrachtungen zum harmonischen Oszillator in Abschn. 2.5 überein.

3.4.5 Beispiel: Mathematisches Pendel

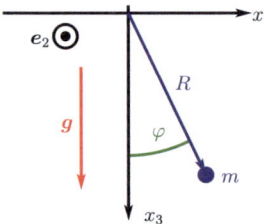

Wir betrachten als erstes Beispiel zu verallgemeinerten Koordinaten das **mathematische Pendel**. Darunter verstehen wir eine Masse, die an einem als masselos anzusehenden Stab der Länge R befestigt ist und sich in der x_1-x_3-Ebene bewegt. In unserem Fall ist es offenbar von Vorteil gemäß der obigen Skizze statt der kartesischen Koordinaten x_1 und x_3 als generalisierte Koordinate den Winkel φ einzuführen, denn der Massepunkt kann sich aufgrund der Befestigung an dem Stab und der Restriktion auf die x_1-x_2-Ebene nur noch entlang eines Kreises mit Radius R um den Ursprung bewegen, und dieser wird am einfachsten durch die Parametrisierung mit dem in der Skizze eingezeichneten Winkel φ beschrieben:

$$\underline{x} = \begin{pmatrix} x_1 \\ x_3 \end{pmatrix} = R \begin{pmatrix} \sin\varphi \\ \cos\varphi \end{pmatrix}. \quad (3.86)$$

3.4 Das Hamilton'sche Prinzip

Zur Berechnung der Lagrange-Funktion benötigen wir zunächst die Geschwindigkeit *(Nachrechnen!)*

$$\underline{\dot{x}} = R\dot{\varphi} \begin{pmatrix} \cos\varphi \\ -\sin\varphi \end{pmatrix}, \tag{3.87}$$

woraus die kinetische Energie *(Nachrechnen!)*

$$T = \frac{m}{2}\underline{\dot{x}}^2 = \frac{mR^2}{2}\dot{\varphi}^2 \tag{3.88}$$

folgt.

Nun benötigen wir noch das Potential der Schwerkraft *(Nachprüfen!)*

$$\underline{F} = \begin{pmatrix} F_1 \\ F_3 \end{pmatrix} = \begin{pmatrix} 0 \\ mg \end{pmatrix} \stackrel{!}{=} -\begin{pmatrix} \partial_1 V \\ \partial_3 V \end{pmatrix} \Rightarrow V = -mgx_3 = -mgR\cos\varphi. \tag{3.89}$$

Die Lagrange-Funktion ist damit also

$$L(\varphi, \dot{\varphi}) = T - V = \frac{mR^2}{2}\dot{\varphi}^2 + mgR\cos\varphi. \tag{3.90}$$

Die Bewegungsgleichung ergibt sich wieder aus der Euler-Lagrange-Gleichung. Berechnen wir zunächst den generalisierten Impuls

$$p_\varphi = \frac{\partial L}{\partial \dot{\varphi}} = mR^2\dot{\varphi}. \tag{3.91}$$

In diesem Fall handelt es sich natürlich nicht um einen gewöhnlichen Impuls, sondern vielmehr um die Drehimpulskomponente aufgrund der Rotation des Massenpunktes um den Ursprung *((Warum?))*. Jedenfalls lautet demnach die Bewegungsgleichung

$$\dot{p}_\varphi = \frac{d}{dt}\frac{\partial L}{\partial \dot{\varphi}} \stackrel{EL}{=} \frac{\partial L}{\partial \varphi} = -mgR\sin\varphi \Rightarrow \ddot{\varphi} = -\frac{g}{R}\sin\varphi. \tag{3.92}$$

Diese Bewegungsgleichung lässt sich nicht mehr mit Hilfe der üblichen elementaren Funktionen lösen. Es ergeben sich sog. elliptische Funktionen (s. z. B. van Hees, 2008).

Offensichtlich ist $\varphi = 0 = $ const eine Lösung, und wir können kleine Schwingungen um diese Gleichgewichtslage betrachten. Für $|\varphi| \ll 1$ entwickeln wir dazu die rechte Seite (3.92) um $\varphi = 0$ und erhalten

$$\ddot{\varphi} = -\frac{g}{R}\varphi + \mathcal{O}(\varphi^3). \tag{3.93}$$

Vernachlässigen wir also die Terme in höherer als linearer Ordnung, erhalten wir die Bewegungsgleichung für einen harmonischen Oszillator mit der Kreisfrequenz $\omega = \sqrt{g/R}$, und die allgemeine Lösung lautet

$$\varphi(t) = \hat{\varphi}\cos(\omega_t - \phi_0), \tag{3.94}$$

wobei die Integrationskonstanten $\hat{\varphi}$ und ϕ_0 aus den Anfangsbedingungen $\varphi(0) = \varphi_0$ und $\dot{\varphi}_0 = \omega_0$ bestimmt werden können. Wichtig im Hinblick auf unsere lineare Näherung ist dabei, dass die Auslenkung von der Ruhelage $\phi(t)$ für kleine Amplituden, also für $|\hat{\varphi}| \ll 1$ für alle Zeiten klein bleibt, denn es ist ja dann $|\varphi(t)| \leq |\hat{\varphi}| \ll 1$ für alle t. Die stationäre Lösung $\varphi = 0 = $ const ist also unter kleinen Störungen **stabil**.

3.4.6 Beispiel: Das sphärische Pendel

Unter dem sphärischen Pendel verstehen wir einen Massepunkt, der an einem idealisierten, masselosen Faden im homogen genäherten Schwerefeld der Erde aufgehängt ist. Wir behandeln zunächst die Näherung kleiner Schwingungen um die Ruhelage.

Entsprechend der Geometrie des Systems benutzen wir Kugelkoordinaten mit dem Ursprung im Aufhängepunkt des Pendels, wobei die Polarachse in Richtung der Schwerebeschleunigung weisen möge:

$$x = R \begin{pmatrix} \cos\varphi \sin\vartheta \\ \sin\varphi \sin\vartheta \\ \cos\vartheta \end{pmatrix}. \tag{3.95}$$

Die kinetische Energie in diesen Koordinaten ergibt sich zu *(Nachrechnen!)*

$$T = \frac{m}{2}\dot{x}^2 = \frac{mR^2}{2}\left[\dot{\varphi}^2 \sin^2\vartheta + \dot{\vartheta}^2\right]. \tag{3.96}$$

Das Potential ist durch

$$V = -m\mathbf{g}\cdot\mathbf{x} = -mgR\cos\vartheta \tag{3.97}$$

und somit die Lagrange-Funktion durch

$$L = T - V = \frac{m}{2}\left(\frac{d\mathbf{x}}{dt}\right)^2 = \frac{mR^2}{2}\left[\dot{\varphi}^2 \sin^2\vartheta + \dot{\vartheta}^2\right] + mgR\cos\vartheta \tag{3.98}$$

gegeben. Wir finden sofort zwei Integrale der Bewegung: Da die Lagrange-Funktion nicht explizit von der Zeit abhängt, ist die Gesamtenergie erhalten. Weiter ist φ eine zyklische Variable, sodass der dazugehörige kanonische Impuls, der in diesem Fall natürlich die Drehimpulskomponente in z-Richtung ist, ebenfalls erhalten ist:

$$E = T + V = \frac{mR^2}{2}[\dot{\varphi}^2 \sin^2\vartheta + \dot{\vartheta}^2] - mgR\cos\vartheta, \tag{3.99}$$

$$p_\varphi = mR^2 C_1 = mR^2 \dot{\varphi} \sin^2\vartheta. \tag{3.100}$$

Wir können mit Hilfe der zweiten Gleichung $\dot{\varphi}$ im Energiesatz eliminieren und gelangen zu

$$E = \frac{mR^2}{2}\left(\frac{C_1^2}{\sin^2\vartheta} + \dot{\vartheta}^2\right) - mgR\cos\vartheta. \tag{3.101}$$

3.4 Das Hamilton'sche Prinzip

Die Bewegungsgleichung für ϑ lässt sich dadurch bereits erheblich vereinfachen. Zunächst ist

$$p_\vartheta = \frac{\partial L}{\partial \dot\vartheta} = mR^2\dot\vartheta \qquad (3.102)$$

und damit mit den Euler-Lagrange-Gleichungen für ϑ

$$\ddot\vartheta = \dot\varphi^2 \sin\vartheta \cos\vartheta - \frac{g}{R}\sin\vartheta. \qquad (3.103)$$

Eliminieren wir hieraus $\dot\varphi$ mit Hilfe von (3.100), erhalten wir

$$\ddot\vartheta = C_1^2 \frac{\cos\vartheta}{\sin^3\vartheta} - \frac{g}{R}\sin\vartheta. \qquad (3.104)$$

3.4.6.1 Kleine Schwingungen

Wir betrachten nun zunächst den Fall, dass ϑ nur wenig von der Gleichgewichtslage ϑ_s abweicht, die wir dadurch definieren, dass $\vartheta = \vartheta_s = $ const für gegebenes C_1 eine Lösung von (3.104) ist, d. h. ϑ_s ist dadurch bestimmt, dass die rechte Seite von (3.104) verschwindet. Daraus folgt

$$C_1^2 = \frac{g}{R}\frac{\sin^4\vartheta_s}{\cos\vartheta_s}. \qquad (3.105)$$

Für $\vartheta_s \neq 0$ bedeutet dies wegen (3.100)

$$\dot\varphi = \frac{C_1}{\sin^2\vartheta_s} = \Omega = \text{const}, \qquad (3.106)$$

und die Gleichgewichtsbedingung lautet

$$\Omega^2 \cos\vartheta_s = \frac{g}{R}. \qquad (3.107)$$

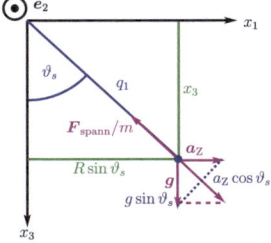

Das Pendel bewegt sich dann also mit konstanter Winkelgeschwindigkeit Ω auf einem Kreis um die x_3-Achse, und wir können dies anhand der obigen Skizze (3.107) als Kräftegleichgewicht im mit dem Massenpunkt mitrotierenden Bezugssystem verstehen: Im Gleichgewicht muss nämlich die Resultierende aus der Schwerkraft mg und der Zentrifugalkraft ma_Z in Richtung des Fadens weisen. Diese Kraft wird durch die Spannkraft des Fadens kompensiert, sodass im rotierenden Bezugssystem insgesamt keine Kraft wirkt. Aus der Skizze liest man ab, dass die Zentrifugalbeschleunigung $a_Z = R \sin \vartheta_s \Omega^2$ ist. Die Komponente dieser Zentrifugalbeschleunigung senkrecht zum Faden ist demnach $a_Z = R\Omega^2 \sin \vartheta_s \cos \vartheta_s$. Damit keine resultierende Kraft in dieser Richtung wirkt, muss dies der entsprechenden Komponente der Schwerkraft $g \sin \vartheta_s$ gleich sein. Damit ist $g \sin \vartheta_s = R\Omega^2 \sin \vartheta_s \cos \vartheta_s$, woraus (3.107) resultiert.

Wir betrachten nun kleine Störungen um dieses Gleichgewicht, d. h., für gegebenes C_1 machen wir den Ansatz

$$\vartheta = \vartheta_s + \epsilon \qquad (3.108)$$

und entwickeln die rechte Seite der Bewegungsgleichung (3.104) für ϑ

$$f(\vartheta) = C_1^2 \frac{\cos \vartheta}{\sin^3 \vartheta} - \frac{g}{R} \sin \vartheta \qquad (3.109)$$

bis zur linearen Ordnung in ϵ:

$$f(\vartheta) = f(\vartheta_s + \epsilon) = f(\vartheta_s) + \epsilon f'(\vartheta_s) = \epsilon f'(\vartheta_s). \qquad (3.110)$$

Wegen

$$f'(\vartheta) = -C_1^2 \frac{\sin^2 \vartheta + 3\cos^2 \vartheta}{\sin^4 \vartheta} - \frac{g}{R} \cos \vartheta \qquad (3.111)$$

und mit (3.105) ergibt sich schließlich

$$\begin{aligned} f'(\vartheta_s) &= -\frac{g}{R} \left(\frac{\sin^2 \vartheta_s + 3\cos^2 \vartheta_s}{\cos \vartheta_s} + \cos \vartheta_s \right) \\ &= -\frac{g}{R} \frac{\sin^2 \vartheta_s + 4\cos^2 \vartheta_s}{\cos \vartheta_s} \\ &= -\frac{g}{R} \frac{1 + 3\cos^2 \vartheta_s}{\cos \vartheta_s}, \end{aligned} \qquad (3.112)$$

wobei wir im letzten Schritt im Zähler $\sin^2 \vartheta_s = 1 - \cos^2 \vartheta_s$ verwendet haben. Damit ergibt sich schließlich aus (3.110)

$$\ddot{\epsilon} = -\tilde{\omega}^2 \epsilon + \mathcal{O}(\epsilon^2) \quad \text{mit} \quad \tilde{\omega}^2 = \frac{g}{R} \frac{1 + 3\cos^2 \vartheta_s}{\cos \vartheta_s}. \qquad (3.113)$$

Für eine stabile Lösung muss dabei $\tilde{\omega}^2 > 0$ sein, d. h. $0 < \vartheta < \pi/2$. Die allgemeine Lösung dieser linearisierten Gleichung lautet dann nämlich

$$\epsilon(t) = \hat{\epsilon} \cos(\tilde{\omega} t - \phi_0), \qquad (3.114)$$

wobei die Amplitude $\hat{\epsilon}$ die Bedingung $|\hat{\epsilon}| \ll 1$ erfüllen muss, damit die lineare Näherung der Bewegungsgleichung gerechtfertigt ist.

Für φ gilt wegen (3.100)

$$\dot{\varphi} = \frac{C_1}{\sin^2 \vartheta} = \frac{C_1}{\sin^2 \vartheta_s} - \frac{2C_1 \epsilon \cos \vartheta_s}{\sin^3 \vartheta_s} + \mathcal{O}(\epsilon^2) \qquad (3.115)$$
$$= \Omega(1 - 2\epsilon \cot \vartheta_s) + \mathcal{O}(\epsilon^2).$$

Dabei haben wir C_1 vermöge (3.105) ausgedrückt und Ω aus (3.106) verwendet. Die Winkelgeschwindigkeit der Rotation um die x_3-Achse wird also durch kleine harmonische Korrekturen mit der Kreisfrequenz $\tilde{\omega}$ gestört. Mit (3.115) erhält man die Lösung dieser linearisierten Gleichung durch eine einfache Integration:

$$\varphi(t) = \varphi_0 + \Omega t - \frac{2\Omega}{\tilde{\omega}} \hat{\epsilon} \cot \vartheta_s [\sin(\tilde{\omega} t - \phi_0) + \sin \phi_0]. \qquad (3.116)$$

3.5 Das Noether-Theorem (Lagrange-Form)

Das Noether-Theorem stellt eines der wichtigsten Resultate der mathematischen Physik für die gesamte moderne Methodologie der theoretischen Physik dar. Es stellt einen Zusammenhang zwischen **Symmetrien** der Wirkung (bzw. der Variation der Wirkung) und **Erhaltungsgrößen** her, d. h. Größen, die als Funktionen der generalisierten Koordinaten, ihrer Zeitableitungen und evtl. explizit der Zeit, entlang der Trajektorien des Systems, also für die Lösungen der Bewegungsgleichungen, zeitlich konstant bleiben.

3.5.1 Symmetrien

Um zu definieren, was eine **Symmetrietransformation** ist, betrachten wir allgemeine Transformationen der Zeit und der generalisierten Koordinaten von der Form

$$t' = t'(t, q, \dot{q}), \quad q'_j = q'_j(t, q, \dot{q}). \qquad (3.117)$$

Weiter sei ein mechanisches System durch eine Lagrange-Funktion bzgl. der ursprünglichen generalisierten Koordinaten und Geschwindigkeiten $L(q, \dot{q}, t)$ gegeben.

Definitionsgemäß ist dann (3.117) eine **Symmetrietransformation**, wenn das Hamilton'sche Prinzip mit der Wirkung

$$S'[q'] = \int_{t'_1}^{t'_2} dt' L(q', \dot{q}', t') = \int_{t_1}^{t_2} dt \frac{dt'}{dt} L[q'(q, \dot{q}, t), \dot{q}'(q, \dot{q}, t), t'(q, \dot{q}, t)]. \qquad (3.118)$$

dieselben Bewegungsgleichungen ergibt wie das Hamilton'sche Prinzip mit der Lagrange-Funktion $L(q, \dot{q}, t)$. Das ursprüngliche Variationsproblem bezieht sich auf die Wirkung

$$S[q] = \int_{t_1}^{t_2} dt L(q, \dot{q}, t). \qquad (3.119)$$

Nun liefert das Hamilton'sche Prinzip für (3.118) dieselben Bewegungsgleichungen, wenn die Lagrange-Funktionen in (3.118) und (3.119) im Sinne von Abschn. 3.4.2 äquivalent sind. Wie wir dort gesehen haben, bedeutet dies, dass es eine Funktion $\Omega(q,t)$ geben muss, sodass

$$\frac{\mathrm{d}t'}{\mathrm{d}t} L[q'(q,\dot{q},t), \dot{q}'(q,\dot{q},t), t'(q,\dot{q},t)] = L(q,\dot{q},t) + \frac{\mathrm{d}}{\mathrm{d}t}\Omega(q,t) \qquad (3.120)$$

gilt. Dabei ist definitionsgemäß

$$\dot{q}'_k = \frac{\mathrm{d}q'_k}{\mathrm{d}t'}. \qquad (3.121)$$

Im Folgenden genügen uns „infinitesimale Transformationen", d. h., wir schreiben

$$t' = t + \epsilon\Theta(t,q,\dot{q}), \quad q'_j = q_j + \epsilon Q_j(t,q,\dot{q}) \qquad (3.122)$$

und nehmen an, dass die Symmetriebedingung (3.120) bis zur Ordnung $\mathcal{O}(\epsilon)$ erfüllt sei. Wir benötigen zunächst gemäß (3.121)

$$\dot{q}'_j = \frac{\mathrm{d}q'_j}{\mathrm{d}t'} \stackrel{(3.120)}{=} \frac{\mathrm{d}t}{\mathrm{d}t'} \frac{\mathrm{d}}{\mathrm{d}t} \left[q_j + \epsilon Q_j(t,q,\dot{q})\right]. \qquad (3.123)$$

Nun gilt

$$\frac{\mathrm{d}t}{\mathrm{d}t'} = \left(\frac{\mathrm{d}t'}{\mathrm{d}t}\right)^{-1} \stackrel{(3.122)}{=} \frac{1}{1 + \epsilon\frac{\mathrm{d}\Theta}{\mathrm{d}t}} = 1 - \epsilon\frac{\mathrm{d}\Theta}{\mathrm{d}t} + \mathcal{O}(\epsilon^2) \qquad (3.124)$$

und damit

$$\dot{q}'_j = \left(1 - \epsilon\frac{\mathrm{d}\Theta}{\mathrm{d}t} + \mathcal{O}(\epsilon^2)\right)\left(\dot{q}_j + \epsilon\frac{\mathrm{d}Q_j}{\mathrm{d}t}\right) = \dot{q}_j + \epsilon\left(\frac{\mathrm{d}Q_j}{\mathrm{d}t} - \dot{q}_j\frac{\mathrm{d}\Theta}{\mathrm{d}t}\right) + \mathcal{O}(\epsilon^2). \qquad (3.125)$$

Entwickeln wir die linke Seite von (3.120) bis zur Ordnung $\mathcal{O}(\epsilon)$, erhalten wir mit (3.123) und (3.124)

$$L(q',\dot{q}',t') = L(q,\dot{q},t)$$
$$+ \epsilon\left[Q_k\frac{\partial L}{\partial q_k} + \left(\frac{\mathrm{d}}{\mathrm{d}t}Q_k - \dot{q}_k\frac{\mathrm{d}}{\mathrm{d}t}\Theta\right)\frac{\partial L}{\partial \dot{q}_k} + \Theta\frac{\partial}{\partial t}L\right] \qquad (3.126)$$
$$+ \mathcal{O}(\epsilon^2).$$

Gemäß (3.120) müssen wir nur fordern, dass $\Omega = -\epsilon\tilde{\Omega} + \mathcal{O}(\epsilon^2)$ ist[4], denn wir fordern die Äquivalenz der Lagrange-Funktionen nur bis auf Größen der Ordnung

---

[4] Die Einführung des zusätzlichen Vorzeichens ist Konvention.

3.5 Das Noether-Theorem (Lagrange-Form)

$\mathcal{O}(\epsilon^2)$, und Ω muss von der Ordnung $\mathcal{O}(\epsilon)$ sein. Folglich ist (3.122) eine Symmetrietransformation, wenn es eine Funktion $\tilde{\Omega} = \tilde{\Omega}(q, t)$ gibt, sodass die **Symmetriebedingung**

$$Q_k \frac{\partial L}{\partial q_k} + \left(\frac{dQ_k}{dt} - \dot{q}_k \frac{d\Theta}{dt}\right) \frac{\partial L}{\partial \dot{q}_k} + L \frac{d\Theta}{dt} + \Theta \frac{\partial L}{\partial t} + \frac{d\tilde{\Omega}}{dt} = 0 \qquad (3.127)$$

gilt.

Untersuchen wir nun, was dies für die **Trajektorien** des Systems bedeutet, also für diejenigen $q_k(t)$, die die Bewegungsgleichungen

$$\frac{d}{dt} \frac{\partial L}{\partial \dot{q}_k} = \frac{\partial L}{\partial q_k} \qquad (3.128)$$

erfüllen. Zunächst ist

$$Q_k \frac{\partial L}{\partial q_k} + \frac{dQ_k}{dt} \frac{\partial L}{\partial \dot{q}_k} = Q_k \frac{d}{dt} \frac{\partial L}{\partial \dot{q}_k} + \frac{dQ_k}{dt} \frac{\partial L}{\partial \dot{q}_k} = \frac{d}{dt}\left(Q_k \frac{\partial L}{\partial \dot{q}_k}\right) \qquad (3.129)$$

und weiter

$$\begin{aligned}\frac{d}{dt} L &= \dot{q}_k \frac{\partial L}{\partial q_k} + \ddot{q}_k \frac{\partial L}{\partial \dot{q}_k} + \frac{\partial L}{\partial t} \\ &= \dot{q}_k \frac{d}{dt} \frac{\partial L}{\partial \dot{q}_k} + \ddot{q}_k \frac{\partial L}{\partial \dot{q}_k} + \frac{\partial L}{\partial t} \\ &= \frac{d}{dt}\left(\dot{q}_k \frac{\partial L}{\partial \dot{q}_k}\right) + \frac{\partial L}{\partial t}.\end{aligned} \qquad (3.130)$$

Setzen wir dies in (3.127) für $\partial L/\partial t$ ein und beachten zugleich (3.129) sowie (3.127), folgt nach einigen Umformungen *(Übung!)*

$$\frac{d}{dt}\left(Q_k p_k - \Theta H + \tilde{\Omega}\right) = 0, \qquad (3.131)$$

wobei wir die generalisierten Impulse und die Hamilton-Funktion

$$p_k = \frac{\partial L}{\partial \dot{q}_k}, \quad H = \dot{q}_k \frac{\partial L}{\partial \dot{q}_k} - L \qquad (3.132)$$

verwendet haben. Dies ist ein **Noether-Theorem:** Liegt eine Symmetrie unter der „infinitesimalen Transformation" (3.122) vor, d. h., erfüllt die Lagrange-Funktion die Bedingung (3.127), so ergibt sich eine **Erhaltungsgröße** entlang der Trajektorien des Systems gemäß (3.131).

3.5.2 Raum-Zeit-Symmetrien

Das Newton'sche Raum-Zeit-Modell weist viele Symmetrien auf, und diese Symmetrien sollten von den fundamentalen Naturgesetzen für abgeschlossene Systeme erfüllt sein. Wir wollen nun für die Spezialfälle eines Systems aus einem bzw. zwei Teilchen die Bedingungen an die Lagrange-Funktion suchen, die sich aus dieser Einschränkung ergeben. Dies geschieht am einfachsten in kartesischen Koordinaten.

Betrachten wir zunächst den Fall für ein Teilchen. Dann wählen wir als die q_k die kartesischen Koordinaten x_k des Ortsvektors dieses Teilchens. Die Raum-Zeit-Symmetrien umfassen nun die **Homogenität von Raum und Zeit**, die **Isotropie des Raums** und die Symmetrie unter **Galilei-Boosts**, d. h. die Unabhängigkeit der Naturgesetze von der Wahl des Inertialsystems. Die Bewegungsgleichungen ändern sich also nicht, wenn man von einem Inertialsystem zu einem dazu gleichförmig geradlinig bewegten Bezugssystem übergeht, das dann wieder ein Inertialsystem ist.

Betrachten wir zunächst die **Homogenität der Zeit,** d. h., dass eine beliebige Translation in der Zeit eine Symmetrietransformation sein muss. Dies wird in unserem oben entwickelten Formalismus durch

$$t' = t + \epsilon, \quad q'_k = x_k \Rightarrow \Theta = 1, \quad Q_k = 0 \tag{3.133}$$

beschrieben. Setzen wir dies in die Symmetriebedingung (3.127) ein, erhalten wir

$$\frac{\partial L}{\partial t} + \frac{\mathrm{d}}{\mathrm{d}t}\tilde{\Omega} = 0. \tag{3.134}$$

Offenbar lässt sich dies für $\tilde{\Omega} = 0$ und die Bedingung

$$\frac{\partial L}{\partial t} = 0 \tag{3.135}$$

erfüllen, d. h., die Lagrange-Funktion darf nicht explizit von der Zeit abhängen. Gemäß (3.131) ist die **Hamilton-Funktion,** also die **Gesamtenergie,** die der Zeittranslationssymmetrie entsprechende Erhaltungsgröße. Im Folgenden gehen wir davon aus, dass (3.135) erfüllt ist.

Der **Homogenität des Raumes** entspricht die Translationsinvarianz in einer beliebigen Richtung n

$$q'_k = x_k + \epsilon n_k, \quad t' = t \Rightarrow Q_k = n_k = \text{const}, \quad \Theta = 0. \tag{3.136}$$

Die Symmetriebedingung (3.127) verlangt somit, dass

$$n_k \frac{\partial L}{\partial x_k} + \frac{\mathrm{d}\tilde{\Omega}}{\mathrm{d}t} = 0 \tag{3.137}$$

ist. Dies lässt sich wieder mit $\tilde{\Omega} = 0$ erfüllen. Die Symmetrie verlangt dann, dass L nicht von den x_k abhängt, denn wir können $n = e_k$ für $k \in \{1, 2, 3\}$ setzen, d. h., alle

3.5 Das Noether-Theorem (Lagrange-Form)

drei kartesischen Koordinaten müssen zyklisch sein. Folglich sind gemäß (3.131) alle drei **Komponenten des kanonisch konjugierten Impulses**

$$L = L(\dot{x}), \quad p_k = \frac{\partial L}{\partial \dot{x}_k} \tag{3.138}$$

erhalten.

Der **Isotropie des Raumes** entspricht die Symmetrie unter Drehungen um beliebige Drehachsen. Eine infinitesimale Drehung ist durch

$$t' = t, \quad q'_k = x_k - \epsilon \epsilon_{kjl} n_j x_l \Rightarrow \Theta = 0, \quad Q_k = -\epsilon_{kjl} n_j x_l, \quad n_j = \text{const} \tag{3.139}$$

definiert. Wegen $\partial L/\partial x_k = 0$ verlangt die Symmetriebedingung (3.127), wieder mit $\tilde{\Omega} = 0$, nur noch

$$-\epsilon_{kjl} n_j \dot{x}_l \frac{\partial L}{\partial \dot{x}_k} = 0 \tag{3.140}$$

Wir können wieder $\boldsymbol{n} = \boldsymbol{e}_i$ ($i \in \{1, 2, 3\}$) setzen. Demnach muss $\partial L/\partial \dot{x}_k \propto \dot{x}_k$ sein, d. h. es gilt

$$L = L(\dot{\boldsymbol{x}}^2). \tag{3.141}$$

Gemäß (3.131) sind die entsprechenden Erhaltungsgrößen die drei Komponenten des **Drehimpulses**, denn

$$\boldsymbol{\ell} \cdot \boldsymbol{n} := Q_k p_k = -n_j \epsilon_{kjl} x_l p_k = \boldsymbol{n} \cdot (\boldsymbol{x} \times \boldsymbol{p}). \tag{3.142}$$

Da wir für $\boldsymbol{n}$ wieder die drei kartesischen Basisvektoren einsetzen dürfen, sind folglich alle drei Drehimpulskomponenten

$$\boldsymbol{l} = \boldsymbol{x} \times \boldsymbol{p} \tag{3.143}$$

erhalten.

Die Invarianz unter **Galilei-Boosts** wird durch

$$t' = t, \quad q'_k = x_k - \epsilon n_k t \Rightarrow \Theta = 0, \quad Q_k = -n_k t, \quad n_k = \text{const} \tag{3.144}$$

beschrieben. Mit (3.144) verlangt die Symmetriebedingung (3.127)

$$-n_k \frac{\partial L}{\partial \dot{x}_k} + \frac{d\tilde{\Omega}}{dt} = -2n_k \dot{x}_k L'(\dot{\boldsymbol{x}}^2) + \dot{x}_k \frac{\partial \tilde{\Omega}}{\partial x_k} + \frac{\partial \tilde{\Omega}}{\partial t} = 0. \tag{3.145}$$

Dies kann für eine Funktion $\tilde{\Omega} = \tilde{\Omega}(\boldsymbol{x}, t)$ nur für

$$\tilde{\Omega} = m n_k x_k = m \boldsymbol{n} \cdot \boldsymbol{x}, \quad m = \text{const} \tag{3.146}$$

erfüllt werden. Setzen wir dies in (3.145) ein, erhalten wir für L die Differentialgleichung

$$\frac{\mathrm{d}}{\mathrm{d}\left(\dot{x}^2\right)} L = \frac{m}{2} \Rightarrow L = \frac{m}{2}\dot{x}^2. \quad (3.147)$$

Gemäß (3.131) ist

$$m\boldsymbol{n} \cdot \boldsymbol{X} = \boldsymbol{n} \cdot (m\boldsymbol{x} - \boldsymbol{p}t) \quad (3.148)$$

die dazugehörige Erhaltungsgröße und somit, da wir wieder $\boldsymbol{n} = \boldsymbol{e}_j$ für alle drei kartesischen Basisvektoren $\boldsymbol{e}_j$ setzen dürfen, der Vektor

$$\boldsymbol{K} = m\boldsymbol{X} = m\boldsymbol{x} - \boldsymbol{p}t \quad (3.149)$$

erhalten. Dabei is X der **Schwerpunktvektor.** In der Tat beschreibt (3.147) offensichtlich ein freies Teilchen, das sich mit der Geschwindigkeit $\dot{x} = p/m$ und dem Impuls $p = m\dot{x} = $ const geradlinig gleichförmig bewegt. Das 1. Newton'sche Axiom folgt also aus der **Galilei-Symmetrie** der Raumzeit. Insgesamt liefert diese Symmetrie 10 Erhaltungssätze, die mit den 10 voneinander unabhängigen Symmetrietransformation der **Galilei-Newton-Raumzeit** gemäß dem Noether-Theorem zusammenhängen:

- **Zeitliche Translationsinvarianz:** Die Naturgesetze sind zeitlich unveränderlich, d. h., wird ein Experiment zu einem beliebigen Zeitpunkt unter den gleichen Bedingungen ausgeführt, ergeben sich immer dieselben Resultate. Die damit zusammenhängende Erhaltungsgröße ist die **Energie** bzw. die **Hamilton-Funktion** H.
- **Homogenität des Raumes bzw. räumliche Translationsinvarianz:** Die Naturgesetze sind vom Ort unabhängig, d. h., wird ein Experiment an verschiedenen Orten unter den sonst gleichen Bedingungen ausgeführt, erhält man stets dieselben Resultate. Die damit zusammenhängenden Erhaltungsgrößen sind die drei Komponenten des **Impulses** p.
- **Isotropie des Raumes bzw. räumliche Rotationsinvarianz:** Die Naturgesetze sind von der Orientierung unabhängig, d. h., führt man Experimente bei verschiedenen Orientierungen im Raum aus, erhält man stets dieselben Resultate. Die dazugehörigen Erhaltungsgrößen sind die drei Komponenten des **Drehimpulses.**
- **Galilei-Boost-Invarianz:** Es ist unmöglich, ohne Bezugnahme auf einen äußeren Gegenstand die absolute Geschwindigkeit eines Versuchsaufbaus durch irgendwelche Experimente zu bestimmen. In allen Inertialsystemen, die sich relativ zueinander geradlinig gleichförmig bewegen, gelten dieselben Naturgesetze. Die dazugehörigen Erhaltungsgrößen sind die drei Komponenten $\boldsymbol{K} = m\boldsymbol{X}$ mit dem **Schwerpunktvektor** X.

3.5.3 Zweiteilchensystem mit Wechselwirkungszentralpotential

Wir können uns nun auch leicht ein abgeschlossenes Zweiteilchensystem definieren. Offensichtlich erfüllt nämlich die Lagrange-Funktion

$$L = \frac{m_1}{2}\dot{x}_1^2 + \frac{m_2}{2}\dot{x}_2^2 - V(r) \quad \text{mit} \quad r = |x_1 - x_2| \tag{3.150}$$

die volle Galilei-Symmetrie. Man rechnet mit Hilfe von (3.127) und (3.131) leicht nach *(Übung!)*, dass die Erhaltungsgrößen durch

$$H = \frac{m_1}{2}\dot{x}_1^2 + \frac{m_2}{2}\dot{x}_2^2 + V(r) \quad \text{(Zeittranslationsinvarianz)}, \tag{3.151}$$

$$P = p_1 + p_2 = m_1\dot{x}_1 + m_2\dot{x}_2 \quad \text{(räumliche Translationsinvarianz)}, \tag{3.152}$$

$$l = m_1 x_1 \times p_1 + m_2 x_2 \times p_2 \quad \text{(räumliche Drehungen)}, \tag{3.153}$$

$$K = MX - Pt, \quad M = m_1 + m_2, \quad X = \frac{m_1 x_1 + m_2 x_2}{M} \tag{3.154}$$

(Galilei-Boost-Invarianz)

gegeben sind. Es liegt nun nahe, diese Symmetrien möglichst dadurch auszunutzen, dass man geeignete neue Koordinaten einführt. Offenbar eignen sich dafür die **Schwerpunkts- und Relativkoordinaten**

$$X = \frac{m_1 x_1 + m_2 x_2}{M}, \quad r = x_1 - x_2. \tag{3.155}$$

Zur Umrechnung der Lagrange-Funktion in die neuen Koordinaten benötigen wir die Umkehrtransformation *(Nachrechnen!)*

$$x_1 = \frac{MX + m_2 r}{M}, \quad x_2 = \frac{MX - m_1 r}{M}. \tag{3.156}$$

Damit ergibt sich die kinetische Energie durch einfaches Einsetzen und Umformen mit Hilfe der neuen Koordinaten *(Nachrechnen!)*

$$T = \frac{m_1}{2}\dot{x}_1^2 + \frac{m_2}{2}\dot{x}_2^2 = \frac{M}{2}\dot{X}^2 + \frac{\mu}{2}\dot{r}^2 \quad \text{mit} \quad \mu = \frac{m_1 m_2}{M}. \tag{3.157}$$

Die potentielle Energie ist schon durch die Relativkoordinaten ausgedrückt, d. h.

$$L = T - V = \frac{M}{2}\dot{X}^2 + \frac{\mu}{2}\dot{r}^2 - V(r). \tag{3.158}$$

Damit haben wir die **Translationssymmetrie** und **Galilei-Boost-Symmetrie** bereits vollständig ausgenutzt, denn die Schwerpunktkoordinaten X sind zyklisch und folglich der dazugehörige kanonisch konjugierte Impuls, der in diesem Fall einfach der gewöhnliche Gesamtimpuls des Systems

$$P = \frac{\partial L}{\partial \dot{X}} = M\dot{X} = \text{const} \tag{3.159}$$

ist, erhalten. Damit bewegt sich der Schwerpunkt geradlinig gleichförmig, denn wir können diese Gleichung wegen $P = \text{const}$ sehr einfach nach der Zeit integrieren, um

$$X(t) = \frac{P}{M}t + X_0, \qquad (3.160)$$

zu erhalten, wobei die Integrationskonstanten $X_0 = \text{const}$ durch die Anfangsbedingungen $x_j(t=0) = x_j^{(0)}$ und $\dot{x}_j(t=0) = v_j^{(0)}$, ebenso wie P, bei $t=0$ bestimmt sind:

$$P = m_1 v_1^{(0)} + m_2 v_2^{(0)}, \quad X_0 = \frac{m_1 x_1^{(0)} + m_2 x_2^{(0)}}{M}. \qquad (3.161)$$

Die Bewegungsgleichungen für die Relativkoordinaten r entkoppeln vollständig von der nunmehr gelösten Gleichung für die Bewegung des Schwerpunkts. Wir haben also das Problem der Bewegung zweier Körper mit einer Zentralkraftwechselwirkung auf ein effektives Einteilchenproblem zurückgeführt. Wir brauchen also nur noch die Lagrange-Funktion

$$L_{\text{rel}} = \frac{\mu}{2}\dot{r}^2 - V(|r|) \qquad (3.162)$$

zu betrachten. Diese Lagrange-Funktion für die Relativbewegung ist nun offenbar noch unter beliebigen Drehungen invariant, und dies führt gemäß dem Noether-Theorem zur Erhaltung des **Relativdrehimpulses,** den wir als

$$l = r \times p \quad \text{mit} \quad p = \frac{\partial L}{\partial \dot{r}} = \mu \dot{r} \qquad (3.163)$$

schreiben können. Nun ist aber

$$r \cdot l = 0, \qquad (3.164)$$

d. h., die Bewegung verläuft in der zeitlich konstanten Ebene senkrecht zum Drehimpuls l. Geometrisch ist $dA = \frac{1}{2}dt|r \times \dot{r}| = \frac{l}{2\mu}dt$ die in einer kleinen Zeit dt überstrichene Fläche des Radiusvektors r. Dies ist das **2. Kepler'sche Gesetz,** das demnach offensichtlich für beliebige Zentralkräfte und nicht nur für das $1/r$-Potential der Gravitationswechselwirkung gilt (vgl. Abschn. 2.8.2).

Legen wir nun die r_3-Achse des Koordinatensystems in Richtung von l und den Koordinatenursprung so, dass $r_{03} = r_3(t=0) = 0$ ist, können wir Polarkoordinaten in der r_1-r_2-Ebene einführen, d. h.

$$\begin{pmatrix} r_1 \\ r_2 \\ r_3 \end{pmatrix} = \begin{pmatrix} r \cos \varphi \\ r \sin \varphi \\ r_{03} \end{pmatrix}, \quad r_{03} = 0 = \text{const.} \qquad (3.165)$$

Dann ist

$$\dot{r} = \dot{r}\begin{pmatrix} \cos \varphi \\ \sin \varphi \\ 0 \end{pmatrix} + r\dot{\varphi}\begin{pmatrix} -\sin \varphi \\ \cos \varphi \\ 0 \end{pmatrix} \Rightarrow \dot{r}^2 = \dot{r}^2 + r^2\dot{\varphi}^3. \qquad (3.166)$$

3.5 Das Noether-Theorem (Lagrange-Form)

Dies in (3.157) eingesetzt liefert

$$L_{\text{rel}} = \frac{\mu}{2}(\dot{r}^2 + r^2\dot{\varphi}^2) - V(r). \tag{3.167}$$

Es ist also in diesen Koordinaten φ eine zyklische Koordinate. Dies ist zu erwarten, weil sie die Drehung des Radiusvektors in der r_1-r_2-Ebene beschreibt und das System unter diesen Drehungen invariant ist. Der dazugehörige kanonisch konjugierte Impuls ist

$$p_\varphi = \frac{\partial L_{\text{rel}}}{\partial \dot{\varphi}} = \mu r^2 \dot{\varphi} = \text{const.} \tag{3.168}$$

Dies ist aber wegen

$$\boldsymbol{l} = \mu \boldsymbol{r} \times \dot{\boldsymbol{r}} = \mu r^2 \dot{\varphi} \boldsymbol{e}_3 \tag{3.169}$$

der Betrag des Drehimpulses: $p_\varphi = l$.

Nun hängt L_{rel} auch nicht explizit von der Zeit ab. Folglich ist die Hamilton-Funktion

$$\begin{aligned} H_{\text{rel}} &= p_j q_j - L_{\text{rel}} = T + V = \frac{\mu}{2}(\dot{r}^2 + r^2\dot{\varphi}^2) + V(r) \\ &= \frac{\mu}{2}\dot{r}^2 + \frac{l^2}{2\mu r^2} + V(r) = E = \text{const.} \end{aligned} \tag{3.170}$$

Wir haben also das Zweikörperproblem mit Zentralkraftwechselwirkung auf die Bewegung eines Teilchens der Masse μ in einem „effektiven Potential"

$$V_{\text{eff}} = \frac{l^2}{2\mu r^2} + V(r) \tag{3.171}$$

in einer durch r parametrisierten Richtung vereinfacht. Die entsprechende Bewegungsgleichung lässt sich offenbar durch die effektive Lagrange-Funktion

$$L_{\text{eff}}(r, \dot{r}) = \frac{\mu}{2}\dot{r}^2 - V_{\text{eff}}(r) \tag{3.172}$$

beschreiben. In der Tat ergibt die Euler-Lagrange-Gleichung für diese Lagrange-Funktion

$$\frac{d}{dt}\frac{\partial L}{\partial \dot{r}} = \mu \ddot{r} = \frac{\partial L}{\partial r} = -V'_{\text{eff}}(r). \tag{3.173}$$

Dieselbe Gleichung erhält man auch durch Ableiten von (3.170) nach der Zeit:

$$\frac{dH}{dt} = 0 = \dot{r}(\mu \ddot{r} + \partial_r V_{\text{eff}}). \tag{3.174}$$

Sieht man von den speziellen Lösungen $\dot{r} = 0$ ab, folgt also aus dem Energieerhaltungssatz ebenfalls die Bewegungsgleichung (3.173). Dieser Spezialfall enthält offenbar auch die Kreisbahnen als Spezialfall. Diese sind durch

$$\partial_r V_{\text{eff}}(r) = -\frac{l^2}{\mu r^3} + V'(r) = 0 \tag{3.175}$$

gegeben. In diesem Fall ist aber gemäß (3.168)

$$\dot{\varphi} = \omega = \frac{l}{\mu r^2} = \text{const}, \tag{3.176}$$

und (3.176) besagt einfach, dass die Zentripetalkraft der entsprechenden gleichförmigen Kreisbewegung durch die Zentralkraft gegeben ist:

$$\frac{l}{\mu r^3} = \mu r \omega^2 = -V'(r) = F_r. \tag{3.177}$$

3.6 Die Symmetrien des Kepler-Problems

Wir wenden uns nun noch einmal dem Kepler-Problem zu, das wir bereits in Abschn. 2.8.2 vollständig gelöst haben. Wie im vorigen Abschnitt gezeigt, genügt die Betrachtung der Bewegungsgleichungen für die Relativbewegung, die durch die Lagrange-Funktion (3.167) beschrieben wird, wobei

$$V(r) = -\frac{\gamma m_1 m_2}{r} = -\frac{\gamma \mu M}{r} \tag{3.178}$$

ist.

Wir wollen aber zunächst noch für die Relativbewegung eines allgemeinen Zentralkraftproblems mit der Lagrange-Dichte

$$L = \frac{\mu}{2}\dot{r} - V(r) \tag{3.179}$$

die allgemeinen Symmetrien, die sich durch reine Koordinatentransformationen ausdrücken lassen, bestimmen. Wir setzen also für die Symmetrietransformation (3.122)

$$\Theta(t, \mathbf{r}, \dot{\mathbf{r}}) = 0, \quad \mathbf{Q}(t, \mathbf{r}, \dot{\mathbf{r}}) = \mathbf{Q}(t, \mathbf{r}), \tag{3.180}$$

d. h., $\mathbf{Q}$ soll jetzt nicht von der Geschwindigkeit $\dot{\mathbf{r}}$ abhängen. Dann ergibt sich unter Verwendung von (3.179) für die Symmetriebedingung (3.127)

$$-\frac{V'(r)}{r} x_k Q_k + \mu \frac{\partial Q_k}{\partial x_j}\dot{x}_j \dot{x}_k + \mu \frac{\partial Q_k}{\partial t}\dot{x}_k = -\frac{\partial \tilde{\Omega}}{\partial x_k}\dot{x}_k - \frac{\partial \tilde{\Omega}}{\partial t}. \tag{3.181}$$

3.6 Die Symmetrien des Kepler-Problems

Dabei haben wir die totalen Zeitableitungen der Q_k und von $\tilde{\Omega}$ mit der Kettenregel ausgeführt. In (3.181) hängt nun die rechte Seite nur linear von den $\dot{x}_k$ ab, sodass der mittlere Term auf der linken Seite für sich verschwinden muss. Das erreichen wir, indem wir

$$\frac{\partial Q_k}{\partial x_j} = \epsilon_{kjl} n_l \tag{3.182}$$

mit einem beliebigen Vektor $\boldsymbol{n}$ ansetzen, wobei wir zur Vereinfachung $\boldsymbol{n} = \text{const}$ annehmen. Da dann der Ausdruck antisymmetrisch unter Vertauschung der Indizes k und j ist, verschwindet dann sicher der mittlere Term auf der linken Seite von (3.181), und aus (3.182) folgt

$$Q_k = \epsilon_{kjl} x_j n_l + \tilde{Q}_k(t). \tag{3.183}$$

Dies wiederum in (3.181) eingesetzt liefert

$$-\frac{V'(r)}{r} x_k \tilde{Q}_k + \mu \dot{\tilde{Q}}_k \dot{x}_k = -\frac{\partial \tilde{\Omega}}{\partial x_k} \dot{x}_k - \frac{\partial \tilde{\Omega}}{\partial t}. \tag{3.184}$$

Damit ist aber

$$\frac{\partial \tilde{\Omega}}{\partial x_k} = -\mu \dot{\tilde{Q}}_k(t) \Rightarrow \tilde{\Omega} = -\mu x_k \dot{\tilde{Q}}_k. \tag{3.185}$$

Damit also (3.184) erfüllt ist, genügt es, dass $\tilde{Q}_k$ die Differentialgleichung

$$\mu x_k \ddot{\tilde{Q}}_k = -\frac{V'(r)}{r} x_k \tilde{Q}_k \tag{3.186}$$

erfüllt. Das ist der Fall, wenn $\tilde{Q}(t)$ die Differentialgleichung

$$\mu \ddot{\tilde{Q}}_k = -\frac{V'(r)}{r} \tilde{Q}_k \tag{3.187}$$

erfüllt. Da wir an Größen interessiert sind, die für die Lösungen der Bewegungsgleichungen, also der Euler-Lagrange-Gleichungen, erhalten sind, dürfen wir die Euler-Lagrange-Gleichungen verwenden. Diese lauten aber

$$\mu \ddot{\boldsymbol{r}} = -V'(r) \frac{\boldsymbol{r}}{r}. \tag{3.188}$$

Es ist leicht zu zeigen, dass für das Gravitationspotential (3.178) die Gleichung (3.187) für

$$\tilde{\boldsymbol{Q}} = -\boldsymbol{n}' r(t) \cdot \dot{\boldsymbol{r}}(t) \tag{3.189}$$

mit beliebigen Lösungen $\boldsymbol{r}(t)$ der Bewegungsgleichungen (3.188) und $\boldsymbol{n}' = \text{const}$ erfüllt wird.

Wir haben also gemäß (3.183) und (3.185)

$$Q = n \times r - n'r \cdot \dot{r}, \quad \tilde{\Omega} = -\mu r \cdot \left[n \times \dot{r} - n' \frac{d}{dt}(r \cdot \dot{r}) \right]. \quad (3.190)$$

mit beliebigen Lösungen $r = r(t)$ der Bewegungsgleichung.

Die zu dieser Symmetrie gehörige Erhaltungsgröße ist gemäß (3.131)

$$C = p \cdot Q + \tilde{\Omega} = 2n \cdot L + \alpha n' \cdot \left[\frac{1}{\alpha} \dot{r} \times L - \frac{r}{r} \right] \quad (3.191)$$

mit den Impulsen $p = \mu \dot{r}$ und dem Drehimpuls $L = \mu r \times \dot{r}$. Da nun für n und n' beliebige konstante Vektoren gewählt werden können, erhalten wir als Erhaltungsgrößen neben dem Drehimpuls L auch den **Laplace-Runge-Lenz-Vektor**[5]

$$A = \frac{1}{\alpha} \dot{r} \times L - \frac{r}{r}. \quad (3.192)$$

Dass dies tatsächlich eine Erhaltungsgröße ist, bestätigt man direkt unter Verwendung der Bewegungsgleichung (3.188) mit dem Gravitationspotential (3.178). Dabei dürfen wir die Drehimpulserhaltung, also $\dot{L} = 0$, verwenden:

$$\dot{A} = -\frac{1}{r^3} \mu \ddot{r} \times (r \times \dot{r}) + \frac{\dot{r}r}{r^2} - \frac{\dot{r}}{r}. \quad (3.193)$$

Nun folgt durch Ableiten von $r^2 = r^2$ nach der Zeit, dass $r\dot{r} = r \cdot \dot{r}$, d.h. $\dot{r} = r \cdot \dot{r}/r$ ist, und mit der „bac-cab-Formel" ergibt sich daraus in der Tat

$$\dot{A} = 0. \quad (3.194)$$

Um die physikalische Bedeutung des Laplace-Runge-Lenz-Vektors zu verstehen, berechnen wir nun die Bahnkurve. Diese erhält man jetzt sehr einfach aus $A = $ const:

$$r \cdot A = Ar \cos \varphi = \frac{1}{\alpha} r \cdot (\dot{r} \times L) - \frac{r^2}{r} = \frac{1}{\alpha}(r \times \dot{r}) \cdot L - r = \frac{L^2}{\mu \alpha} - r. \quad (3.195)$$

Dabei ist φ der Winkel zwischen dem Ortsvektor r und dem konstanten Laplace-Runge-Lenz-Vektor A. Daraus folgt für die Bahnkurve

$$r(\varphi) = \frac{p}{1 + \epsilon \cos \varphi} \quad \text{mit} \quad p = \frac{L^2}{\alpha \mu}, \quad \epsilon = A. \quad (3.196)$$

Das ist gemäß Anhang A die Gleichung für Kegelschnitte mit dem Parameter p und der Exzentrizität ϵ mit dem Koordinatenursprung in einem seiner Brennpunkte. Der

---

[5] Pierre-Simon Laplace (1749–1827), Carl Runge (1856–1927), Wilhelm Lenz (1888–1957).

Laplace-Runge-Lenz-Vektor weist dabei in Richtung des Perihels (also des sonnennächsten Punktes) des Planeten.

Schließlich ist *(Übungsaufgabe)*

$$\epsilon^2 = A^2 = 1 + \frac{2EL^2}{\mu\alpha^2} \qquad (3.197)$$

mit der Gesamtenergie $E = \mu\dot{r}^2/2 - \alpha/r$. Damit stimmt, wie zu erwarten, die Bahnkurve (3.196) mit dem entsprechenden Ergebnis (2.283) aus der direkten Rechnung mit der Newton'schen Bewegungsgleichung überein. Dabei ist die Bahn

- **ein Kreis bzw. eine Ellipse** für $0 \leq \epsilon < 1$, also $E < 0$,
- eine **Parabel** für $\epsilon = 1$, also $E = 0$
- und eine **Hyperbel** für $\epsilon > 1$, also $E > 0$.

Für die gebundenen Planetenbewegungen ergibt sich also für den Fall, dass $m_2 \gg m_1$ wieder das erste Kepler'sche Gesetz, wonach die Bahnkurve eine Ellipse mit der Sonne (Masse m_2) in einem der Brennpunkte ist.

Für Himmelskörper mit beliebigen Massen bewegt sich jeder der Körper auf einem Kegelschnitt mit einem Brennpunkt im Schwerpunkt $\boldsymbol{R} = (m_1\boldsymbol{r}_1 + m_2\boldsymbol{r}_2)/M$, der sich relativ zum gewählten Inertialsystem geradlinig gleichförmig bewegt.

3.7 Die Hamilton'sche kanonische Mechanik

In diesem Abschnitt kommen wir nun zur wichtigsten Formulierung der Mechanik im Kontext der Erweiterung der Physik hin zur **Quantentheorie**: dem **Hamilton-Formalismus**. Auch innerhalb der klassischen Mechanik ermöglicht diese Formulierung die tiefgründigste Behandlung der Symmetrieprinzipien und elegante Methoden zur Lösung der Bewegungsgleichungen.

Die Grundidee besteht darin, das Hamilton'sche Prinzip der kleinsten Wirkung im Konfigurationsraum, parametrisiert durch verallgemeinerte Koordinaten q_k, zu einem Hamilton'schen Prinzip im sog. **Phasenraum** zu erweitern. Der Phasenraum beschreibt dabei die Bewegung des Teilchens durch die verallgemeinerten Koordinaten q_k und die dazugehörigen **kanonisch konjugierten Impulse**

$$p_j = \frac{\partial L}{\partial \dot{q}_j}. \qquad (3.198)$$

Wir gehen dabei davon aus, dass sich die $\dot{q}_k$ vermöge (3.198) eindeutig als Funktionen der q_k und p_j ausdrücken lassen. Es gibt zwar Fälle, sog. **singuläre Probleme,** bei denen dies nicht der Fall ist, aber wir behandeln diesen recht komplizierten Fall in diesem Buch nicht. Der interessierte Leser sei auf (Dirac, 1958) verwiesen.

Im regulären Fall, also wenn sich die $\dot{q}_j$ vermöge (3.198) als Funktionen der q_k und p_j schreiben lassen (und evtl. auch explizit von der Zeit, falls die Lagrange-Funktion

L explizit zeitabhängig ist), folgt nun für das totale Differential der **Hamilton-Funktion**

$$H = p_k \dot{q}_k - L \Rightarrow dH = \left(p_k - \frac{\partial L}{\partial \dot{q}_k} \right) d\dot{q}_k + \dot{q}_k dp_k - \frac{\partial L}{\partial q_k} dq_k - \frac{\partial L}{\partial t} dt. \quad (3.199)$$

Wegen (3.198) verschwindet die Klammer vor den $d\dot{q}_k$, und es folgt

$$dH = \dot{q}_k dp_k - \frac{\partial L}{\partial q_k} dq_k - \frac{\partial L}{\partial t} dt. \quad (3.200)$$

Da wir voraussetzungsgemäß die $\dot{q}_k$ durch die p_j und q_k ausdrücken können, können wir also $H = H(q, p, t)$ interpretieren, d. h. die Hamilton-Funktion als Funktion der generalisierten Koordinaten $q = (q_k)$, der dazugehörigen kanonisch konjugierten Impulse $p = (p_j)$ und evtl. explizit der Zeit t betrachten. Der Vergleich mit (3.200) ergibt dann

$$\dot{q}_k = \frac{\partial H}{\partial p_k}, \quad \frac{\partial L}{\partial q_k} = -\frac{\partial H}{\partial q_k}, \quad \frac{\partial L}{\partial t} = -\frac{\partial H}{\partial t}. \quad (3.201)$$

Betrachten wir nun die **Bewegungsgleichungen.** Aus dem Hamilton'schen Prinzip, wie wir es oben in Abschn. 3.4 hergeleitet haben, gelten für die Lösungen der Bewegungsgleichungen die **Euler-Lagrange-Gleichungen**

$$\dot{p}_k = \frac{d}{dt} \frac{\partial L}{\partial \dot{q}_k} = \frac{\partial L}{\partial q_k}. \quad (3.202)$$

Wegen (3.201) gilt also

$$\dot{q}_k = \frac{\partial H}{\partial p_k}, \quad \dot{p}_k = -\frac{\partial H}{\partial q_k}. \quad (3.203)$$

Dies sind die **Hamilton'schen kanonischen Gleichungen.** Sie sind eine weitere äquivalente Formulierung der Bewegungsgleichungen der Newton'schen Mechanik, soweit es sich um ein dynamisches System handelt, das sich mit dem Lagrange-Formalismus beschreiben lässt, für das sich die generalisierten Geschwindigkeiten $\dot{q}_k$ als Funktionen der q_k und p_j ausdrücken lassen (**reguläre Hamilton'sche Systeme**). Es handelt sich nun um ein System gewöhnlicher Differentialgleichungen für eine **Trajektorie im Phasenraum,** der durch (q, p) aufgespannt wird. Hat man also f voneinander unabhängige generalisierte Koordinaten q, ist der Phasenraum $(2f)$-dimensional. Die Bewegungsgleichungen für die q aus dem Hamilton'schen Prinzip waren zweiter Ordnung, und ihre Lösung wird eindeutig durch Vorgabe von Anfangsbedingungen für die q und $\dot{q}$ zu einer Zeit t_0 bestimmt. Entsprechend sind die kanonischen Gl. (3.203) Differentialgleichungen 1. Ordnung für die q und p, deren Lösungen eindeutig durch Vorgabe von Anfangsbedingungen für die generalisierten Koordinaten und Impulse q und p zur Zeit $t = t_0$ bestimmt werden. Da wir die p durch die q und $\dot{q}$ ausdrücken können, bestimmen die Anfangsbedingungen für die Bewegungsgleichungen in der Lagrange-Form auch eindeutig die Anfangsbedingungen im Phasenraum, wie sie für die Lösung der kanonischen Gleichung vorgegeben werden müssen. Da wir weiter angenommen haben, dass das Hamilton'sche System regulär ist, bestimmt auch umgekehrt die Vorgabe der Anfangsbedingung im Phasenraum eindeutig die Anfangsbedingung im Raum der q und $\dot{q}$. Die Bewegungsgleichungen in Lagrange'scher Formulierung und die Hamilton'schen kanonischen Gleichungen sind also in der Tat vollständig zueinander äquivalent.

Als Nächstes folgt aber der entscheidende Vorteil der Hamilton'schen Formulierung, der darin besteht, dass wir das Hamilton-Prinzip der kleinsten Wirkung bzgl. Variationen im Konfigurationsraum erweitern können zu einem Wirkungsprinzip bzgl. **Variationen im Phasenraum.**

Wir zeigen also, dass wir die Hamilton'schen kanonischen Gl. (3.203) auch aus einem **erweiterten Prinzip der kleinsten Wirkung** erhalten können. Dazu schreiben wir die Wirkung als Wirkung im Phasenraum, indem wir (3.199) verwenden, um die Lagrange-Funktion durch die Hamilton-Funktion auszudrücken. Entscheidend ist dabei nun aber, dass wir die Variationsmöglichkeiten dahingehend erweitern, dass wir die generalisierten Koordinaten q *und* die kanonisch konjugierten Impulse p **unabhängig** voneinander variieren dürfen. Dabei sollen die Variationen der q den üblichen festen Randbedingungen der Trajektorien im Konfigurationsraum wie beim ursprünglichen Hamilton-Prinzip erfüllen, also $\delta q(t_1) = \delta q(t_2) \equiv 0$, während wir den Variationen der p keinerlei Randbedingungen auferlegen. Dann lautet das **Phasenraum-Wirkungsfunktional**

$$S[q, p] = \int_{t_1}^{t_2} dt\, (\dot{q}_k p_k - H). \tag{3.204}$$

Die Variation lautet offenbar

$$\delta S = \int_{t_1}^{t_2} dt \left[\delta \dot{q}_k p_k + \left(\dot{q}_k - \frac{\partial H}{\partial p_k} \right) \delta p_k - \frac{\partial H}{\partial q_k} \delta q_k \right]. \tag{3.205}$$

Da beim Hamilton'schen Variationsprinzip die Zeit nicht mitvariiert wird, gilt $\delta \dot{q}_k = d(\delta q_k)/dt$, und wir können im ersten Term partiell integrieren und die Randbedingungen $\delta q_k(t_1) = \delta q_k(t_2) = 0$ ausnutzen. Dann folgt

$$\delta S = \int_{t_1}^{t_2} dt \left[\left(\dot{q}_k - \frac{\partial H}{\partial p_k} \right) \delta p_k - \left(\dot{p}_k + \frac{\partial H}{\partial q_k} \right) \delta q_k \right]. \tag{3.206}$$

Dann wird δS für alle nun als *unabhängig* voneinander angenommen Variationen δq und δp genau dann stationär, wenn die Hamilton'schen kanonischen Gl. (3.203) erfüllt sind, d. h., sie folgen aus dem eben betrachteten **verallgemeinerten Hamilton'schen Prinzip der kleinsten Wirkung** für **Phasenraumtrajektorien.**

3.7.1 Beispiel: Der harmonische Oszillator

Als einfaches Beispiel betrachten wir den harmonischen Oszillator in der Hamilton-Formulierung des Wirkungsprinzips. Die Lagrange-Funktion lautet

$$L = \frac{m}{2}\dot{x}^2 - \frac{m\omega^2}{2}x^2. \tag{3.207}$$

Der kanonisch konjugierte Impuls ist

$$p = \frac{\partial L}{\partial \dot{x}} = m\dot{x} \Rightarrow \dot{x} = \frac{p}{m}. \tag{3.208}$$

Die Geschwindigkeit $\dot{x}$ lässt sich also eindeutig durch p ausdrücken, und es liegt demzufolge ein reguläres Hamilton'sches System vor. Daraus folgt eindeutig die Hamilton-Funktion als Funktion von x und p, also

$$H = \dot{x}p - L = m\dot{x}^2 - L = \frac{m}{2}\dot{x}^2 + \frac{m\omega^2}{2}x^2 = \frac{p^2}{2m} + \frac{m\omega^2}{2}x^2. \tag{3.209}$$

Die kanonischen Bewegungsgleichungen lauten demzufolge gemäß (3.203)

$$\dot{x} = \frac{\partial H}{\partial p} = \frac{p}{m}, \quad \dot{p} = -\frac{\partial H}{\partial x} = -m\omega^2 x. \tag{3.210}$$

Setzt man nun die erste in die zweite Gleichung ein, folgt

$$\dot{p} = m\ddot{x} = -m\omega^2 x \Rightarrow \ddot{x} = -\omega^2 x, \tag{3.211}$$

also wie zu erwarten die korrekte Bewegungsgleichung für den harmonischen Oszillator.

3.8 Kanonische Transformationen

Die Bedeutung des erweiterten Hamilton'schen Prinzips besteht nun darin, dass die Bewegungsgleichungen nicht nur forminvariant unter allgemeinem Transformationen der Koordinaten q_j des Konfigurationsraums zu beliebigen neuen Koordinaten q'_j (in Gestalt der Euler-Lagrange-Gleichungen) sind, sondern auch unter allgemeineren, die generalisierten Impulse einschließenden Transformationen, die die Variation des im Phasenraum formulierten Wirkungsfunktionals (3.204) invariant lassen. Solche Transformationen bezeichnen wir mit Hamilton als **kanonische Transformationen.**

Wir gehen nun wie bei der analogen Frage bei der Lagrange'schen Formulierung in Abschn. 3.4.2 vor, wobei wir die oben hergeleitete Formulierung als erweitertes Hamilton'schen Wirkungsprinzip verwenden.

3.8 Kanonische Transformationen

Um die Bedingungen an eine beliebige Transformation

$$q_k = q_k(Q_k, P_k, t), \quad p_k = p_k(Q_k, P_k, t) \tag{3.212}$$

dafür zu finden, dass sie die Hamilton'schen kanonischen Gleichungen forminvariant lassen, müssen wir nur verlangen, dass die Variation des Wirkungsfunktionals (3.204) in beiden kanonischen Koordinatensystemen gleich ist, wobei wir die Möglichkeit zulassen wollen, dass für die neuen kanonischen Koordinaten (Q_k, P_k) auch eine neue Hamilton-Funktion $H'(Q_k, P_k, t)$ eingeführt werden muss. Die Variation der Wirkung bleibt gemäß dieser Betrachtung invariant unter dieser kanonischen Transformation, wenn

$$\Delta I = \int_{t_1}^{t_2} \mathrm{d}t [p_k \dot{q}_k - H - P_k \dot{Q}_k + H'], \tag{3.213}$$

gelesen als Wegintegral im sogenannten erweiterten von (t, q, p) parametrisierten Phasenraum, ein totales Differential

$$\mathrm{d}t(H' - H) + \mathrm{d}q_k p_k - \mathrm{d}Q_k P_k = \mathrm{d}f \tag{3.214}$$

sein muss, wobei f gemäß der auf der linken Seite auftretenden Differentiale als eine Funktion von q, Q und t aufzufassen ist. Der Vergleich zwischen der linken und rechten Seite zeigt weiterhin, dass

$$H' - H = \partial_t f, \quad p_k = \frac{\partial f}{\partial q_k}, \quad P_k = -\frac{\partial f}{\partial Q_k} \tag{3.215}$$

gilt. Die Transformation (3.212) ist also genau dann eine kanonische Transformation, wenn es eine Funktion f der alten und der neuen generalisierten Koordinaten q_k und Q_k gibt, sodass die Beziehungen (3.215) gelten. Nach dem Lemma von Poincaré ist das wenigstens lokal nur dann der Fall, wenn

$$\frac{\partial p_k}{\partial Q_l} = -\frac{\partial P_l}{\partial q_k} \tag{3.216}$$

ist.

Es ist klar, dass es viel einfacher ist, wenn wir die Funktion f willkürlich vorgeben und die „alten Koordinaten" (q, p) mit Hilfe der Bedingung (3.215) durch die „neuen Koordinaten" (Q, P) ausdrücken. Wir nennen daher f auch **Erzeugende der kanonischen Transformation**. Ist f explizit zeitabhängig, dürfen wir dabei nicht vergessen, auch die Hamilton-Funktion gemäß (3.215) zu transformieren.

Es ist manchmal allerdings bequemer, die erzeugende Funktion mit Hilfe anderer Paare alter und neuer Phasenraumkoordinaten auszudrücken. Hier bewährt sich das schon bei der Herleitung der Hamilton'schen kanonischen Gleichungen angewandte Prinzip der **Legendre-Transformation**. Als Beispiel leiten wir den für das Folgende wichtigsten Fall her, dass wir die Erzeugende als Funktion g der alten

Konfigurationsraumkoordinaten q und der neuen kanonischen Impulse P vorgeben. Dann schreiben wir

$$f(q, Q, t) = g_1(q, P, t) - Q_k P_k$$
$$\Rightarrow df = dq_k \frac{\partial g_1}{\partial q_k} - dQ_k P_k + \left(\frac{\partial g_1}{\partial P_k} - Q_k\right) dP_k + \frac{\partial g_1}{\partial t} dt. \quad (3.217)$$

Das bedeutet, dass

$$Q_k = \frac{\partial g_1}{\partial P_k} \quad (3.218)$$

sein muss, damit f die geforderte Abhängigkeit von q und Q hat. Setzten wir (3.217) in (3.215) ein, finden wir, dass die kanonische Transformation durch g gemäß

$$H' = H + \partial_t g_1, \quad p_k = \frac{\partial g_1}{\partial q_k}, \quad Q_k = \frac{\partial g_1}{\partial P_k} \quad (3.219)$$

erzeugt wird. Aus der Vertauschbarkeit der zweiten Ableitungen von g_1 nach den q und P folgt daraus die Beziehung

$$\frac{\partial p_k}{\partial P_l} = \frac{\partial Q_l}{\partial q_k}. \quad (3.220)$$

Als Nächstes betrachten wir die Legendre-Transformation

$$f(q, Q, t) = g_2(p, Q, t) + q_k p_k$$
$$\Rightarrow df = dp_k \left(\frac{\partial g_2}{\partial p_k} + q_k\right) + dQ_k \frac{\partial g_2}{\partial Q_k} + dq_k p_k + \frac{\partial g_2}{\partial t} dt. \quad (3.221)$$

Daraus folgt wieder analog wie im Fall (3.217)

$$H' = H + \partial_t g_2, \quad q_k = -\frac{\partial g_2}{\partial p_k}, \quad P_k = -\frac{\partial g_2}{\partial Q_k}. \quad (3.222)$$

Die Vertauschbarkeit der zweiten Ableitungen von g_2 nach p und Q liefert damit die Bedingung

$$\frac{\partial q_k}{\partial Q_l} = \frac{\partial P_l}{\partial p_k}. \quad (3.223)$$

Schließlich kombinieren wir beide Legendre-Transformationen (3.217) und (3.221), indem wir von g_2 ausgehen:

$$g_2(p, Q, t) = g_3(p, P, t) - Q_k P_k,$$
$$\Rightarrow dg_2 = dp_k \frac{\partial g_3}{\partial p_k} + dP_k \left(\frac{\partial g_3}{\partial P_k} - Q_k\right) - dQ_k P_k + \frac{\partial g_3}{\partial t} dt. \quad (3.224)$$

Mit (3.222) folgt daraus

$$H' = H + \partial_t g_3, \quad q_k = -\frac{\partial g_3}{\partial p_k}, \quad Q_k = \frac{\partial g_3}{\partial P_k}. \tag{3.225}$$

Die Vertauschbarkeit der zweiten Ableitungen von g_3 liefert schließlich die Bedingung

$$\frac{\partial q_k}{\partial P_l} = -\frac{\partial Q_l}{\partial p_k}. \tag{3.226}$$

Aus den Bedingungen (3.216, 3.220, 3.223, 3.226) können wir nun die Unabhängigkeit der sog. **Poisson-Klammer** von der Wahl der kanonisch konjugierten Phasenraumvariablen nachweisen, also die **Kovarianz der Poisson-Klammer** bzgl. kanonischer Transformationen. Dabei ist die Poisson-Klammer für zwei beliebige Funktion $A(q, p)$ und $B(q, p)$ durch

$$\{A, B\}_{\text{pb}} = \frac{\partial A}{\partial q_k}\frac{\partial B}{\partial p_k} - \frac{\partial B}{\partial q_k}\frac{\partial A}{\partial p_k} \tag{3.227}$$

definiert. Dazu schreiben wir für zwei beliebige Phasenraumfunktionen A und B die Poisson-Klammern mit den neuen Phasenraumkoordinaten (Q, P) auf,

$$\begin{aligned}\{A, B\}_{\text{pb}}^{(Q,P)} &= \frac{\partial A}{\partial Q_k}\frac{\partial B}{\partial P_k} - (A, B) \\ &= \left(\frac{\partial A}{\partial q_j}\frac{\partial q_j}{\partial Q_k} + \frac{\partial A}{\partial p_j}\frac{\partial p_j}{\partial Q_k}\right)\left(\frac{\partial B}{\partial q_m}\frac{\partial q_m}{\partial P_k} + \frac{\partial B}{\partial p_m}\frac{\partial p_m}{\partial Q_k}\right) - (A, B),\end{aligned} \tag{3.228}$$

wobei (A, B) für den Ausdruck steht, der durch den voranstehenden Term durch Vertauschen von A mit B hervorgeht. Ausmultiplizieren der Klammern und Berücksichtigung der Antisymmetrisierung bzgl. Vertauschen von A und B ergibt unter Zuhilfenahme der Bedingungen (3.216, 3.220, 3.223, 3.226) in der Tat die Poisson-Klammer geschrieben in den „alten Variablen" (q, p), d. h. es ist

$$\{A, B\}_{\text{pb}}^{(Q,P)} = \{A, B\}_{\text{pb}}^{(q,p)} := \{A, B\}_{\text{pb}}. \tag{3.229}$$

3.9 Beispiele zu kanonischen Transformationen

Hier wollen wir einige Beispiele zu kanonischen Transformationen betrachten, die wir im vorigen Abschnitt auf verschiedene Arten definiert haben. Zum einen kann man kanonische Transformationen definieren, indem man **erzeugende Funktionen** willkürlich festlegt. Sie sind stets als Funktionen eines Satzes alter und neuer kanonischer Koordinaten definiert und dürfen auch explizit zeitabhängig sein. Man kann alle vier Kombinationen von alten und neuen Koordinaten verwenden, je nach

Bequemlichkeit für die jeweilige Anwendung. Wir stellen die vier Fälle nochmals übersichtlich zusammen. Sie wurden hergeleitet in den Gl. (3.215,3.219,3.222,3.225)

$$g = g(q, Q, t): \quad p_k = \frac{\partial g}{\partial q_k}, \quad P_k = -\frac{\partial g}{\partial Q_k}, \quad H' = H + \frac{\partial g}{\partial t}, \tag{3.230}$$

$$g = g(q, P, t): \quad p_k = \frac{\partial g}{\partial q_k}, \quad Q_k = \frac{\partial g}{\partial P_k}, \quad H' = H + \frac{\partial g}{\partial t}, \tag{3.231}$$

$$g = g(p, Q, t): \quad q_k = -\frac{\partial g}{\partial p_k}, \quad P_k = -\frac{\partial g}{\partial Q_k}, \quad H' = H + \frac{\partial g}{\partial t}, \tag{3.232}$$

$$g = g(p, P, t): \quad q_k = -\frac{\partial g}{\partial p_k}, \quad Q_k = \frac{\partial g}{\partial P_k}, \quad H' = H + \frac{\partial g}{\partial t}. \tag{3.233}$$

Andererseits haben wir auch gezeigt, dass eine Transformation $(q, p) \leftrightarrow (Q, P)$ genau dann kanonisch ist, wenn die Poisson-Klammern der alten und neuen Phasenraumvariablen ungeändert bleiben:

$$\begin{aligned}\{q_k, q_j\}_{\text{pb}} &= \{Q_k, Q_j\}_{\text{pb}} = \{p_k, p_j\}_{\text{pb}} = \{P_k, P_j\}_{\text{pb}} = 0, \\ \{q_k, p_j\}_{\text{pb}} &= \{Q_k, P_j\}_{\text{pb}} = \delta_{jk}.\end{aligned} \tag{3.234}$$

Dabei ist die Poisson-Klammer zwischen Phasenraumfunktionen ihrerseits forminvariant unter den kanonischen Transformationen, kann also sowohl mittels der alten als auch der neuen Koordinaten ausgerechnet werden gemäß

$$\{A, B\}_{\text{pb}} = \frac{\partial A}{\partial q_k}\frac{\partial B}{\partial p_k} - \frac{\partial B}{\partial q_k}\frac{\partial A}{\partial p_k} = \frac{\partial A}{\partial Q_k}\frac{\partial B}{\partial P_k} - \frac{\partial B}{\partial Q_k}\frac{\partial A}{\partial P_k}. \tag{3.235}$$

3.9.1 Beliebige Transformationen im Konfigurationsraum

In der Lagrange-Formulierung der analytischen Mechanik konnten wir von beliebigen generalisierten Koordinaten q zu beliebigen neuen generalisierten Koordinaten Q übergehen. Die Abbildung musste nur (zumindest lokal) umkehrbar und differenzierbar (also ein **Diffeomorphismus**) sein. Es ist klar, dass demnach eine solche Transformation stets zu einer kanonischen Transformation erweiterbar sein muss. Wir geben also lediglich

$$q_k = f_k(Q, t) \tag{3.236}$$

vor und fragen, ob wir diese Vorgabe durch eine kanonische Transformation im Hamilton-Formalismus realisieren können. In diesem Fall ist das sehr einfach, denn wir brauchen z. B. nur auf den Generator vom Typ (3.232), $g = g(p, Q, t)$, zurückzugreifen. Zunächst ist

$$q_k = -\frac{\partial g}{\partial p_k} = f_k(Q, t) \Rightarrow g(p, Q, t) = -p_j f_j(Q, t). \tag{3.237}$$

3.9 Beispiele zu kanonischen Transformationen

Man beachte, dass wir nicht den allgemeinst möglichen Fall betrachten. Wir brauchen nur eine mögliche kanonische Transformation, d.h., wir verzichten auf das Ausschreiben der jeweiligen „Integrationskonstanten" beim Hochintegrieren partieller Ableitungen. Gemäß (3.232) müssen wir dann die neuen kanonischen Impulse gemäß

$$P_k = -\frac{\partial g}{\partial Q_k} = p_j \frac{\partial f_k}{\partial Q_j} \tag{3.238}$$

definieren. Voraussetzungsgemäß ist (3.236) ein sog. **Diffeomorphismus** und damit ist diese Gleichung nach den p_j auflösbar, weil die Jacobi-Matrix $\partial f_k/\partial Q_j$ eines Diffeomorphismus definitionsgemäß invertierbar ist. Damit haben wir aber die gewünschte kanonische Transformation gefunden.

Wir bemerken, dass sich die p_j kontravariant zu dq_j transformieren. In der Tat gilt (bei festgehaltener Zeit t!)

$$\mathrm{d}q_k = \mathrm{d}Q_j \frac{\partial q_k}{\partial Q_j}, \quad p_k = P_j \frac{\partial Q_j}{\partial q_k}. \tag{3.239}$$

Als **Beispiel** betrachten wir die Transformation von kartesischen Koordinaten $(q_k) = (x, y, z)$ zu Kugelkoordinaten $(Q_k) = (r, \vartheta, \varphi)$:

$$(q_k) = \begin{pmatrix} x \\ y \\ z \end{pmatrix} = \begin{pmatrix} r \cos\varphi \sin\vartheta \\ r \sin\varphi \sin\vartheta \\ r \cos\vartheta \end{pmatrix}. \tag{3.240}$$

Dann gilt wegen (3.237)

$$g(p, Q) = -p_k q_k(Q) = -(p_x r \cos\varphi \sin\vartheta + p_y r \sin\varphi \sin\vartheta + p_z r \cos\vartheta). \tag{3.241}$$

Die neuen zu den Q kanonisch konjugierten Impulse sind gegeben durch

$$\begin{pmatrix} P_r \\ P_\vartheta \\ P_\varphi \end{pmatrix} = -\begin{pmatrix} \partial_r g \\ \partial_\vartheta g \\ \partial_\varphi g \end{pmatrix} = \begin{pmatrix} p_x \cos\varphi \sin\vartheta + p_y \sin\varphi \sin\vartheta + p_z \cos\vartheta \\ p_x r \cos\varphi \cos\vartheta + p_y r \sin\varphi \cos\vartheta - p_z r \sin\vartheta \\ -p_x r \sin\varphi \sin\vartheta + p_y r \cos\varphi \sin\vartheta \end{pmatrix}. \tag{3.242}$$

Da $\partial_t g = 0$ ist, ist nun einfach $H' = H$, aber wir müssen H' durch die Q und P ausdrücken, d.h., wir müssen (3.242) nach $\boldsymbol{p}$ umstellen. Dazu schreiben wir das lineare Gleichungssystem in Matrixschreibweise

$$\begin{pmatrix} P_r \\ P_\vartheta \\ P_\varphi \end{pmatrix} = \begin{pmatrix} \cos\varphi \sin\vartheta & \sin\varphi \sin\vartheta & \cos\vartheta \\ r\cos\varphi \cos\vartheta & r\sin\varphi \cos\vartheta & -r\sin\vartheta \\ -r\sin\varphi \sin\vartheta & r\cos\varphi \sin\vartheta & 0 \end{pmatrix} \begin{pmatrix} p_x \\ p_y \\ p_z \end{pmatrix} = \hat{T} \begin{pmatrix} p_x \\ p_y \\ p_z \end{pmatrix}. \tag{3.243}$$

Die inverse Matrix ergibt sich zu *(Nachrechnen!)*

$$\hat{T}^{-1} = \begin{pmatrix} \cos\varphi\cos\vartheta & \cos\varphi\cos\vartheta/r & -\sin\varphi/(r\sin\vartheta) \\ \sin\varphi\sin\vartheta & \sin\varphi\cos\vartheta/r & \cos\varphi/(r\sin\vartheta) \\ \cos\vartheta & -\sin\vartheta/r & 0 \end{pmatrix} \qquad (3.244)$$

und damit *(Nachrechnen!)*

$$H' = H = \frac{1}{2m}\mathbf{p}^2 = \frac{1}{2m}(P_r, P_\vartheta, P_\varphi)\hat{T}^{-1\mathrm{T}}\hat{T}^{-1}\begin{pmatrix} P_r \\ P_\vartheta \\ P_\varphi \end{pmatrix}$$
$$= \frac{1}{2m}\left(P_r^2 + \frac{P_\vartheta^2}{r^2} + \frac{P_\varphi^2}{r^2\sin^2\vartheta}\right). \qquad (3.245)$$

Freilich erhält man das gleiche Ergebnis auch, indem man die Berechnung der generalisierten Impulse mit der Lagrange-Funktion vornimmt. Zunächst ergibt sich

$$\dot{\mathbf{x}} = \dot{r}\mathbf{e}_r + r\dot{\vartheta}\mathbf{e}_\vartheta + r\sin\vartheta\,\dot{\varphi}\mathbf{e}_\varphi, \qquad (3.246)$$

wobei $\mathbf{e}_r = \partial_r\mathbf{x}$, $\mathbf{e}_\vartheta = 1/r\,\partial_\vartheta\mathbf{x}$ und $\mathbf{e}_\varphi = 1/(r\sin\vartheta)\partial_\varphi\mathbf{x}$ die orthonormierten Basisvektoren der Kugelkoordinaten sind. Für das freie Teilchen ist

$$L = \frac{m}{2}\dot{\mathbf{x}}^2 = \frac{m}{2}\left(\dot{r}^2 + r^2\dot{\vartheta}^2 + r^2\sin^2\vartheta\,\dot{\varphi}^2\right). \qquad (3.247)$$

Die kanonisch konjugierten Impulse sind

$$P_r = \frac{\partial L}{\partial \dot{r}} = m\dot{r}, \quad P_\vartheta = \frac{\partial L}{\partial \dot{\vartheta}} = mr^2\dot{\vartheta}, \quad P_\varphi = \frac{\partial L}{\partial \dot{\varphi}} = mr^2\sin^2\vartheta\,\dot{\varphi}, \qquad (3.248)$$

und die Hamilton-Funktion ergibt sich zu

$$H = \dot{r}P_r + \dot{\vartheta}P_\vartheta + \dot{\varphi}P_\varphi - L = L = \frac{1}{2m}\left(P_r^2 + \frac{P_\vartheta^2}{r^2} + \frac{P_\varphi^2}{r^2\sin^2\vartheta}\right), \qquad (3.249)$$

was in der Tat mit (3.246) übereinstimmt. In diesem Fall erweist sich die Umrechnung von kartesischen zu Kugelkoordinaten über den Lagrange-Formalismus als bequemer als mittels der kanonischen Transformation.

3.9.2 Freier Fall

Wir betrachten den freien Fall eines Massenpunktes in Erdnähe. Die z-Achse sei senkrecht nach oben gerichtet, und wir betrachten das Problem in kartesischen Koordinaten $(q_k) = (x, y, z)$. Dann lautet die Hamilton-Funktion

$$H = \frac{\mathbf{p}^2}{2m} + mgz. \tag{3.250}$$

Es liegt nahe, neben den selbstverständlich zyklischen Koordinaten x und y auch noch eine neue Koordinate Z dadurch zyklisch zu machen, dass wir in ein beschleunigtes Bezugssystem übergehen mit

$$z = Z - \frac{g}{2}t^2. \tag{3.251}$$

Dies ist ein Diffeomorphismus für die Konfigurationsraumkoordinate z, wie im vorigen Abschnitt besprochen. Wir verwenden also wieder eine Erzeugende $G = G(p, Q, t)$ von der Form (3.232). Aus

$$z = -\frac{\partial G}{\partial p_z} = Z - \frac{g}{2}t^2 \tag{3.252}$$

folgt

$$G(p_z, Z, t) = -p_z\left(Z - \frac{g}{2}t^2\right) + G_2(Z, t). \tag{3.253}$$

Daraus wiederum ergibt sich

$$P_Z = -\frac{\partial G}{\partial Z} = p_z - \partial_Z G_2(Z, t) \tag{3.254}$$

und für die Hamilton-Funktion

$$\begin{aligned} H' &= \frac{p_x^2 + p_y^2}{2m} + \frac{1}{2m}(P_Z + \partial_Z G_2)^2 + gt(P_Z + \partial_Z G_2) + \partial_t G_2 \\ &= \frac{p_x^2 + p_y^2 + P_z^2}{2m} + \frac{P_Z}{m}\partial_Z G_2 + \frac{1}{2m}(\partial_Z G_2)^2 \\ &\quad + gt(P_Z + \partial_Z G_2) + \partial_t G_2. \end{aligned} \tag{3.255}$$

Verlangen wir nun

$$\partial_Z G_2 = -mgt \Rightarrow G_2 = -mgZt + G_3(t), \tag{3.256}$$

damit die Terme $\propto P_Z$ in (3.255) verschwinden, folgt

$$H' = \frac{p_x^2 + p_y^2 + P_z^2}{2m} - mg^2t^2 + \partial_t G_3. \tag{3.257}$$

Setzen wir schließlich

$$\partial_t G_3 = mg^2 t^2 \Rightarrow G_3 = \frac{mg^2}{3} t^3, \tag{3.258}$$

folgt

$$H' = \frac{p_x^2 + p_y^2 + P_z^2}{2m}. \tag{3.259}$$

Folglich sind alle drei Raumkoordinaten x, y und Z zyklisch und somit $p_x = $ const, $p_y = $ const, $P_z = $ const, und die verbliebenen Hamilton'schen kanonischen Gleichungen

$$\dot{x} = \frac{\partial H'}{\partial p_x} = \frac{p_x}{m}, \quad \dot{y} = \frac{\partial H'}{\partial p_y} = \frac{p_y}{m}, \quad \dot{Z} = \frac{\partial H'}{\partial P_z} = \frac{P_z}{m} \tag{3.260}$$

sind durch eine einfache Integration zu lösen:

$$x = \frac{p_x}{m} t + x_0, \quad y = \frac{p_y}{m} t + y_0, \quad Z = \frac{P_z}{m} t + Z_0. \tag{3.261}$$

Bzgl. der ursprünglichen Variablen z liefert (3.252) dann in der Tat das korrekte Resultat

$$z = Z - \frac{g}{2} t^2 = -\frac{g}{2} t^2 + \frac{P_z}{m} t + Z_0. \tag{3.262}$$

3.9.3 Eindimensionaler harmonischer Oszillator

Der eindimensionale harmonische Oszillator ist durch die Hamilton-Funktion

$$H = \frac{p^2}{2m} + \frac{m\omega^2}{2} q^2 \tag{3.263}$$

definiert. Wir wollen nun neue kanonische Variablen (Q, P) finden, sodass Q zyklisch ist, d.h. die neue Hamilton-Funktion nicht von Q abhängt. Das erreichen wir offenbar für eine beliebige Funktion f, indem wir

$$q = \sqrt{\frac{2}{m\omega^2}} f(P) \sin Q, \quad p = \sqrt{2m} f(P) \cos Q, \tag{3.264}$$

setzen. Wir wollen f so bestimmen, dass (3.264) eine kanonische Transformation mit einer Erzeugenden ist, die nicht explizit von der Zeit abhängt. Dann gilt jedenfalls, wie gewünscht *(Nachrechnen!)*

$$H'(Q, P) = H[q(Q, P), p(Q, P)] = f^2(P). \tag{3.265}$$

3.9 Beispiele zu kanonischen Transformationen

Wir müssen nur sicherstellen, dass wir f so bestimmen können, dass (3.264) tatsächlich eine kanonische Transformation ist. Dazu berechnen wir die einzige nichttriviale kanonische Poisson-Klammer

$$\{q, p\}_{\text{pb}} = \frac{\partial q}{\partial Q}\frac{\partial p}{\partial P} - \frac{\partial p}{\partial Q}\frac{\partial q}{\partial P} = \frac{2}{\omega} f(P) f'(P) \stackrel{!}{=} 1. \qquad (3.266)$$

Die Differentialgleichung für f ist leicht lösbar:

$$f(P) f'(P) = \frac{1}{2}\frac{\text{d}}{\text{d}P} f^2 = \frac{\omega}{2} \Rightarrow f = \sqrt{\omega P}. \qquad (3.267)$$

Damit sind aber alle Poisson-Klammern die kanonischen, und mit (3.267) ist (3.264) kanonisch:

$$q = \sqrt{\frac{2P}{m\omega}} \sin Q, \quad p = 2\sqrt{m\omega P} \cos Q. \qquad (3.268)$$

Die neue Hamilton-Funktion ist also gemäß (3.266)

$$H'(Q, P) = \omega P \Rightarrow \dot{Q} = \frac{\partial H'}{\partial P} = \omega, \quad \dot{P} = -\frac{\partial H'}{\partial Q} = 0. \qquad (3.269)$$

Dabei haben wir die Hamilton'schen kanonischen Gleichungen für die neuen Koordinaten benutzt. Die Bewegungsgleichungen sind sofort lösbar

$$Q(t) = \omega t + Q_0, \quad P(t) = P_0 = \text{const.} \qquad (3.270)$$

Dabei haben wir die Anfangsbedingungen $Q(0) = Q_0$, $P(0) = P_0$ gleich eingearbeitet. Mittels der kanonischen Transformation (3.268) erhalten wir dann die Lösungen für die ursprünglichen Phasenraumkoordinaten einfach durch Einsetzen

$$q(t) = \sqrt{\frac{2P_0}{m\omega}} \sin(\omega t + Q_0), \quad p(t) = \sqrt{2m\omega P_0} \cos(\omega t + Q_0). \qquad (3.271)$$

Dies ist offenbar die allgemeine Lösung der Bewegungsgleichungen für die ursprünglichen Phasenraumkoordinaten, wenn auch in nicht ganz expliziter Form *(Nachrechnen!)*. Offenbar gilt

$$q(0) = q_0 = \sqrt{\frac{2P_0}{m\omega}} \sin Q_0, \quad p(0) = p_0 = \sqrt{2m\omega P_0} \cos Q_0. \qquad (3.272)$$

Damit folgt aber in der Tat die Lösung der Bewegungsgleichungen für den harmonischen Oszillator in der gewohnten Form. Dazu müssen wir nur die Additionstheoreme für sin und cos verwenden und (3.272) anwenden:

$$\begin{aligned}q(t) &= \sqrt{\frac{2P_0}{m\omega}}[\cos(\omega t)\sin Q_0 + \sin(\omega t)\cos Q_0] \\ &= q_0 \cos(\omega t) + \frac{p_0}{m\omega}\sin(\omega t), \\ p(t) &= \sqrt{2m\omega P_0}[\cos(\omega t)\cos Q_0 - \sin(\omega t)\sin Q_0] \\ &= p_0 \cos(\omega t) - m\omega x_0 \sin(\omega t).\end{aligned} \quad (3.273)$$

3.10 Das Noether-Theorem in Hamilton'scher Formulierung

Im Hamilton-Formalismus wird das Noether-Theorem besonders elegant, allerdings in der hier behandelten Form nur für Transformationen, in der die Zeit nicht transformiert wird. Wir betrachten dazu kanonische Transformationen, für die $H'(Q_k, P_k, t) = H(Q_k, P_k, t)$ ist, die also **Symmetrietransformationen** für den vorgegebenen Hamilton-Operator sind.

Wir betrachten dazu Erzeugende für die kanonische Transformation der Form (3.231), $g(q^k, P_k, t)$, die eine nur infinitesimal von der Identität verschiedene kanonische Transformation erzeugt:

$$g(q, P, t) = q^k P_k + G(q^k, P_k, t)\epsilon. \quad (3.274)$$

Dabei soll ϵ ein von den Phasenraumkoordinaten und der Zeit unabhängiger „infinitesimaler" Parameter sein, der die Transformation parametrisiert (z. B. bei Drehungen ein infinitesimaler Drehwinkel).

Gemäß (3.219) gilt

$$\begin{aligned}p_k &= P_k + \frac{\partial G(q_k, P_k, t)}{\partial q_k}\epsilon = P_k + \frac{\partial G(q_k, p_k, t)}{\partial q_k}\epsilon + \mathcal{O}(\epsilon^2), \\ Q_k &= q_k + \frac{\partial G(q_k, P_k)}{\partial P_k}\epsilon = q_k + \frac{\partial G(q, p, t)}{\partial p_k}\epsilon + \mathcal{O}(\epsilon^2).\end{aligned} \quad (3.275)$$

Es gilt also bis auf Größen der Ordnung ϵ^2

$$\delta q_k = Q_k - q_k = \frac{\partial G}{\partial p_k}\epsilon, \quad \delta p_k = P_k - p_k = -\frac{\partial G}{\partial q_k}\epsilon. \quad (3.276)$$

Für eine beliebige Observable $O(q_k, p_k, t)$ gilt dann

$$\delta O = \delta q_k \frac{\partial O}{\partial q_k} + \delta p_k \frac{\partial O}{\partial p_k} + \mathcal{O}(\epsilon^2) = \{O, G\}_{\text{pb}}\,\epsilon + \mathcal{O}(\epsilon^2). \quad (3.277)$$

3.10 Das Noether-Theorem in Hamilton'scher Formulierung

Für den Hamilton-Operator folgt gemäß (3.219)

$$H'(Q_k, P_k, t) = H(q_k, p_k, t) + \frac{\partial G(q_k, p_k, t)}{\partial t}\epsilon + \mathcal{O}(\epsilon^2). \qquad (3.278)$$

Eine solche infinitesimale kanonische Transformation ist nun eine **Symmetrietransformation,** wenn die transformierte Hamilton-Funktion dieselbe funktionale Form wie die ursprüngliche besitzt, d. h., wenn

$$H'(Q_k, P_k, t) - H(Q_k, P_k, t) = 0 \qquad (3.279)$$

ist. Setzt man hierin (3.278) ein und entwickelt bis zu Größen der Ordnung ϵ, erhält man daraus die **Symmetriebedingung**

$$\begin{aligned}H'(Q_k, P_k, t) - H(Q_k, P_k, t) &= H(q_k, p_k, t) + \frac{\partial G(q_k, p_k, t)}{\partial t}\epsilon \\ &\quad - \left[H(q_k, p_k, t) + \delta q_k \frac{\partial H(q_k, p_k, t)}{\partial q_k} + \delta p_k \frac{\partial H(q_k, p_k, t)}{\partial p_k}\right] \\ &\quad + \mathcal{O}(\epsilon^2) \overset{!}{=} \mathcal{O}(\epsilon^2). \end{aligned} \qquad (3.280)$$

Zusammengefasst und mit (3.276) unter Verwendung der Definition der Poisson-Klammern (3.227) geschrieben folgt

$$\left[\{G, H\}_{\text{pb}} + \frac{\partial g}{\partial t}\right]\epsilon + \mathcal{O}(\epsilon^2) = \mathcal{O}(\epsilon^2). \qquad (3.281)$$

Bis auf Größen der Ordnung ϵ^2 ist also

$$\{G, H\}_{\text{pb}} + \frac{\partial G}{\partial t} = 0, \qquad (3.282)$$

falls die kanonische Transformation eine Symmetrietransformation ist.

Für die Trajektorien des Punktteilchensystems im Phasenraum, die die Hamilton'schen kanonischen Gleichungen erfüllen, gilt aufgrund der Hamilton'schen Bewegungsgleichungen (3.203) für die totale Zeitableitung einer beliebigen Phasenraumfunktion G

$$\begin{aligned}\frac{\mathrm{d}}{\mathrm{d}t}G(q, p, t) &= \frac{\partial G}{\partial q_k}\dot{q}_k + \frac{\partial G}{\partial p_k}\dot{p}_k + \frac{\partial G}{\partial t} \\ &= \frac{\partial G}{\partial q_k}\frac{\partial H}{\partial p_k} - \frac{\partial G}{\partial p_k}\frac{\partial H}{\partial q_k} + \frac{\partial G}{\partial t} \\ &= \{G, H\}_{\text{pb}} + \frac{\partial G}{\partial t}\end{aligned} \qquad (3.283)$$

und damit das **Noether'sche Theorem** in der folgenden besonders eleganten Gestalt:
Ist die Hamilton-Funktion unter einer infinitesimal von der Identität abweichenden kanonischen Transformation invariant, so ist die **Erzeugende** dieser kanonischen

Transformation eine Erhaltungsgröße der Bewegung. Umgekehrt ist jede Erhaltungsgröße Erzeugende einer Symmetrietransformation.

Die Zeitentwicklung selbst stellt gemäß (3.283) eine kanonische Transformation dar, deren Erzeugende die Hamilton-Funktion ist.

3.11 Symmetrien der Galilei-Newton-Raumzeit

Wir wollen nun zeigen, dass die Form der Hamilton-Funkion für abgeschlossene Systeme in der Newton'schen Mechanik im Wesentlichen durch die **Raum-Zeit-Symmetrien** des Newton'schen Raumzeitmodells bestimmt ist.

Wir betrachten zunächst ein **einzelnes Teilchen** und leiten die Hamilton-Funktion aus den Raum-Zeit-Symmetrien her. In diesem Abschnitt arbeiten wir mit kartesischen Koordinaten $q_k = x_k$.

Zeitliche Translationsinvarianz: Diese Symmetrie besagt, dass die Naturgesetze zu jeder Zeit in gleicher Weise gelten, d. h., führt man ein Experiment zur Zeit t_1 aus, liefert es bei genau gleichen Versuchsbedingungen ein identisches Resultat, wenn man es zu einem anderen Zeitpunkt t_2 wiederholt. Die zeitliche Translationsinvarianz fällt nun nicht genau in das oben behandelte Schema einer durch kanonische Transformationen gegebenen Symmetrietransformation der generalisierten Koordinaten und Impulse. Wir können es trotzdem auch im Hamilton-Formalismus herleiten, denn aufgrund der Hamilton-Gleichungen ist die Hamilton-Funktion der Generator für Zeittranslationen.

Es gilt nämlich

$$\dot{q}_k = \frac{\partial H}{\partial p_k} = \{q_k, H\}_{\text{pb}}, \quad \dot{p}_k = -\frac{\partial H}{\partial x_k} = \{p_k, H\}_{\text{pb}}. \tag{3.284}$$

Verwendet man also die Hamilton-Funktion selbst als Generator $G = H$ einer infinitesimalen Symmetrietransformation, beschreibt dies in der Tat Zeittranslationen, und die Bedingung (3.283) für das Vorliegen einer Symmetrie liefert

$$\{H, H\}_{\text{pb}} + \frac{\partial H}{\partial t} = \frac{\partial H}{\partial t} = 0 \Rightarrow H = H(\boldsymbol{x}, \boldsymbol{p}), \tag{3.285}$$

d. h., die Hamilton-Funktion darf nicht explizit von der Zeit abhängen. Es ist klar, dass dann für die Lösungen der Bewegungsgleichungen

$$\frac{dH}{dt} = \{H, H\}_{\text{pb}} = 0 \tag{3.286}$$

gilt, d. h., die Hamilton-Funktion ist erhalten aufgrund der Zeittranslationsinvarianz. Man nennt diese zur Zeittranslationsinvarianz gehörige Erhaltungsgröße **Energie**.

Räumliche Translationsinvarianz: Die Homogenität (des als euklidisch angenommenen) Raums impliziert, dass die Naturgesetze unabhängig vom Ort sind, d. h., gleichartig aufgebaute Experimente an verschiedenen Orten liefern die gleichen Resultate.

3.11 Symmetrien der Galilei-Newton-Raumzeit

Wir betrachten also die Verschiebung der räumlichen Koordinaten um einen kleinen konstanten Vektor:

$$\delta \boldsymbol{x} = \epsilon \boldsymbol{n}. \tag{3.287}$$

Aus (3.276) folgt dann

$$\delta \boldsymbol{x} = \epsilon \frac{\partial G}{\partial \boldsymbol{p}} = \epsilon \boldsymbol{n} \Rightarrow G = \boldsymbol{n} \cdot \boldsymbol{p}. \tag{3.288}$$

Es ist also die Impulskomponente in Richtung der Verschiebung die Erzeugende der entsprechenden Transformation. Wiederum aus (3.276) folgt $\delta \boldsymbol{p} = \boldsymbol{0}$. Die Symmetriebedingung (3.282) verlangt

$$\{\boldsymbol{n} \cdot \boldsymbol{p}, H\}_{\mathrm{pb}} = -\frac{\partial (\boldsymbol{n} \cdot \boldsymbol{p})}{\partial \boldsymbol{p}} \cdot \frac{\partial H}{\partial \boldsymbol{x}} = -\boldsymbol{n} \cdot \frac{\partial H}{\partial \boldsymbol{x}} = 0. \tag{3.289}$$

Da dies für beliebige Vektoren $\boldsymbol{n}$ gelten soll, muss demnach

$$H = H(\boldsymbol{p}) \tag{3.290}$$

gelten.

Rotationssymmetrie: Die Isotropie des (als euklidisch angenommenen) Raums impliziert, dass die Naturgesetze unabhängig von der absoluten Orientierung von Versuchsanordnungen sein müssen, d. h., beliebige Drehungen müssen eine Symmetrie für die Dynamik eines abgeschlossenen Systems sein.

Eine infinitesimale Drehung für die räumlichen Koordinaten ist durch

$$\delta \boldsymbol{x} = \epsilon \boldsymbol{n} \times \boldsymbol{x} \Rightarrow \delta x_k = \epsilon \epsilon_{klm} n_l x_m. \tag{3.291}$$

gegeben. Dabei ist ϵ der infinitesimale Drehwinkel und $\boldsymbol{n}$ der Richtungseinheitsvektor der Drehachse (Rechte-Hand-Regel!). Für den Generator folgt

$$\begin{aligned} \frac{1}{\epsilon} \delta x_k &= \frac{\partial G}{\partial p_k} = \epsilon_{klm} n_l x_m \\ \Rightarrow G &= \epsilon_{klm} p_k n_l x_m = \epsilon_{mkl} x_m p_k n_l = \boldsymbol{n} \cdot (\boldsymbol{x} \times \boldsymbol{p}) = \boldsymbol{n} \cdot \boldsymbol{L}. \end{aligned} \tag{3.292}$$

Der Generator einer infinitesimalen Drehung ist also offenbar die Komponente des Drehimpulses in Richtung der Drehachse.

Für die Impulse folgt

$$\delta p_j = -\epsilon \frac{\partial G}{\partial x_j} = -\epsilon \epsilon_{jkl} p_k n_l = +\epsilon \epsilon_{jlk} n_l p_k \Rightarrow \delta \boldsymbol{p} = \epsilon \boldsymbol{n} \times \boldsymbol{p}. \tag{3.293}$$

Die Impulskomponenten transformieren sich also, wie zu erwarten, wie Vektorkomponenten unter Drehungen. Die Symmetriebedingung (3.282) verlangt dann unter Berücksichtigung von (3.290)

$$\{G, H\}_{\text{pb}} = \frac{\partial G}{\partial x_j} \frac{\partial H}{\partial p_j} = \epsilon_{klj} p_k n_l \frac{\partial H}{\partial p_j} = -\boldsymbol{n} \cdot \left(\boldsymbol{p} \times \frac{\partial H}{\partial \boldsymbol{p}}\right) = 0. \qquad (3.294)$$

Da dies für alle Einheitsvektoren $\boldsymbol{n}$ gelten soll, muss offenbar

$$\boldsymbol{p} \times \partial_{\boldsymbol{p}} H = 0 \Rightarrow \partial_{\boldsymbol{p}} H \propto \boldsymbol{p} \Rightarrow H = H(|\boldsymbol{p}|) \qquad (3.295)$$

gelten. Das ist auch einleuchtend, denn die einzige rotationsinvariante Größe, die man aus $\boldsymbol{p}$ konstruieren kann, ist $|\boldsymbol{p}|$, d. h., damit H rotationsinvariant unter beliebigen Drehrichtungen ist, muss sie eine Funktion dieser einzigen unter diesen Transformationen unabhängigen Größe sein.

Galilei-Boost-Invarianz: Das Trägheitsprinzip (Newtons Lex I) liefert zusammen mit der angenommenen Absolutheit von Raum und Zeit die Notwendigkeit, dass die Naturgesetze in allen Inertialsystemen gleich sind, d. h., führt man ein Experiment in zwei gegeneinander gleichförmig bewegten Inertialsystemen durch, liefert es gleichartige Resultate.

Ein infinitesimaler Galilei-Boost in einer Richtung $\boldsymbol{n}$ ist für die Orts- und Impulskoordinaten durch

$$\delta \boldsymbol{x} = -\epsilon \boldsymbol{n} t, \quad \delta \boldsymbol{p} = -\epsilon m \boldsymbol{n} \qquad (3.296)$$

gegeben. Hier ist ϵ die infinitesimale Boost-Geschwindigkeit. Der Generator ergibt sich wieder aus

$$\delta \boldsymbol{x}/\epsilon = \frac{\partial G}{\partial \boldsymbol{p}} = -\boldsymbol{n} t \Rightarrow G(\boldsymbol{x}, \boldsymbol{p}, t) = -\boldsymbol{n} \cdot \boldsymbol{p} t + \tilde{G}(\boldsymbol{x}, t). \qquad (3.297)$$

Es ist weiter

$$\delta \boldsymbol{p}/\epsilon = -\frac{\partial G}{\partial \boldsymbol{x}} = -\frac{\partial \tilde{G}}{\partial \boldsymbol{x}} = -m \boldsymbol{n} \Rightarrow G = \boldsymbol{n} \cdot (m \boldsymbol{x} - \boldsymbol{p} t). \qquad (3.298)$$

Die Symmetriebedingung (3.282) verlangt

$$\{G, H\}_{\text{pb}} + \partial_t G = \boldsymbol{n} \cdot \left[m \frac{\partial H}{\partial \boldsymbol{p}} - \boldsymbol{p}\right] = 0. \qquad (3.299)$$

Dabei haben wir wieder verwendet, dass gemäß (3.295) H nicht von $\boldsymbol{x}$ abhängt. Die Symmetriebedingung liefert also

$$\frac{\partial H}{\partial \boldsymbol{p}} = \frac{1}{m} \boldsymbol{p}, \qquad (3.300)$$

3.11 Symmetrien der Galilei-Newton-Raumzeit

wenn (3.299) für beliebige Boost-Richtungsvektoren $\boldsymbol{n}$ gelten soll. Nun ist aber $H = H(|\boldsymbol{p}|) = H(p)$ und damit

$$\frac{\partial H}{\partial \boldsymbol{p}} = \frac{\partial p}{\partial \boldsymbol{p}} H'(p) = \frac{\boldsymbol{p}}{p} H'(p) = \frac{1}{m}\boldsymbol{p}$$

$$\Rightarrow H'(p) = \frac{p}{m} \tag{3.301}$$

$$\Rightarrow H(p) = \frac{p^2}{2m} = \frac{1}{2m}\boldsymbol{p}^2.$$

Wir erhalten also aus den zehn unabhängigen Symmetrien (eine Zeittranslation, drei Raumtranslationen, drei Drehungen, drei Boosts) der Galilei-Raumzeit notwendig die Hamilton-Funktion für ein freies Teilchen. In der Tat kann ein einzelnes Teilchen nur ein abgeschlossenes System bilden, wenn es nicht wechselwirkt. Man erhält dann auch Newtons Trägheitsgesetz, d. h., das freie Teilchen bewegt sich notwendig geradlinig gleichförmig (oder verharrt in Ruhe), und der Generator für Boosts $\boldsymbol{G} = m\boldsymbol{x} - \boldsymbol{p}t$ ist in der Tat eine Erhaltungsgröße, denn für die allgemeine Lösung der Bewegungsgleichungen gilt $\boldsymbol{p} = \boldsymbol{p}_0$, $\boldsymbol{x} = \boldsymbol{p}_0 t/m + \boldsymbol{x}_0$ und damit $\boldsymbol{G} = m\boldsymbol{x} - \boldsymbol{p}t = m\boldsymbol{x}_0 = \text{const.}$

Man erhält durch eine analoge Analyse für ein abgeschlossenes Zweiteilchensystem *(Übung!)*, dass die Hamilton-Funktion notwendig die Form

$$H = H(\boldsymbol{x}_1, \boldsymbol{x}_2, \boldsymbol{p}_1, \boldsymbol{p}_2) = \frac{1}{2m_1}\boldsymbol{p}_1^2 + \frac{1}{2m_2}\boldsymbol{p}_2^2 + V(|\boldsymbol{x}_1 - \boldsymbol{x}_2|) \tag{3.302}$$

besitzt. In der Tat ist die Symmetrie unter den 10 unabhängigen Erzeugenden der Raumzeit-Symmetrietransformationen unmittelbar ersichtlich. Die Erzeugenden der Symmetrietransformationen sind die Hamilton-Funktion für Zeittranslationen, der Gesamtimpuls $\boldsymbol{P} = \boldsymbol{p}_1 + \boldsymbol{p}_2$ für die Raumtranslationen, der Gesamtdrehimpuls $\boldsymbol{L} = \boldsymbol{x}_1 \times \boldsymbol{p}_1 + \boldsymbol{x}_2 \times \boldsymbol{p}_2$ und $\boldsymbol{K} = M\boldsymbol{X} - \boldsymbol{P}t$ mit dem Schwerpunktsvektor $\boldsymbol{X} = (m_1\boldsymbol{x}_1 + m_2\boldsymbol{x}_2)/M$ für die Galilei-Boosts. Diese 10 unabhängigen Größen sind gemäß dem Noether-Theorem die zu diesen Symmetrien gehörigen Erhaltungsgrößen.

Es ergibt sich insbesondere das 3. Newton'sche Axiom (actio=reactio) automatisch aus den Symmetrien, denn mit (3.302) folgt für die Bewegungsgleichungen

$$\dot{\boldsymbol{x}}_i = \frac{1}{m_i}\boldsymbol{p}_i, \quad \dot{\boldsymbol{p}}_i = -\frac{\partial V}{\partial \boldsymbol{x}_i}. \tag{3.303}$$

Insgesamt ist also

$$\begin{aligned}\dot{\boldsymbol{p}}_1 &= m\ddot{\boldsymbol{x}}_1 = -\frac{\partial V}{\partial \boldsymbol{x}_1} = -\frac{\boldsymbol{x}_1 - \boldsymbol{x}_2}{|\boldsymbol{x}_1 - \boldsymbol{x}_2|} V'(|\boldsymbol{x}_1 - \boldsymbol{x}_2|) = \boldsymbol{F}_{12}, \\ \dot{\boldsymbol{p}}_2 &= m\ddot{\boldsymbol{x}}_2 = -\frac{\partial V}{\partial \boldsymbol{x}_2} = -\frac{\boldsymbol{x}_2 - \boldsymbol{x}_1}{|\boldsymbol{x}_1 - \boldsymbol{x}_2|} V'(|\boldsymbol{x}_1 - \boldsymbol{x}_2|) = \boldsymbol{F}_{21} = -\boldsymbol{F}_{12},\end{aligned} \tag{3.304}$$

also direkt Newtons Lex III (actio=reactio).

Analog zeigt man, dass für ein allgemeineres N-Teilchensystem mit konservativen Paarwechselwirkungszentralkräften die entsprechende Hamilton-Funktion

$$H = \sum_{i=1}^{N} \frac{1}{2m_i} p_i^2 + \sum_{i<j} V(|x_i - x_j|) \tag{3.305}$$

alle 10 Raum-Zeit-Symmetrien erfüllt. Die entsprechenden Generatoren sind wieder die Hamilton-Funktion (Zeittranslationen), der Gesamtimpuls $\boldsymbol{P}$ (Raumtranslationen), der Gesamtdrehimpuls $\boldsymbol{L}$ und der Boost-Generator $\boldsymbol{K}$ mit

$$\boldsymbol{P} = \sum_{i=1}^{N} \boldsymbol{p}_i,$$

$$\boldsymbol{L} = \sum_{i=1}^{N} \boldsymbol{x}_i \times \boldsymbol{p}_i, \tag{3.306}$$

$$\boldsymbol{K} = M\boldsymbol{X} - \boldsymbol{P}t = \sum_{i=1}^{N} (m_i \boldsymbol{x}_i - \boldsymbol{p}_i t).$$

Anwendungen 4

In diesem Kapitel stellen wir einige Anwendungen der in den vorigen Abschnitten dargestellten Methoden der Mechanik zusammen. Wir bedienen uns dabei vornehmlich der analytischen Mechanik im Lagrange-Formalismus, der einige Rechnungen wesentlich vereinfacht.

4.1 Doppelpendel

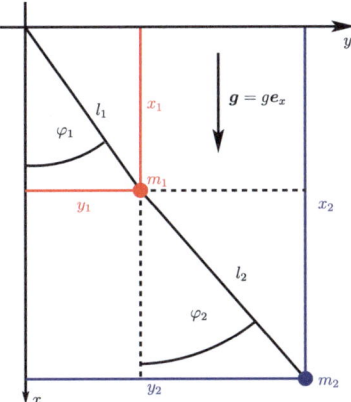

Wir betrachten zwei Massen, die im konstanten Schwerefeld $g = g e_1$ der Erde an Fäden aufgehängt sind und in der x-y-Ebene schwingen sollen. Wir wollen hier den Lagrange-Formalismus verwenden. Die generalisierten Koordinaten seien die beiden Winkel φ_1 und φ_2. Aus der Skizze liest man unmittelbar die kartesischen Koordinaten für die beiden Massenpunkte ab:

$$\underline{x}_1 = l_1 \begin{pmatrix} \cos \varphi_1 \\ \sin \varphi_1 \end{pmatrix}, \quad \underline{x}_2 = \underline{x}_1 + l_2 \begin{pmatrix} \cos \varphi_2 \\ \sin \varphi_2 \end{pmatrix}. \tag{4.1}$$

Für die Berechnung der kinetischen Energie

$$T = \frac{m_1}{2}\underline{\dot{x}}_1^2 + \frac{m_2}{2}\underline{\dot{x}}_2^2 \tag{4.2}$$

benötigen wir die Zeitableitungen

$$\underline{\dot{x}}_1 = l_1 \dot{\varphi}_1 \begin{pmatrix} -\sin \varphi_1 \\ \cos \varphi_1 \end{pmatrix}, \quad \underline{\dot{x}}_2 = \underline{\dot{x}}_1 + l_2 \begin{pmatrix} -\sin \varphi_2 \\ \cos \varphi_2 \end{pmatrix}. \tag{4.3}$$

Wir erhalten nach einigen Rechnungen *(Übungsaufgabe)*

$$T = \frac{m_1 + m_2}{2} l_1^2 \dot{\varphi}_1^2 + \frac{m_2}{2} l_2^2 \dot{\varphi}_2^2 + m_2 l_1 l_2 \cos(\varphi_1 - \varphi_2) \dot{\varphi}_1 \dot{\varphi}_2. \tag{4.4}$$

Weiter ist die potentielle Energie des Systems

$$V = -m_1 \underline{g} \cdot \underline{x}_1 - m_2 \underline{g} \cdot \underline{x}_2 = -g[(m_1 + m_2)l_1 \cos \varphi_1 + m_2 l_2 \cos \varphi_2]. \tag{4.5}$$

Wir wollen nun weiter annehmen, dass die Schwingungsamplitude klein ist, d. h. $|\varphi_1|, |\varphi_2| = \mathcal{O}(\epsilon)$ mit $\epsilon \ll 1$. Dann können wir in (4.4) und (4.5)

$$\cos(\varphi_1 - \varphi_2)\dot{\varphi}_1 \dot{\varphi}_2 = \dot{\varphi}_1 \dot{\varphi}_2 + \mathcal{O}(\epsilon^4),$$
$$\cos \varphi_1 = 1 - \frac{\varphi_1^2}{2} + \mathcal{O}(\epsilon^4), \tag{4.6}$$
$$\cos \varphi_2 = 1 - \frac{\varphi_2^2}{2} + \mathcal{O}(\epsilon^4)$$

nähern. Damit wird die Lagrange-Funktion in der **Kleinwinkelnäherung**

$$L = \frac{m_1 + m_2}{2} l_1^2 \dot{\varphi}_1^2 + \frac{m_2}{2} l_2^2 \dot{\varphi}_2^2 + m_2 l_1 l_2 \dot{\varphi}_1 \dot{\varphi}_2 \\ - g \left[\frac{(m_1 + m_2)l_1}{2} \varphi_1^2 + \frac{m_2 l_2}{2} \varphi_2^2 \right] + \text{const.} \tag{4.7}$$

Zur Herleitung der Bewegungsgleichungen bestimmen wir zunächst die generalisierten Impulse

$$p_1 = \frac{\partial L}{\partial \dot{\varphi}_1} = (m_1 + m_2)l_1^2 \dot{\varphi}_1 + m_2 l_1 l_2 \dot{\varphi}_2,$$
$$p_2 = \frac{\partial L}{\partial \dot{\varphi}_2} = m_2(l_2^2 \dot{\varphi}_2 + l_1 l_2 \dot{\varphi}_1). \tag{4.8}$$

4.1 Doppelpendel

Die Bewegungsgleichungen ergeben sich dann aus den Euler-Lagrange-Gleichungen zu

$$\dot{p}_1 = (m_1 + m_2)l_1^2\ddot{\varphi}_1 + m_2l_1l_2\ddot{\varphi}_2 = \frac{\partial L}{\partial \varphi_1} = -(m_1 + m_2)gl_1\varphi_1,$$
$$\dot{p}_2 = m_2(l_2^2\ddot{\varphi}_2 + l_1l_2\ddot{\varphi}_1) = \frac{\partial L}{\partial \varphi_2} = -m_2gl_2\varphi_2. \quad (4.9)$$

Etwas umgeformt folgt

$$\ddot{\varphi}_1 + \frac{m_2 l_2}{(m_1 + m_2)l_1}\ddot{\varphi}_2 = -\frac{g}{l_1}\varphi_1, \quad \ddot{\varphi}_2 + \frac{l_1}{l_2}\ddot{\varphi}_1 = -\frac{g}{l_2}\varphi_2. \quad (4.10)$$

Um dieses Gleichungssystem zu lösen, machen wir den Ansatz

$$\varphi_1(t) = A\exp(i\Omega t), \quad \varphi_2(t) = B\exp(i\Omega t), \quad (4.11)$$

d. h., wir suchen Lösungen, für die beide Massen mit *derselben* Frequenz harmonisch schwingen. Man nennt solche Lösungen für ein schwingendes System, für die alle Teile mit einer einzigen gemeinsamen Frequenz Ω schwingen, **Eigenmoden** und die möglichen Frequenzen Ω die **Eigenfrequenzen**. Setzen wir den Ansatz in (4.10) ein, ergibt sich mit

$$k_1 = \frac{m_2}{m_1 + m_2}\frac{l_2}{l_1}, \quad k_2 = \frac{l_2}{l_1}, \quad \omega_1 = \sqrt{\frac{g}{l_1}}, \quad \omega_2 = \sqrt{\frac{g}{l_2}} \quad (4.12)$$

aus (4.10)

$$A(\omega_1^2 - \Omega^2) = k_1\Omega^2 B, \quad B(\omega_2^2 - \Omega^2) = k_2 A\Omega^2. \quad (4.13)$$

Damit dies überhaupt nichttriviale Lösungen mit $A \neq 0$ und $B \neq 0$ haben kann, muss

$$\frac{A}{B} = \frac{k_1\Omega^2}{\omega_1^2 - \Omega^2} = \frac{\omega_2^2 - \Omega^2}{k_2\Omega^2} \quad (4.14)$$

sein. Setzen wir nun $\lambda = \Omega^2$, erhalten wir daraus die quadratische Gleichung

$$\lambda^2 - \frac{\omega_1^2 + \omega_2^2}{1 - k_1k_2}\lambda + \frac{\omega_1^2\omega_2^2}{1 - k_1k_2} = 0 \quad (4.15)$$

mit den Lösungen

$$\lambda_{1/2} = \frac{1}{2(1 - k_1k_2)}\left[\omega_1^2 + \omega_2^2 \pm \sqrt{(\omega_1^2 + \omega_2^2)^2 - 4\omega_1^2\omega_2^2(1 - k_1k_2)}\right]. \quad (4.16)$$

Wegen

$$(\omega_1^2 + \omega_2^2)^2 - 4\omega_1^2\omega_2^2(1 - k_1k_2) = \omega_1^4 + \omega_2^4 - 2\omega_1^2\omega_2^2 + 4\omega_1^2\omega_2^2 k_1k_2$$
$$= (\omega_1^2 - \omega_2^2)^2 + 4k_1k_2\omega_1^2\omega_2^2 > 0 \quad (4.17)$$

ist die Wurzel reell und $\lambda_{1/2} > 0$. Damit haben wir vier reelle Lösungen für Ω:

$$\Omega = \pm\Omega_1, \quad \Omega = \pm\Omega_2 \quad \text{mit} \quad \Omega_1 = \sqrt{\lambda_1}, \quad \Omega_2 = \sqrt{\lambda_2}. \tag{4.18}$$

Wie anschaulich zu erwarten, beschreiben diese Lösungen **Schwingungen** der beiden Körper um die Gleichgewichtslage $\varphi_1 = \varphi_2 = 0$ mit jeweils einer gemeinsamen Kreisfrequenz Ω_1 bzw. Ω_2. Weiter erhält man aus (4.14) mit $B = 1$ zwei linear unabhängige Vektoren

$$\underline{\Phi}_1 = \begin{pmatrix} k_1\Omega_1^2/(\omega_1^2 - \Omega_1^2) \\ 1 \end{pmatrix}, \quad \underline{\Phi}_2 = \begin{pmatrix} k_1\Omega_2^2/(\omega_1^2 - \Omega_2^2) \\ 1 \end{pmatrix}, \tag{4.19}$$

mit denen sich schließlich die allgemeine Lösung in reeller Form als Superposition

$$\underline{\varphi}(t) = \begin{pmatrix} \varphi_1(t) \\ \varphi_2(t) \end{pmatrix} = [C_1 \cos(\Omega_1 t) + C_2 \sin(\Omega_1 t)]\underline{\Phi}_1 \\ + [C_3 \cos(\Omega_2 t) + C_4 \sin(\omega_1 t)]\underline{\Phi}_2 \tag{4.20}$$

ergibt. Die Integrationskonstanten C_j ($j \in \{1, 2, 3, 4\}$) bestimmen sich aus den Anfangsbedingungen $\underline{\varphi}(0) = \underline{\varphi}_0$, $\underline{\dot{\varphi}}(0) = \underline{\alpha}_0$.

4.2 Geladene Teilchen in elektromagnetischen Feldern

Im Vorgriff auf die Elektrodynamik beschäftigen wir uns in diesem Abschnitt mit der Bewegung **elektrisch geladener Punktteilchen** in vorgegebenen elektromagnetischen Feldern. Dazu müssen wir nur wissen, dass neben der Masse auch die **elektrische Ladung** eine fundamentale Eigenschaft der Materie ist. So stellt man fest, dass zwei in einem Inertialsystem ruhende geladene **Punktteilchen** eine Wechselwirkungskraft aufeinander ausüben, die analog zur Gravitationswechselwirkung durch die **Coulomb-Kraft**[1]

$$\boldsymbol{F}_{12} = -\boldsymbol{F}_{21} = \frac{q_1 q_2}{4\pi\epsilon_0} \frac{\boldsymbol{r}_1 - \boldsymbol{r}_2}{|\boldsymbol{r}_1 - \boldsymbol{r}_2|^3} \tag{4.21}$$

beschrieben werden kann. Dabei sind q_1 und q_2 die elektrischen Ladungen dieser Teilchen und $1/(4\pi\epsilon_0)$ eine „Kopplungskonstante" ähnlich wie die Gravitationskonstante, deren Wert und Einheit durch die Definition der Einheit für die elektrische Ladung bedingt ist. Im Internationalen Einheitensystem (SI) werden Ladungen in der Einheit Coulomb (Einheitensymbol C) gemessen. Seit 2019 wird das Coulomb dadurch festgelegt, dass man der **Elementarladung** den Wert $e = 1{,}602176634 \cdot 10^{-19}$ C zuweist. Dadurch wird die sog. **Permittivität des Vakuums** oder **elektrische Feldkonstante** zu einer Messgröße, und es gilt $\epsilon_0 = 8{,}8541878128(13) \cdot$

---

[1] Charles-Augustin de Coulomb (1736–1806).

4.2 Geladene Teilchen in elektromagnetischen Feldern

$10^{-12}\,\text{C}^2/(\text{N m}^2)$. Die Ziffern in der Klammer geben dabei die Messunsicherheiten der entsprechenden letzten Dezimalstellen an.

Allgemein beschreibt man seit **Faraday** und **Maxwell**[2] die Kraftwirkungen zwischen elektrischen Ladungen konzeptionell als **Feldtheorie**. Demnach besitzt eine Ladung ein elektrisches und magnetisches Feld, das durch die Kraftwirkungen auf andere Ladungen beobachtet und vermessen werden kann. Für eine ruhende Punktladung q_2 am Ort $\boldsymbol{r}_2$ ist das elektrische Feld durch

$$\boldsymbol{E}(\boldsymbol{r}) = \frac{q_2}{4\pi\epsilon_0} \frac{\boldsymbol{r} - \boldsymbol{r}_2}{|\boldsymbol{r} - \boldsymbol{r}_2|^3} \tag{4.22}$$

gegeben. Die Coulomb-Kraft (4.21) auf eine ruhende Punktladung q_1 am Ort $\boldsymbol{r}_1$ kommt nun dadurch zustande, dass am Ort $\boldsymbol{r}_1$ ein elektrisches Feld $\boldsymbol{E}(\boldsymbol{r}_1)$ vorhanden ist. Dies ist der sog. **Nahwirkungsstandpunkt**. Im Gegensatz zum Newton'schen Konzept der **Fernwirkung** interpretiert man die Kraft auf die Ladung q_1 als durch das am Ort der Ladung $\boldsymbol{r}_1$ vorhandene elektrische Feld $\boldsymbol{E}(\boldsymbol{r}_1)$, das die Ladung q_2 umgibt, verursacht:

$$\boldsymbol{F}_{\text{el}} = q_1 \boldsymbol{E}(\boldsymbol{r}_1). \tag{4.23}$$

Neben dem elektrischen Feld gibt es dann auch noch ein magnetisches Feld $\boldsymbol{B}$, das durch **elektrische Ströme**, also durch bewegte Ladungen, entsteht. Es lässt sich ebenfalls durch die Kraftwirkung auf ein weiteres geladenes Punktteilchen nachweisen:

$$\boldsymbol{F}_{\text{mag}} = q\dot{\boldsymbol{r}} \times \boldsymbol{B}(\boldsymbol{r}), \tag{4.24}$$

d. h., diese magnetische **Lorentz-Kraft**[3] wirkt nur auf bewegte Teilchen und ist stets senkrecht sowohl zur Geschwindigkeit als auch zum magnetischen Feld $\boldsymbol{B}$ gerichtet.

Jetzt wollen wir uns mit der Bewegung eines geladenen Punktteilchens in einem beliebig vorgegebenen elektromagnetischen Feld $(\boldsymbol{E}, \boldsymbol{B})$ beschäftigen. Gemäß der Newton'schen Bewegungsgleichung gilt

$$m\ddot{\boldsymbol{x}} = q(\boldsymbol{E} + \dot{\boldsymbol{x}} \times \boldsymbol{B}). \tag{4.25}$$

Um diese Bewegungsgleichung mittels des Hamilton'schen Prinzips der kleinsten Wirkung beschreiben zu können, benötigen wir aus der Elektrodynamik noch die Tatsache, dass sich ein beliebiges elektromagnetisches Feld mit einem skalaren $\Phi(t, \boldsymbol{r})$ und einem Vektorpotential $\boldsymbol{A}(t, \boldsymbol{r})$ in der Form

$$\boldsymbol{E} = -\nabla\Phi - \partial_t \boldsymbol{A}, \quad \boldsymbol{B} = \nabla \times \boldsymbol{A} \tag{4.26}$$

---

[2] Michael Faraday (1791–1867), James Clerk Maxwell (1831–1879).
[3] Hendrik Antoon Lorentz (1853–1928).

beschreiben lässt. Wir zeigen nun, dass sich die Bewegungsgleichung (4.25) als Euler-Lagrange-Gleichungen aus der Lagrange-Funktion

$$L = \frac{m}{2}\dot{x}^2 - q\Phi(t,x) + q\dot{x} \cdot A(t,x) \qquad (4.27)$$

ergibt. Dazu berechnen wir zuerst die kanonisch konjugierten Impulse:

$$p_j = \frac{\partial L}{\partial \dot{x}_j} = m\dot{x}_j + qA_j(t,x). \qquad (4.28)$$

Wir stellen fest, dass diese **kanonischen Impulse** nicht mehr mit den gewöhnlichen **mechanischen Impulsen** $p_{\text{mech}} = m\dot{x}$ übereinstimmen. Die Bewegungsgleichungen ergeben sich aber aus den Euler-Lagrange-Gleichungen: Zunächst ist nämlich

$$\dot{p}_j = m\ddot{x}_j + q[\partial_t A_j(t,x) + \dot{x}_k \partial_k A_j(t,x)], \qquad (4.29)$$

wobei wieder die Einstein'sche Summenkonvention verwendet wurde, d. h. über doppelt auftretende Indizes ist zu summieren. Die Euler-Lagrange-Gleichungen lauten also

$$\dot{p}_j = m\ddot{x}_j + q[\partial_t A_j(t,x) + \dot{x}_k \partial_k A_j(t,x)]$$
$$\stackrel{\text{EL}}{=} \frac{\partial L}{\partial x_j} = q\dot{x}_k \partial_j A_k(t,x) - q\partial_j \Phi(t,x). \qquad (4.30)$$

Dies formen wir um zu

$$m\ddot{x}_j = F_j = -q[\partial_j \Phi(t,x) + \partial_t A_j(t,x)] + q\dot{x}_k[\partial_j A_k(t,x) - \partial_k A_j(t,x)]. \qquad (4.31)$$

Wegen (4.26) ist nun

$$-[\partial_j \Phi(t,x) + \partial_t A_j(t,x)] = E_j \qquad (4.32)$$

und

$$\partial_j A_k(t,x) - \partial_k A_j(t,x) = \epsilon_{jkl}[\nabla \times A(t,x)]_l = \epsilon_{jkl} B_l(t,x). \qquad (4.33)$$

Damit folgt aus (4.31)

$$m\ddot{x}_j = qE_j(t,x) + q\epsilon_{jkl}\dot{x}_k B_l(t,x) = qE_j(t,x) + q[\dot{x} \times B(t,x)]_j. \qquad (4.34)$$

In Vektorschreibweise gilt also in der Tat die Bewegungsgleichung mit der vollständigen elektrischen und magnetischen **Lorentz-Kraft:**

$$m\ddot{x} = q[E(t,x) + \dot{x} \times B(t,x)]. \qquad (4.35)$$

4.2.1 Teilchen im homogenen elektrischen Feld

Als einfachstes Beispiel betrachten wir ein Teilchen im homogenen elektrischen Feld $\boldsymbol{E} = E\boldsymbol{e}_3 = $ const. Es lässt sich näherungsweise mit einem **Plattenkondensator** erzeugen, d. h., das elektrische Feld in nicht zu nah an den Rändern der Platten gelegenen Bereichen ist näherungsweise homogen. Da in diesem Fall $\boldsymbol{B} = 0$ ist, können wir auch das Vektorpotential $\boldsymbol{A} = 0$ wählen, und das skalare Potential ist

$$\Phi = -\boldsymbol{r} \cdot \boldsymbol{E} = -r_3 E. \tag{4.36}$$

Die Lagrange-Funktion ist also

$$L = \frac{m}{2}\dot{\boldsymbol{x}}^2 + qx_3 E. \tag{4.37}$$

Da die Koordinaten x_1 und x_2 zyklisch sind, sind die entsprechenden kanonischen Impulse erhalten, d. h.,

$$\begin{aligned} p_1 &= \frac{\partial L}{\partial \dot{x}_1} = m\dot{x}_1 = \text{const} \Rightarrow x_1 = v_{01}t + x_{01}, \\ p_2 &= \frac{\partial L}{\partial \dot{x}_2} = m\dot{x}_2 = \text{const} \Rightarrow x_2 = v_{02}t + x_{02}. \end{aligned} \tag{4.38}$$

Im Prinzip gilt auch der Energiesatz, da L nicht explizit zeitabhängig ist, d. h., es ist

$$H = \dot{\boldsymbol{x}} \cdot \boldsymbol{p} - L = \frac{m}{2}\dot{\boldsymbol{x}}^2 - qx_3 E = \mathcal{E} = \text{const}. \tag{4.39}$$

In diesem Fall ist es aber einfacher, die entsprechende Euler-Lagrange-Gleichung direkt zu lösen, denn wir haben ja gemäß (4.35) eine einfache Bewegung mit einer konstanten Kraft. In der Tat ist

$$\begin{aligned} p_3 &= \frac{\partial L}{\partial \dot{x}_3} = m\dot{x}_3 \\ \Rightarrow \dot{p}_3 &= m\ddot{x}_3 \stackrel{\text{EL}}{=} \frac{\partial L}{\partial x_3} = qE \\ \Rightarrow x_3 &= \frac{qE}{2m}t^2 + v_{03}t + x_{03}. \end{aligned} \tag{4.40}$$

Die Bahnkurve ist also eine Parabel. Das Problem ist völlig analog zum schiefen Wurf im homogenen Schwerefeld der Erde, nur dass hier die konstante Kraft die elektromagnetische Kraft im statischen homogenen elektrischen Feld ist und nicht die Gravitationswechselwirkung mit der Erde.

4.2.2 Teilchen im homogenen magnetischen Feld

Wir betrachten nun ein Teilchen im homogenen magnetischen Feld $\boldsymbol{B} = B\boldsymbol{e}_3 = $ const. Auch hier ist es wesentlich einfacher, direkt mit den Bewegungsgleichungen (4.35) zu arbeiten. Da $\boldsymbol{E} = 0$ sein soll, gilt

$$m\ddot{\boldsymbol{x}} = q\dot{\boldsymbol{x}} \times \boldsymbol{B} \tag{4.41}$$

bzw. in Komponenten

$$\underline{\ddot{x}} = \begin{pmatrix} \ddot{x}_1 \\ \ddot{x}_2 \\ \ddot{x}_3 \end{pmatrix} = \frac{qB}{m} \begin{pmatrix} \dot{x}_1 \\ \dot{x}_2 \\ \dot{x}_3 \end{pmatrix} \times \begin{pmatrix} 0 \\ 0 \\ 1 \end{pmatrix} = \omega_Z \begin{pmatrix} \dot{x}_2 \\ -\dot{x}_1 \\ 0 \end{pmatrix}. \tag{4.42}$$

Dabei ist $\omega_Z = qB/m$ die sog. **Zyklotronfrequenz**. Dieser Name rührt daher, dass bei den ersten Teilchenbeschleunigern ein Magnetfeld benutzt wurde, um geladene Teilchen auf Kreisbahnen laufen zu lassen, denn wir werden gleich sehen, dass die Lösung der Bewegungsgleichungen eine Kreisbahn in einer Ebene parallel zur x_1-x_2-Ebene ist, wenn $v_{03} = 0$ ist. Diese Beschleuniger werden **Zyklotron** genannt, und ω_Z ist die Kreisfrequenz, mit der die geladenen Teilchen um das Magnetfeld herumlaufen.

In der Tat ergibt sich aus (4.42) für die Komponente in Richtung des Magnetfeldes

$$\ddot{x}_3 = 0 \;\Rightarrow\; x_3 = v_{03}t + x_{03}. \tag{4.43}$$

Das ist auch sofort verständlich, denn es wirkt ja keine Kraft in Richtung des Magnetfeldes, d.h., entlang der Magnetfeldlinien bewegen sich die Teilchen frei, also mit konstanter Geschwindigkeit.

Die beiden anderen Komponenten erfüllen das lineare gekoppelte Differentialgleichungssystem

$$\ddot{x}_1 = \omega_Z \dot{x}_2, \quad \ddot{x}_2 = -\omega_Z \dot{x}_1. \tag{4.44}$$

Dieses Gleichungssystem lässt sich auf verschiedene Arten lösen. Eine besonders elegante ist, die effektive ebene Bewegung, die durch (4.44) beschrieben wird, durch einen komplexen Parameter

$$\xi = x_1 + \mathrm{i}x_2 \;\Leftrightarrow\; x_1 = \operatorname{Re}\xi, \quad x_2 = \operatorname{Im}\xi \tag{4.45}$$

zu beschreiben. Multiplizieren wir nämlich die zweite Gleichung in (4.44) mit i und addieren sie zur ersten Gleichung, erhalten wir

$$(\ddot{x}_1 + \mathrm{i}\ddot{x}_2) = \ddot{\xi} = \omega_Z(\dot{x}_2 - \mathrm{i}\dot{x}_1) = -\mathrm{i}\omega_Z\dot{\xi} \;\Rightarrow\; \ddot{\xi} + \mathrm{i}\omega_Z\dot{\xi} = 0. \tag{4.46}$$

4.2 Geladene Teilchen in elektromagnetischen Feldern

Dies ist eine lineare, homogene Differentialgleichung mit konstanten Koeffizienten. Wie wir beim harmonischen Oszillator gezeigt haben, lassen sich Gleichungen dieses Typs mit einem Exponentialansatz lösen. Wir machen also den Ansatz

$$\xi = A \exp(-i\omega t). \tag{4.47}$$

Setzen wir diesen Ansatz in (4.46) ein, erhalten wir

$$A \exp(-i\omega t)(-\omega^2 + \omega_Z \omega) = 0. \tag{4.48}$$

Nichttriviale Lösungen mit $A \neq 0$ erhält man also nur für Kreisfrequenzen ω, für die die Klammer verschwindet, also

$$\omega - \omega_Z \omega = 0 \Rightarrow \omega_1 = \omega_Z, \quad \omega_2 = 0. \tag{4.49}$$

Die allgemeine Lösung der Differentialgleichung (4.46) ist demnach die Superposition aus den beiden Lösungen in der Form des Ansatzes (4.47) mit $\omega = \omega_1 = \omega_Z$ und $\omega = \omega_2 = 0$, d.h., es ist

$$\xi = A_1 \exp(-i\omega_Z t) + A_2. \tag{4.50}$$

Dabei sind A_1 und A_2 zwei komplexe Integrationskonstanten, die sich aus den Anfangsbedingungen bestimmen lassen. Es ist $\xi_0 = x_{01} + ix_{02}$ und $\dot{\xi}_0 = v_{01} + iv_{02}$. Schreiben wir $\dot{\xi} = \eta = v_1 + iv_2$, folgt

$$\xi_0 = \xi(0) = A_1 + A_2, \quad \eta_0 = \dot{\xi}(0) = -i\omega_Z A_1$$
$$\Rightarrow A_1 = i\eta_0/\omega_Z, \quad A_2 = \xi_0 - A_1 = \xi_0 - i\eta_0/\omega_Z. \tag{4.51}$$

Es ist also

$$\xi = i\eta_0/\omega_Z \exp(-i\omega_Z t) + \xi_0 - i\eta_0/\omega_Z \tag{4.52}$$

Dies beschreibt aber einen Kreis in der x_1-x_2-Ebene mit Mittelpunkt

$$(x_{M1}, x_{M2}) = (x_{01}, x_{02} - \eta_0/\omega_Z) \tag{4.53}$$

und dem Radius

$$a = |i\eta_0/\omega_Z| = |\eta_0|/\omega_z = \frac{1}{|\omega_Z|}\sqrt{v_{01}^2 + v_{02}^2}. \tag{4.54}$$

Nun ist

$$\dot{\xi} = \eta_0 \exp(-i\omega_Z t) \Rightarrow |\dot{\xi}| = \sqrt{v_1^2 + v_2^2} = |\eta_0| = \sqrt{v_{01}^2 + v_{02}^2} = a|\omega_z|, \tag{4.55}$$

d.h., die Punktladung vollführt eine gleichförmige Kreisbewegung mit Winkelgeschwindigkeit ω_Z im **Uhrzeigersinn** (also im mathematisch negativen Sinn).

Diese Kreisbewegung wird i. Allg. überlagert von der gleichförmigen Bewegung (4.43) in x_3-Richtung. Insgesamt ergibt sich für die Bahnkurve also eine Schraubenlinie konstanter Ganghöhe, die für positiv (negativ) geladene Teilchen eine Linksschraube (Rechtsschraube) relativ zur Richtung des **B**-Feldes bildet.

4.2.3 Bewegung in einer Penning-Falle

Ein weiteres interessantes Beispiel ist die Bewegung eines geladenen Teilchens in einer **Penning-Falle**[4]. Dabei handelt es sich um eine Anordnung von **Elektroden**, deren Form wir unten noch genauer angeben werden, mittels derer man ein elektrostatisches **Quadrupolfeld** erzeugt. Zusätzlich wird ein statisches, homogenes magnetisches Feld so anlegt, dass sich ein Teilchen in diesem kombinierten statischen elektromagnetischen Feld auf stabilen, begrenzten Bahnen bewegt, also in dieser „Teilchenfalle" eingesperrt wird. Eine solche Falle wurde zuerst von Hans Georg Dehmelt (1922–2017, Nobelpreis 1989) konstruiert, um mit wenigen Ionen (bzw. sogar nur einem einzigen Ion) experimentieren zu können. Damit kann u. a. mit sehr großer Präzision das **magnetische Moment des Elektrons** und anderer geladener Teilchen gemessen werden. Die Erklärung dazu erfordert aber die Quantenmechanik (für eine populärwissenschaftliche Erklärung vgl. (Ekstrom and Wineland, 1980).).

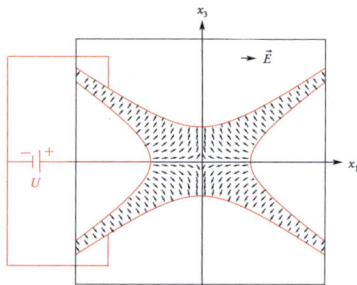

Hier beschäftigen wir uns mit der klassischen Theorie der Bewegung eines Teilchens in solch einer Falle. Das elektrostatische Potential ist durch

$$\Phi = \frac{U}{2z_0^2 + R_0^2}(2x_3^2 - x_1^2 - x_2^2) \tag{4.56}$$

gegeben. Dies erreicht man durch Elektroden, die als Rotationshyperboloide $2z^2 - R^2 = -R_0^2$ (Ringelektrode) und $2z^2 - R^2 = 2z_0^2$ (Endkappen) geformt sind, wobei $R^2 = x_1^2 + x_2^2$ ist. Zusätzlich wird noch ein homogenes Magnetfeld $\boldsymbol{B} = B\boldsymbol{e}_3$ angelegt (vgl. die obige Skizze, die man sich um die durch das Magnetfeld gegebene x_3-Achse rotiert vorstellen muss; das elektrische Feld ist hier für ein negativ geladenes Teilchen, z. B. ein Elektron, eingezeichnet). Das elektrische Feld ist

$$\underline{E} = -\nabla\Phi = \frac{4U}{2z_0^2 + R_0^2}\begin{pmatrix}x_1/2\\x_2/2\\-x_3\end{pmatrix} \tag{4.57}$$

---

[4] Frans Michel Penning (1894–1953)

4.2 Geladene Teilchen in elektromagnetischen Feldern

Die Bewegungsgleichung erhalten wir auch hier am bequemsten direkt aus (4.35). Mit

$$\omega_A^2 = \frac{4qU}{(2z_0^2 + R_0^2)m} \qquad (4.58)$$

und der **Zyklotronfrequenz**

$$\omega_Z = \frac{qB}{m} \qquad (4.59)$$

ergibt sich *(Nachrechnen!)*

$$\begin{pmatrix} \ddot{x}_1 - \omega_Z \dot{x}_2 - \omega_A^2 x_1/2 \\ \ddot{x}_2 + \omega_Z \dot{x}_1 - \omega_A^2 x_2/2 \\ \ddot{x}_3 + \omega_A^2 x_3 \end{pmatrix} = \begin{pmatrix} 0 \\ 0 \\ 0 \end{pmatrix}. \qquad (4.60)$$

Wie wir sehen, müssen wir das Vorzeichen von U so wählen, dass $\omega_A^2 > 0$ wird, damit die Bewegungsgleichung für x_3 einer Gleichung für einen harmonischen Oszillator entspricht. Die Lösung ist dann bekanntlich *(Nachrechnen!)*

$$x_3(t) = x_{03} \cos(\omega_A t) + \frac{v_{03}}{\omega_A} \sin(\omega_A t). \qquad (4.61)$$

Daher heißt ω_A die **axiale Kreisfrequenz**, denn offenbar vollführt das Teilchen in Richtung der x_3-Achse in der Tat eine räumlich begrenzte harmonische Oszillation, d.h., hinsichtlich dieser Richtung ist die Form des elektrischen Feldes so gewählt, dass das Teilchen entlang dieser Richtung „gefangen" wird.

Hinsichtlich der Bewegung in der dazu senkrechten x_1-x_2-Ebene ist dies nicht a priori gegeben. Der elektrische Beitrag zur Kraft ist nämlich hinsichtlich des Vorzeichens entgegengesetzt zur „Fallenbedingung" gerichtet, d.h., diese Kraft treibt das Teilchen von der x_3-Achse weg. Man kann allgemein zeigen, dass aufgrund der elektrostatischen Gleichungen mit einem elektrostatischen Feld allein keine Falle für geladene Teilchen konstruiert werden kann, d.h., dieses Problem kann auch nicht mit anders geformten Elektroden vermieden werden. Daher haben wir noch das Magnetfeld $\boldsymbol{B} = B\boldsymbol{e}_3$ angelegt. Nach unserer Rechnung im vorigen Abschnitt sollte es dafür sorgen, dass die Bewegung in der Ebene senkrecht zu $\boldsymbol{B}$ ebenfalls beschränkt wird, wodurch die Fallenbedingung erfüllt werden kann. Dies wollen wir im Folgenden durch die Lösung der beiden Bewegungsgleichungen für x_1 und x_2 bestätigen. Wie schon beim homogenen Magnetfeld führt auch hier der Trick mit der komplexen Variablen

$$\xi = x_1 + \mathrm{i} x_2 \qquad (4.62)$$

zum Ziel. Multiplizieren wir also die Bewegungsgleichung für x_2 in (4.60) mit i und addieren sie zur Bewegungsgleichung für x_1, ergibt sich *(Nachrechnen!)*

$$\ddot{\xi} + \mathrm{i}\omega_Z \dot{\xi} - \frac{\omega_A^2}{2}\xi = 0. \qquad (4.63)$$

Wie schon beim reinen homogenen Magnetfeld führt auch hier der komplexe Exponentialansatz
$$\xi = A \exp(-i\omega t) \tag{4.64}$$
zum Ziel. Setzt man diesen Ansatz in (4.63) ein, erhält man für die Kreisfrequenz ω die quadratische Gleichung
$$\omega^2 - \omega_Z \omega + \frac{1}{2}\omega_A^2 = 0. \tag{4.65}$$

Die Lösungen sind *(Nachrechnen!)*
$$\omega_\pm = \frac{1}{2}\left(\omega_Z \pm \sqrt{\omega_Z^2 - 2\omega_A^2}\right) = \frac{1}{2}(\omega_Z \pm \omega_1). \tag{4.66}$$

Man erhält offensichtlich gebundene Bahnen nur, wenn beide Lösungen reell sind, also für
$$\omega_Z^2 > 2\omega_A^2. \tag{4.67}$$
Üblicherweise wählt man die Felder so, dass $\omega_Z \gg \omega_A$ ist. Dann ist
$$\omega_1 \simeq \omega_Z - \frac{\omega_A^2}{\omega_Z^2} \simeq \omega_Z \tag{4.68}$$

und folglich
$$\omega_+ \simeq \omega_Z + \frac{\omega_A}{\omega_Z}\omega_A \simeq \omega_Z, \quad \omega_- \simeq \frac{\omega_A}{2\omega_Z}\omega_A. \tag{4.69}$$

Die allgemeine Lösung der Bewegungsgleichung (4.63) lautet also
$$\begin{aligned}\xi(t) &= A_+ \exp(-i\omega_+ t) + A_- \exp(-i\omega_- t) \\ &= \exp(-i\omega_- t)[A_- + A_+ \exp(-i\omega_1 t)].\end{aligned} \tag{4.70}$$

Gewöhnlich ist $|A_-| \gg |A_+|$. Die Bewegung in der x_1-x_2-Ebene ist also eine Überlagerung zweier Kreisbewegungen und einer Schwingung entlang der x_3-Achse:

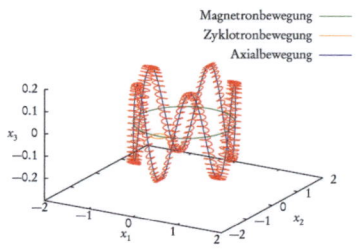

Zum einen bewegt sich das Teilchen mit der konstanten Kreisfrequenz ω_- auf einem Kreis um den Ursprung mit Radius $|A_-|$ (**Magnetronbewegung**) und zugleich auf einem Kreis um den Mittelpunkt A_- mit Radius $|A_+|$ mit konstanter Winkelgeschwindigkeit $\omega_1 \simeq \omega_Z$ (**Zyklotronbewegung**). Zugleich oszilliert das Teilchen harmonisch mit der Kreisfrequenz ω_A in x_3-Richtung (**Axialbewegung**).

4.3 Starre Körper

Ein starrer Körper ist eine idealisierte Modellvorstellung für die Bewegung fester endlich ausgedehnter Körper. Wie alle Materie ist ein solcher Körper aus sehr vielen (Größenordnung 10^{24} Teilchen) Atomen bzw. Molekülen aufgebaut, die durch die elektromagnetischen Kräfte zusammengehalten werden.

Ein **starrer Körper** liegt nun (näherungsweise) vor, wenn die von außen an den Körper angreifenden Kräfte so klein sind, dass man von der Deformation dieses Körpers absehen kann. Das bedeutet, man betrachtet den Körper als so „fest", dass sich die **relative Lage** der diesen Körper konstituierenden Massenpunkte nicht ändert.

4.3.1 Kinematik und Dynamik des starren Körpers

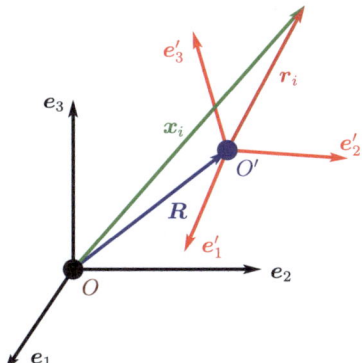

Demnach können wir die Lage des starren Körpers relativ zu einem Inertialsystem mit Ursprung O und kartesischer rechtshändiger Basis e_j ($j \in \{1, 2, 3\}$), dem **raumfesten Bezugssystem**, in ähnlicher Weise beschreiben, wie im Abschn. 2.9.2 die Bewegung eines beliebig zu diesem Inertialsystem bewegten Bezugssystems, in dem zu jedem Zeitpunkt der starre Körper ruht. Wir verwenden zunächst einen beliebigen relativ zum Körper ruhenden Bezugspunkt O' und ein beliebiges fest mit dem Körper verbundenes rechtshändiges kartesisches Koordinatensystem e'_k ($k \in \{1, 2, 3\}$), das wir als **körperfestes Bezugssystem** bezeichnen.

Da sich der Körper beliebig gegenüber dem Inertialsystem bewegen kann, wird das körperfeste Bezugssystem ein allgemein beschleunigtes Bezugssystem sein. Die konkrete Wahl des körperfesten Bezugspunkts und der körperfesten kartesischen Basis wird je nach Problemstellung so zu wählen sein, dass die Beschreibung der Bewegung möglichst einfach wird. Wie in Abschn. 2.9.2 sei die Drehung zwischen der kartesischen Basis des raumfesten Inertialsystems und Basis des körperfesten Systems durch die Drehmatrix $\hat{D} = D_{jk}$ gegeben, d. h.

$$e'_k(t) = e_j D_{jk}(t). \tag{4.71}$$

Dann folgt für die Komponenten $\underline{V}$ eines beliebigen Vektors V bzgl. des raumfesten und seine Komponenten $\underline{V}'$ bzgl. des körperfesten Systems gemäß (2.327)

$$\underline{V} = \hat{D}\underline{V}', \quad \underline{V}' = \hat{D}^T \underline{V}. \tag{4.72}$$

Dabei ergibt sich die zweite Beziehung aus der **Orthogonalität der Drehmatrix** also aus $\hat{D}^{-1} = \hat{D}^T$, d. h., die inverse Drehmatrix ist die zu $\hat{D}$ transponierte Matrix (s. auch Anhang B.1).

Die Lage des starren Körpers im Inertialsystem wird nun offenbar durch die Angabe des Ortsvektors des beliebigen körperfesten Punktes

$$R = \overrightarrow{OO'} \tag{4.73}$$

und die Drehmatrix $\hat{D}$, die die Orientierung der körperfesten Basis e'_k gegenüber der raumfesten Basis e_j angibt, eindeutig festgelegt.

Drehungen sind dabei durch drei Angaben bestimmt: Eine Möglichkeit ist die Angabe der Richtung einer Drehachse und des Drehwinkels um diese Achse. Die Drehung ist dann über die Rechte-Hand-Regel eindeutig definiert. Im nächsten Abschnitt werden wir die **Euler-Winkel** ψ, φ und ϑ[5] zur Parametrisierung von Drehungen einführen, die für die Beschreibung der Bewegungen eines starren Körpers mittels des Hamilton'schen Prinzips gut geeignet sind.

Wir denken uns nun den starren Körper durch eine (sehr große) Anzahl von Massenpunkten mit Massen m_i ($i \in \{1, 2, \ldots, N\}$) aufgebaut, die sich relativ zueinander nicht bewegen können. Offenbar wird dies dadurch beschrieben, dass die Komponenten der Ortsvektoren $r_i = \overline{O'P_i}$ relativ zum körperfesten Bezugspunkt O' bzgl. des körperfesten Bezugssystems zeitunabhängig sind, d. h., es gilt

$$\underline{\dot{r}}'_i = 0. \tag{4.74}$$

---

[5] Leonhard Euler (1707–1783)

4.3 Starre Körper

Die Komponenten der Ortsvektoren der Massenpunkte bzgl. des raumfesten Inertialsystems sind

$$\underline{x}_i = \underline{R} + \hat{D}\underline{r}'_i. \tag{4.75}$$

Um die Lagrange-Funktion aufstellen zu können, wollen wir nun die kinetische Energie

$$T = \sum_{i=1}^{N} \frac{m_i}{2} \underline{\dot{x}}_i^2 \tag{4.76}$$

berechnen.
Wegen (4.74) ist dann

$$\underline{\dot{x}}_i = \underline{\dot{R}} + \underline{\dot{r}}_i = \underline{\dot{R}} + \dot{\hat{D}}\underline{r}'_i = \underline{\dot{R}} + \dot{\hat{D}}\hat{D}^T \underline{r}_i. \tag{4.77}$$

Nun ist wegen der Orthogonalität der Drehmatrizen, also $\hat{D}\hat{D}^T = \mathbb{1}$:

$$\frac{d}{dt}(\hat{D}\hat{D}^T) = \dot{\hat{D}}\hat{D}^T + \hat{D}\dot{\hat{D}}^T = 0 \Rightarrow \dot{\hat{D}}\hat{D}^T = -\hat{D}\dot{\hat{D}}^T = -(\dot{\hat{D}}\hat{D}^T)^T. \tag{4.78}$$

Das bedeutet, $\hat{D}\dot{\hat{D}}^T$ ist eine antisymmetrische Matrix, die wir in Analogie zum ähnlichen Sachverhalt in (2.335) durch die drei Komponenten der **momentanen Winkelgeschwindigkeit** der Drehbewegung der körper- zur raumfesten Basis $\underline{\omega}$ bzgl. der raumfesten Basis ausdrücken können:

$$\hat{\Omega} = \dot{\hat{D}}\hat{D}^T = \begin{pmatrix} 0 & -\omega_3 & \omega_2 \\ \omega_3 & 0 & -\omega_1 \\ -\omega_2 & \omega_1 & 0 \end{pmatrix}. \tag{4.79}$$

Dann folgt

$$\hat{\Omega}\underline{r}_i = \begin{pmatrix} 0 & -\omega_3 & \omega_2 \\ \omega_3 & 0 & -\omega_1 \\ -\omega_2 & \omega_1 & 0 \end{pmatrix} \begin{pmatrix} x_i \\ y_i \\ z_i \end{pmatrix} = \begin{pmatrix} \omega_2 z_i - \omega_3 y_i \\ \omega_3 x_i - \omega_1 z_i \\ \omega_1 y_i - \omega_2 x_i \end{pmatrix} = \underline{\omega} \times \underline{r}_i \tag{4.80}$$

und damit

$$\underline{\dot{r}}_i = \hat{\Omega}\underline{r}_i = \underline{\omega} \times \underline{r}_i. \tag{4.81}$$

Wir bemerken noch, dass $\hat{\Omega}$ die Komponenten eines antisymmetrischen Tensors bilden (vgl. Anhang B.5) und

$$\omega_j = -^\dagger\Omega_j = -\frac{1}{2}\epsilon_{jkl}\Omega_{kl} \Leftrightarrow \Omega_{kl} = -\epsilon_{klj}\omega_j \tag{4.82}$$

ist. Entsprechend dem Transformationsverhalten für Vektorkomponenten (4.72) folgt für die körperfesten Komponenten des Winkelgeschwindigkeitsvektors bzw. -tensors

$$\omega'_j = D_{kj}\omega_k, \quad \Omega'_{jk} = D_{j'j}D_{k'k}\Omega_{j'k'} \tag{4.83}$$

bzw. in der Matrix-Vektor-Schreibweise ausgedrückt

$$\underline{\omega}' = \hat{D}^\mathrm{T}\underline{\omega}, \quad \hat{\Omega}' = \hat{D}^\mathrm{T}\hat{\Omega}\hat{D} \stackrel{(4.79)}{=} \hat{D}^\mathrm{T}\dot{\hat{D}}\hat{D}^\mathrm{T}\hat{D} = \hat{D}^\mathrm{T}\dot{\hat{D}}, \tag{4.84}$$

wobei wir im letzten Schritt die Orthogonalität der Drehmatrix, $\hat{D}^\mathrm{T}\hat{D} = \mathbb{1}$, ausgenutzt haben.

Damit ergibt sich aus (4.77–4.80) schließlich

$$\underline{\dot{x}}_i = \underline{\dot{R}} + \underline{\omega} \times \underline{r}_i, \tag{4.85}$$

und die kinetische Energie (4.76) wird

$$T = \frac{M}{2}\underline{\dot{R}}^2 + M\underline{\dot{R}} \cdot (\underline{\omega} \times \underline{s}) + \frac{1}{2}\sum_{i=1}^{N} m_i(\underline{\omega} \times \underline{r}_i)^2. \tag{4.86}$$

Dabei haben wir die Gesamtmasse M und die Koordinaten des Schwerpunktsvektors $\underline{s} = \overrightarrow{O'S}$ gemäß

$$M = \sum_{i=1}^{N} m_i, \quad \underline{s} = \frac{1}{M}\sum_{i=1}^{n} m_i \underline{r}_i \tag{4.87}$$

eingeführt. Damit ist (4.86) implizit bereits durch die generalisierten Koordinaten $\underline{R}$, ψ, ϑ und φ parametrisiert und die dazugehörigen generalisierten Geschwindigkeiten durch $\underline{\dot{R}}$, $\dot{\psi}$, $\dot{\vartheta}$ und $\dot{\varphi}$ gegeben.

Die drei Beiträge in (4.86) besitzen nun offenbar folgende physikalische Bedeutung: $M\underline{\dot{R}}^2/2$ ist die kinetische Energie der **translatorischen Bewegung** des starren Körpers als Ganzes, $M\underline{\dot{R}} \cdot (\underline{\omega} \times \underline{s})$ beschreibt die kinetische Energie aufgrund der Rotation des Schwerpunktes um den körperfesten Punkt O'. Man bezeichnet dies auch als **Spin-Bahn-Kopplung**. Der letzte Term ist schließlich die kinetische Energie aufgrund der **Eigendrehung** (Spin) des Körpers um den körperfesten Bezugspunkt O'. Es ist für das Folgende wesentlich einfacher, diesen Anteil durch die körperfesten Koordinaten auszudrücken:

$$T_\mathrm{spin} = \frac{1}{2}\sum_{i=1}^{N} m_i(\underline{\omega} \times \underline{r}_i)^2 = \frac{1}{2}\sum_{i=1}^{N} m_i(\underline{\omega}' \times \underline{r}'_i)^2. \tag{4.88}$$

Schreiben wir dies in Komponenten aus, ergibt sich nach einiger Rechnung *(Nachprüfen!)*

$$T_\mathrm{spin} = \frac{1}{2}\underline{\omega}'^\mathrm{T}\hat{\Theta}'\underline{\omega}' \tag{4.89}$$

4.3 Starre Körper

mit den Komponenten

$$\Theta'_{jk} = \sum_{i=1}^{N} m_i \left(\underline{r}_i'^2 \delta_{jk} - r'_{ij} r'_{ik} \right) \quad (4.90)$$

des **Trägheitstensors** bzgl. der körperfesten Basis $\hat{\Theta}'$. Diese Komponenten sind nun offenbar zeitlich konstant. Außerdem ist $\Theta'_{jk} = \Theta'_{kj}$, d. h. $\hat{\Theta}' = \hat{\Theta}'^T$ ist ein **symmetrischer Tensor**. Dass es sich um Tensorkomponenten handelt, ist aus den Betrachtungen in Anhang B.5 klar. Die $a_j = r'_{ij}$ sind nämlich für alle i Vektorkomponenten und damit offenbar $a_j a_k$ Komponenten eines Tensors 2. Stufe. Dasselbe trifft auf δ_{jk} zu, und $\underline{r}_i'^2$ ist ein Skalar, also sind $\underline{r}_i'^2 \delta_{jk}$ ebenfalls Tensorkomponenten.

Damit folgt aus (4.86–4.89) für die kinetische Energie

$$T = \frac{M}{2} \underline{\dot{R}}^2 + M \underline{\dot{R}} \cdot (\underline{\omega} \times \underline{s}) + \frac{1}{2} \underline{\omega}'^T \hat{\Theta}' \underline{\omega}'. \quad (4.91)$$

In der linearen Algebra beweist man, dass man die körperfeste kartesische Basis stets so wählen kann, dass $\hat{\Theta}' = \text{diag}(A, B, C)$ mit $A, B, C \in \mathbb{R}$ wird. Außerdem ist gemäß (4.88) $T_{\text{spin}} \geq 0$, d. h. $A, B, C \geq 0$. Man nennt die so gewählten körperfesten Basisvektoren e'_i in diesem Zusammenhang auch die **Hauptträgheitsachsen des Körpers** bzgl. des gewählten körperfesten Bezugspunkts O'. Allgemein ist es wichtig zu bedenken, dass der Trägheitstensor von der spezifischen Wahl dieses Bezugspunkts O' abhängt, und diese Wahl hängt vom konkreten Problem ab, das man beschreiben will.

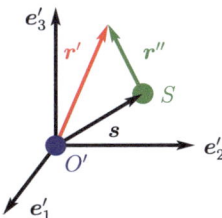

Sehr nützlich ist der **Steiner'sche Satz**, der angibt, wie sich der Trägheitstensor $\hat{\Theta}'$ um einen beliebigen körperfesten Bezugspunkt aus dem Trägheitstensor $\hat{\Theta}'_s$ um den **Schwerpunkt** berechnen lässt. Dazu müssen wir nur $\underline{r}'_i = \underline{s}' + \underline{r}''_i$ setzen. Dann sind die $\underline{r}''_i$ wieder körperfeste Komponenten der Punkte des starren Körpers bzgl. der körperfesten Basis, jedoch mit dem Schwerpunkt als Ursprung des körperfesten Bezugssystems (s. Skizze). Gemäß (4.90) ist

$$\Theta'_{jk} = \sum_{i=1}^{N} m_i [(\underline{s}' + \underline{r}''_i)^2 \delta_{jk} - (s'_j + r''_{ij})(s'_k + r''_{ik})]. \quad (4.92)$$

Nun gilt

$$\sum_{i=1}^{N} m_i (\underline{s}' + \underline{r}''_i)^2 = \sum_{i=1}^{N} m_i (\underline{s}'^2 + 2\underline{s}' \cdot \underline{r}''_i + \underline{r}''^2_i) = M\underline{s}'^2 + \sum_{i=1}^{N} m_i \underline{r}''^2_i. \quad (4.93)$$

Dabei haben wir im letzten Schritt verwendet, dass

$$M\underline{s}' = \sum_{i=1}^{N} m_i \underline{r}'_i = \sum_{i=1}^{N} m_i (\underline{s}' + \underline{r}''_i) = M\underline{s}' + \sum_{i=1}^{N} m_i \underline{r}''_i$$
$$\Rightarrow \sum_{i=1}^{N} m_i \underline{r}''_i = \mathbf{0}$$
(4.94)

ist. Das ist auch anschaulich unmittelbar klar, denn $\underline{r}''_i$ sind ja die Vektorkomponenten in einem körperfesten Bezugssystem, dessen Koordinatenursprung in den Schwerpunkt gelegt wurde, d. h., in diesem Bezugssystem verschwindet der Schwerpunktvektor. Daraus ergibt sich auch

$$\sum_{i=1}^{N} m_i (s'_j + r''_{ij})(s'_k + r''_{ik}) = \sum_{i=1}^{N} m_i (s'_j s'_k + s'_j r''_{ik} + s'_k r''_{ij} + r''_{ij} r''_{ik})$$
$$= M s'_j s'_k + \sum_{i=1}^{N} m_i r''_{ij} r''_{ik}.$$
(4.95)

Setzen wir nun (4.93) und (4.95) in (4.92) ein, folgt schließlich der besagte **Steiner'sche Satz**

$$\Theta'_{jk} = M(\underline{s}'^2 \delta_{jk} - s'_j s'_k) + \sum_{i=1}^{N} m_i (\underline{r}''^2_i \delta_{jk} - r''_{ij} r''_{ik})$$
$$= M(\underline{s}'^2 \delta_{jk} - s'_j s'_k) + \Theta'_{sjk}.$$
(4.96)

Wir schreiben noch den ersten Term in die Matrixschreibweise um:

$$\left(M(\underline{s}'^2 \delta_{jk} - s'_j s'_k)\right) = M \begin{pmatrix} s'^2_2 + s'^2_3 & -s'_1 s'_2 & -s'_1 s'_3 \\ -s'_2 s'_1 & s'^2_1 + s'^2_3 & -s'_2 s'_3 \\ -s'_3 s'_1 & -s'_3 s'_2 & s'^2_2 + s'^2_3 \end{pmatrix}.$$
(4.97)

Führen wir dann die antisymmetrische Matrix *(Nachrechnen!)*

$$(\tilde{s}'_{jk}) = (-\epsilon_{jkl} s'_l) = \begin{pmatrix} 0 & -s'_3 & s'_2 \\ s'_3 & 0 & -s'_1 \\ -s'_2 & s'_1 & 0 \end{pmatrix}$$
(4.98)

ein, folgt *(Nachrechnen!)*

$$\left(\tilde{s}'^{\mathrm{T}} \tilde{s}'\right)_{kl} = \left(\tilde{s}'_{jk} \tilde{s}'_{jl}\right)$$
$$= \epsilon_{jkm} \epsilon_{jln} s'_m s'_n$$
$$= (\delta_{kl} \delta_{mn} - \delta_{kn} \delta_{ml}) s'_m s'_n$$
$$= \underline{s}'^2 \delta_{kl} - s'_k s'_l.$$
(4.99)

4.3 Starre Körper

Damit können wir (4.96) kompakt in der Matrixschreibweise zusammenfassen zu

$$\hat{\Theta}' = M\tilde{s}'^{\mathrm{T}}\tilde{s}' + \hat{\Theta}'_{\mathrm{s}}. \qquad (4.100)$$

In den im Folgenden behandelten Beispielen betrachten wir als äußere Kraft die konstante Schwerkraft der Erde. Das dazugehörige Potential ist offenbar *(Nachrechnen!)*

$$V_{\mathrm{ext}} = -\underline{g}\sum_i m_i \underline{x}_i = -M\underline{g} \cdot (\underline{R} + \underline{s}). \qquad (4.101)$$

Schließlich berechnen wir noch den **Gesamtdrehimpuls** des starren Körpers bzgl. des raumfesten Bezugspunkts O. Dessen raumfeste Komponenten sind durch

$$\underline{J} = \sum_{i=1}^N m_i \underline{x}_i \times \underline{\dot{x}}_i \qquad (4.102)$$

definiert. Setzen wir hierin (4.75) und (4.85) ein und beachten (4.87), folgt *(Nachrechnen!)*

$$\underline{J} = M\underline{R} \times \underline{\dot{R}} + M(\underline{R} \times \underline{\dot{s}} + \underline{s} \times \underline{\dot{R}}) + \sum_i m_i \underline{r}_i \times \underline{\dot{r}}_i = \underline{L} + \underline{J}_{\mathrm{LS}} + \underline{\Sigma}. \qquad (4.103)$$

Dabei ist *L* der **Bahndrehimpuls** des Gesamtkörpers relativ zum Ursprung des raumfesten Koordinatensystems, J_{LS} der Beitrag zum Gesamtdrehimpuls, der aus der Rotation des Schwerpunkts des Körpers und des Bezugspunkts des körperfesten Systems um den Bezugspunkt des raumfesten Systems resultiert (oft kurz als **Spin-Bahn-Anteil** des Drehimpulses bezeichnet) und schließlich den intrinsischen Drehimpuls der Rotation der den Körper bildenden Massenpunkte um den Bezugspunkt des raumfesten Bezugssystems **(Spin)**

$$\underline{\Sigma} = \sum_i m_i \underline{r}_i \times \underline{\dot{r}}_i = \sum_i m_i \underline{r}_i \times (\underline{\omega} \times \underline{r}_i). \qquad (4.104)$$

Im letzten Schritt haben wir hierbei (4.81) verwendet.

Es ist nun wieder bequemer, für den rein intrinsischen Spin die körperfesten Komponenten zu betrachten. Da für beliebige Vektoren *a* und *b* für die Komponenten bzgl. des raum- und körperfesten Basissystems $\underline{a} \times \underline{b} = (\hat{D}\underline{a}') \times (\hat{D}\underline{b}') = \hat{D}(\underline{a}' \times \underline{b}')$ gilt (vgl. B.33), folgt

$$\underline{\Sigma} = \hat{D}\underline{\Sigma}' \qquad (4.105)$$

mit

$$\underline{\Sigma}' = \sum_i m_i \underline{r}'_i \times (\underline{\omega}' \times \underline{r}'_i) = \sum_i m_i [\underline{\omega}'(\underline{r}'_i \cdot \underline{r}'_i) - \underline{r}'_i(\underline{\omega}' \cdot \underline{r}'_i)]. \qquad (4.106)$$

In Komponenten gilt also *(Nachrechnen!)*

$$\begin{aligned}\Sigma'_j &= \sum_i m_i [\omega'_j (\underline{r}'_i)^2 - r'_{ij} r'_{ik} \omega'_k] \\ &= \sum_i m_i [\delta_{jk} (\underline{r}'_i)^2 - r'_{ij} r'_{ik}] \omega_{k'} = \Theta'_{jk} \omega'_k.\end{aligned} \quad (4.107)$$

Im letzten Schritt haben wir die Definition des Trägheitstensors (4.90) verwendet. Es gilt also

$$\underline{\Sigma}' = \hat{\Theta}' \underline{\omega}' \Rightarrow \underline{\Sigma} = \hat{D} \underline{\Sigma}' = \hat{D} \hat{\Theta}' \hat{D}^T \underline{\omega} = \hat{\Theta} \underline{\omega}. \quad (4.108)$$

Dabei sind die raumfesten Komponenten des Trägheitstensors durch

$$\hat{\Theta} = \hat{D} \hat{\Theta}' \hat{D}^T \quad (4.109)$$

gegeben. Umgekehrt folgt aus $\hat{D} \hat{D}^T = \hat{D}^T \hat{D} = \mathbb{1}$

$$\hat{\Theta}' = \hat{D}^T \hat{\Theta} \hat{D}. \quad (4.110)$$

Es ist dabei zu beachten, dass *nur die raumfesten Komponenten zeitunabhängig* sind.

4.3.2 Das physikalische Pendel

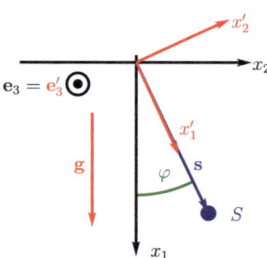

Wir betrachten als erstes einfachstes Beispiel für die Bewegung eines starren Körpers das **physikalische Pendel**, d. h. die Bewegung des Körpers im Schwerefeld der Erde, wenn er (reibungsfrei) an einer im Raum festen senkrecht zu **g** liegenden Achse befestigt ist (s. Skizze). Es ist klar, dass diese Achse dann auch eine körperfeste Achse ist, und wir wählen $e_3 = e'_3$ in Richtung dieser Achse. Die übrigen körperfesten Achsen wählen wir so, dass $\underline{s}' = (s, 0, 0)^T$ gilt. Den Koordinatenursprung sowohl des raum- wie des körperfesten Bezugsystems wählen wir dabei zweckmäßigerweise auf der Drehachse. Dann ist mit den obigen Bezeichnungen $\boldsymbol{R} = 0$ und folglich $x_i = r_i$. Als generalisierte Koordinate führen wir den Drehwinkel φ um die 3-Achse ein. Aus der Skizze liest man ab, dass

$$e'_1 = e_1 \cos \varphi + e_2 \sin \varphi, \quad e'_2 = -e_1 \sin \varphi + e_2 \cos \varphi, \quad e'_3 = e_3 \quad (4.111)$$

4.3 Starre Körper

ist. Demnach ist die Drehmatrix in (4.71) durch

$$\hat{D} = \hat{D}^{(3)}(\varphi) = \begin{pmatrix} \cos\varphi & -\sin\varphi & 0 \\ \sin\varphi & \cos\varphi & 0 \\ 0 & 0 & 1 \end{pmatrix} \quad (4.112)$$

gegeben. Da die Drehung stets um die 3-Achse erfolgt, müssen wir die Winkelgeschwindigkeit gar nicht mehr mittels (4.79) berechnen, denn es ist unmittelbar klar, dass

$$\boldsymbol{\omega} = \dot{\varphi} \boldsymbol{e}_3 = \dot{\varphi} \boldsymbol{e}'_3 \Rightarrow \underline{\omega} = \underline{\omega}' = \begin{pmatrix} 0 \\ 0 \\ \dot{\varphi} \end{pmatrix} \quad (4.113)$$

ist. Da $\underline{R} = 0$ ist, gilt für die kinetische Energie (4.86) unter Verwendung von (4.89)

$$T = T_{\text{spin}} = \frac{\Theta'_{33}}{2} \dot{\varphi}^2 = \frac{\Theta}{2} \dot{\varphi}^2. \quad (4.114)$$

Bei der Rotation um eine feste Achse vereinfacht sich also die kinetische Energie erheblich, da man nicht den vollen Trägheitstensor benötigt, sondern nur das zu der Achse gehörige **Trägheitsmoment**. In unserem Fall ist

$$\Theta = \Theta'_{33} = \sum_{i=1}^{N} m_i (r'^2_{i1} + r'^2_{i2}). \quad (4.115)$$

Die potentielle Energie (4.101) ist wegen $\boldsymbol{g} = (g, 0, 0)$ und $\underline{s} = s(\cos\varphi, \sin\varphi, 0)$ (s. Skizze) durch $V = -mgs\cos\varphi$ gegeben. Dabei ist s der zeitlich konstante Abstand des Schwerpunkts von der Drehachse. Damit ergibt sich die Lagrange-Funktion zu

$$L = T - V = \frac{\Theta}{2} \dot{\varphi}^2 + mgs\cos\varphi. \quad (4.116)$$

Die Bewegungsgleichungen folgen dann aus der Euler-Lagrange-Gleichung:

$$p_\varphi = \frac{\partial L}{\partial \dot{\varphi}} = \Theta\dot{\varphi}, \quad \dot{p}_\varphi = \Theta\ddot{\varphi} = \frac{\partial L}{\partial \varphi} = -mgs\sin\varphi. \quad (4.117)$$

Das entspricht der Gleichung für ein mathematisches Pendel. Für kleine Auslenkungen $|\varphi| \ll 1$ können wir wieder $\sin\varphi \simeq \varphi$ setzen, und die Gleichung vereinfacht sich zu der für einen harmonischen Oszillator

$$\ddot{\varphi} = -\frac{mgs}{\Theta} \varphi, \quad (4.118)$$

woraus wir die Kreisfrequenz für kleine Schwingungen

$$\omega = \sqrt{\frac{mgs}{\Theta}} \quad (4.119)$$

ablesen.

4.3.3 Rollpendel

Als Beispiel für die Anwendung des Steiner'schen Satzes und die Unabhängigkeit der Physik von der Wahl des körperfesten Bezugspunktes betrachten wir nun einen inhomogen mit Masse gefüllten Zylinder mit Radius a der auf der horizontalen (13)-Ebene in Richtung e_1 rollt und einen Schwerpunkt besitzt der einen Abstand s von der Zylinderachse hat (vgl. die Skizze unten). Das Trägheitsmoment um die durch den Schwerpunkt parallel zur Zylinderachse verlaufende Achse sei Θ_S.

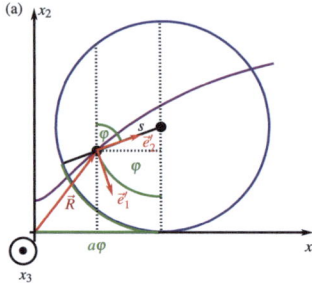

Wir beschreiben nun die Bewegung auf zwei Arten: (a) wir legen den körperfesten Bezugspunkt (Ortsvektor R bzgl. des raumfesten Inertialsystems) in den Schwerpunkt bzw. (b) auf die Zylinderachse. Nach dem Steiner'schen Satz ist das Trägheitsmoment für die Rotation um die Zylinderachse $\Theta_Z = \Theta_S + Ms^2$, wobei M die Gesamtmasse des Zylinders ist.

Zur Aufstellung der Lagrange-Funktion verwenden wir nun (4.91), um in beiden Fällen die kinetische Energie für die Bewegung des Zylinders zu bestimmen. Als unabhängige Variable empfiehlt sich in beiden Fällen der Winkel φ (s. die obige Skizze). Im Fall (a) ist $s = 0$. Aus der Skizze lesen wir ab, dass

$$\underline{R} = \begin{pmatrix} a\varphi - s\sin\varphi \\ a - s\cos\varphi \\ 0 \end{pmatrix} \tag{4.120}$$

ist *(Nachrechnen!)*. Daraus folgt für die Geschwindigkeit des körperfesten Bezugspunktes

$$\underline{\dot{R}} = \begin{pmatrix} \dot\varphi(a - s\cos\varphi) \\ s\dot\varphi\sin\varphi \\ 0 \end{pmatrix}. \tag{4.121}$$

Die körperfeste 3'-Achse legen wir nun sinnvollerweise in Richtung der Zylinderachse, sodass stets $e'_3 = e_3$ ist. Dann folgt *(Nachrechnen!)*

$$\underline{\omega}' = \begin{pmatrix} 0 \\ 0 \\ -\dot\varphi \end{pmatrix}. \tag{4.122}$$

4.3 Starre Körper

Gemäß (4.91) ist dann

$$T = \frac{M}{2}\dot{\boldsymbol{R}}^2 + \frac{\Theta_S}{2}\dot{\varphi}^2 = \frac{M}{2}\dot{\varphi}^2(a^2 - 2as\cos\varphi + s^2) + \frac{\Theta_S}{2}\dot{\varphi}^2. \quad (4.123)$$

Die potentielle Energie für die am Schwerpunkt angreifende Schwerkraft ist

$$V = -M\boldsymbol{g}\cdot\boldsymbol{R} = MgR_2 = Mg(a - s\cos\varphi). \quad (4.124)$$

Damit wird die Lagrange-Funktion

$$L = T - V = \frac{M}{2}\dot{\varphi}^2(a^2 - 2as\cos\varphi + s^2) + \frac{\Theta_S}{2}\dot{\varphi}^2 - Mg(a - s\cos\varphi). \quad (4.125)$$

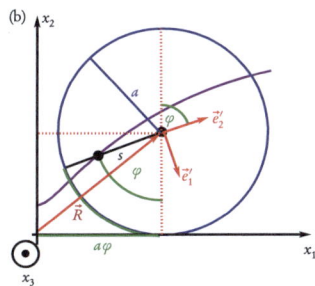

Im Fall (b) ist

$$\boldsymbol{R} = \begin{pmatrix} a\varphi \\ a \\ 0 \end{pmatrix}, \quad \underline{s} = -\begin{pmatrix} s\sin\varphi \\ s\cos\varphi \\ 0 \end{pmatrix},$$
$$\underline{\omega} = \underline{\omega}' = \begin{pmatrix} 0 \\ 0 \\ -\dot{\varphi} \end{pmatrix}. \quad (4.126)$$

Für (4.91) benötigen wir nun

$$\underline{\dot{R}} \cdot (\underline{\omega} \times \underline{s}) = (\underline{\dot{R}} \times \underline{\omega}) \cdot \underline{s} = \begin{pmatrix} 0 \\ a\dot{\varphi}^2 \\ 0 \end{pmatrix} \cdot \underline{s} = -as\dot{\varphi}^2\cos\varphi. \quad (4.127)$$

Damit erhalten wir

$$T = \frac{M}{2}\underline{\dot{R}}^2 + M\underline{\dot{R}}(\underline{\omega} \times \underline{s}) - \frac{\Theta_Z}{2}\dot{\varphi}^2 = \frac{M}{2}\dot{\varphi}^2(a^2 - 2as\cos\varphi) + \frac{\Theta_S + Ms^2}{2}\dot{\varphi}^2, \quad (4.128)$$

und das stimmt mit (4.123) überein. Durch die unterschiedliche Wahl des körperfesten Bezugspunktes werden also nur translatorische und rotatorische Anteile der Bewegung unterschiedlich verteilt. Für die potentielle Energie haben wir in diesem Fall

$$V = -M\boldsymbol{g} \cdot (\boldsymbol{R} + \boldsymbol{s}) = Mg(a - s\cos\varphi), \tag{4.129}$$

was natürlich gleichfalls mit (4.124) übereinstimmt. Wir erhalten also dieselbe Lagrange-Funktion (4.125) auch bei dieser Wahl des körperfesten Bezugspunkts.

Wir betrachten noch den Fall kleiner Schwingungen um eine Gleichgewichtslage. Offenbar besitzt das Potential (4.129) bei $\varphi = 0$ ein Minimum. Entwickeln wir dann die Lagrange-Funktion um kleine Abweichungen $\delta\varphi$ bis zur Ordnung δ^2, erhalten wir *(Nachrechnen!)*

$$L = \frac{1}{2}[\Theta_S + M(a-s)^2](\delta\dot{\varphi})^2 - Mg(a-s) - \frac{Mgs}{2}(\delta\varphi)^2 + \mathcal{O}(\delta^4). \tag{4.130}$$

Setzen wir hierin wieder $\delta = 1$, erhalten wir als genäherte Lagrange-Funktion

$$L' = \frac{1}{2}[\Theta_S + m(a-s)^2]\dot{\varphi}^2 - \frac{mgs}{2}\varphi^2. \tag{4.131}$$

Dabei haben wir den konstanten Beitrag $mg(a-s)$ weggelassen, der nichts zu den Euler-Lagrange-Gleichungen beiträgt. Wir erhalten daraus

$$\dot{p}_\varphi = \frac{\mathrm{d}}{\mathrm{d}t}\frac{\partial L}{\partial \dot{\varphi}} = [\Theta_S + m(a-s)^2]\ddot{\varphi} = \frac{\partial L}{\partial \varphi} = -Mgs\varphi. \tag{4.132}$$

Damit erhalten wir, wie zu erwarten, die Bewegungsgleichung eines harmonischen Oszillators mit der Kreisfrequenz

$$\Omega = \sqrt{\frac{Mgs}{\Theta_S + M(a-s)^2}}. \tag{4.133}$$

4.4 Kreiseltheorie

Wir wenden uns nun der faszinierenden Theorie der **Kreisel** zu. Dabei handelt es sich um einen starren Körper, für den ein Punkt im Inertialsystem fixiert ist. Wir machen demzufolge diesen Punkt zum Ursprung sowohl des raum- als auch des körperfesten Bezugssystems. Dann ist mit den Bezeichnungen in Abschn. 4.3.1

$$\boldsymbol{R} = 0. \tag{4.134}$$

Die körperfeste Basis legen wir durch die **Hauptträgheitsachsen** fest, d. h., es gilt für die Komponenten des Trägheitstensors bzgl. der körperfesten Basis

$$\hat{\Theta}' = \mathrm{diag}(A, B, C). \tag{4.135}$$

4.4 Kreiseltheorie

Für die kinetische Energie folgt dann aus (4.86–4.89)

$$T = \frac{A}{2}\omega_1'^2 + \frac{B}{2}\omega_2'^2 + \frac{C}{2}\omega_3'^2. \tag{4.136}$$

4.4.1 Der freie unsymmetrische Kreisel

Wir betrachten als Erstes einen Kreisel für den allgemeinsten Fall, dass keine zwei Hauptträgheitsmomente gleich sind. Man nennt dies einen **unsymmetrischen Kreisel**, jedoch für den Spezialfall, dass der Drehpunkt mit seinem **Schwerpunkt** zusammenfällt. Wir setzen dann die Bezugspunkte von körper- und raumfestem Bezugssystem in den Schwerpunkt des Körpers, d. h., es gilt $R = s = 0 = \text{const.}$

Wir können nun das **Hamilton'sche Prinzip der kleinsten Wirkung** direkt anwenden, ohne die Drehmatrix $\hat{D}$ konkret zu parametrisieren, um die sogenannten **Euler'schen Kreiselgleichungen** für den hier betrachteten Fall des freien Kreisels herzuleiten. Dazu verwenden wir (4.89), d. h., wir schreiben die Lagrange-Funktion in der Form

$$L = T = T_{\text{spin}} = \frac{1}{2}\Theta'_{mn}\omega'_m\omega'_n \tag{4.137}$$

und verwenden als „generalisierte Koordinaten" einfach die Drehmatrix $\hat{D}$ bzw. deren Komponenten D_{jk}, die gemäß (4.71) die raum- in die körperfesten kartesischen Basen transformiert. Diese Drehmatrix ist zeitabhängig und muss im Hamilton'schen Variationsprinzip variiert werden. Dabei dürfen wir aber nicht beliebige Variationen der neun Matrixelemente D_{jk} betrachten, sondern nur solche, für die $\hat{D}' = \hat{D} + \delta\hat{D}$ wieder eine Drehmatrix ist. Um die entsprechende Parametrisierung für die Transformation zu finden, machen wir den Ansatz

$$\delta\hat{D} = \hat{D}\delta\hat{K}. \tag{4.138}$$

Da $\hat{D}$ eine invertierbare Matrix ist, denn es gilt ja $\hat{D}^{-1} = \hat{D}^{\text{T}}$, parametrisiert die Matrix $\delta\hat{K}$ zunächst beliebige Variationen $\delta\hat{D}$ der Matrix $\hat{D}$. Allerdings muss die variierte Matrix $\hat{D} + \delta\hat{D}$ wieder eine Drehmatrix sein, d. h., es muss gelten

$$(\hat{D} + \hat{D}\delta\hat{K})^{\text{T}}(\hat{D} + \hat{D}\delta\hat{K}) = \mathbb{1}. \tag{4.139}$$

Nun ist

$$\begin{aligned}\hat{D} + \hat{D}\delta\hat{K} &= \hat{D}(\mathbb{1} + \delta\hat{K}) \\ \Rightarrow (\hat{D} + \hat{D}\delta\hat{K})^{\text{T}}(\hat{D} + \hat{D}\delta\hat{K}) &= (\mathbb{1} + \delta\hat{K}^{\text{T}})\hat{D}^{\text{T}}\hat{D}(\mathbb{1} + \delta\hat{K}) \\ &= \mathbb{1} + \delta\hat{K}^{\text{T}} + \delta\hat{K} + \mathcal{O}(\delta\hat{K}^2). \end{aligned} \tag{4.140}$$

Damit also (4.139) gilt, muss (bis auf Größen in höherer als linearer Ordnung in $\delta\hat{K}$)

$$\delta\hat{K} + \delta\hat{K}^{\text{T}} = 0 \Rightarrow \delta K_{ab} = -\delta K_{ba} = \epsilon_{abc}\delta k_c \tag{4.141}$$

gelten. Die „erlaubten Variationen" der Drehmatrix sind damit durch die drei beliebig wählbaren Parameter δk_c gemäß (4.141) parametrisiert.

Die Variation der Lagrange-Funktion (4.137) ist

$$\delta L = \Theta'_{mn} \omega'_m \delta \omega'_n, \qquad (4.142)$$

wobei wir die Symmetrie des Trägheitstensors $\Theta'_{mn} = \Theta'_{nm}$ berücksichtigt haben. Wir müssen nun die Variation der Winkelgeschwindigkeitskomponenten bzgl. des raumfesten Basissystems bestimmen. Dazu verwenden wir (2.335), wonach

$$\hat{\Omega}' = \hat{D}^{\mathrm{T}} \dot{\hat{D}}, \quad \Omega'_{kl} = -\epsilon_{jkl} \omega'_j \Leftrightarrow \omega'_j = -\frac{1}{2} \epsilon_{jkl} \Omega'_{kl} \qquad (4.143)$$

ist. Es gilt

$$\delta \hat{\Omega}' = \delta \hat{D}^{\mathrm{T}} \dot{\hat{D}} + \hat{D}^{\mathrm{T}} \delta \dot{\hat{D}} = \delta \hat{K}^{\mathrm{T}} \hat{D}^{\mathrm{T}} \dot{\hat{D}} + \hat{D}^{\mathrm{T}} \frac{\mathrm{d}}{\mathrm{d}t}(\hat{D} \delta \hat{K}) = -\delta \hat{K} \hat{\Omega}' + \hat{\Omega}' \delta \hat{K} + \delta \dot{\hat{K}}. \qquad (4.144)$$

In Komponentenschreibweise bedeutet dies

$$\delta \Omega'_{kl} = \Omega'_{ka} \delta K_{al} - \delta K_{ka} \Omega'_{al} + \delta \dot{K}_{kl}. \qquad (4.145)$$

Mit (4.143) folgt daraus

$$\begin{aligned}
\delta \omega'_n &= -\frac{1}{2} \epsilon_{nkl} \delta \Omega'_{kl} \\
&= -\frac{1}{2} \epsilon_{nkl} (\delta \dot{K}_{kl} + \delta K_{al} \Omega'_{ka} - \delta K_{ka} \Omega'_{al}) \\
&= -\frac{1}{2} \epsilon_{nkl} (\delta \dot{K}_{kl} + 2 \delta K_{al} \Omega'_{ka}).
\end{aligned} \qquad (4.146)$$

Mit (4.141) folgt

$$\epsilon_{nkl} \delta \dot{K}_{kl} = \epsilon_{nkl} \epsilon_{ckl} \delta \dot{k}_c = (\delta_{nc} \delta_{kk} - \delta_{nk} \delta_{ck}) \dot{k}_c = 2 \delta \dot{k}_n \qquad (4.147)$$

und mit (4.143)

$$\begin{aligned}
\delta K_{al} \Omega'_{ka} &= -\epsilon_{cka} \epsilon_{dal} \omega'_c \delta k_d \\
&= \epsilon_{cka} \epsilon_{dla} \omega'_c \delta k_d \\
&= (\delta_{cd} \delta_{kl} - \delta_{cl} \delta_{kd}) \omega'_c \delta k_d \\
&= \omega'_c \delta k_c \delta_{kl} - \omega'_l \delta k_k.
\end{aligned} \qquad (4.148)$$

Setzen wir (4.147) und (4.148) in (4.146) ein, ergibt sich schließlich

$$\delta \omega'_n = -\delta \dot{k}_n + \epsilon_{nkl} \omega'_l \delta k'_k. \qquad (4.149)$$

4.4 Kreiseltheorie

Setzen wir dies in die Variation der Wirkung ein und führen im ersten Term eine partielle Integration aus, wobei die Randterme nicht beitragen, da die δk_n zu den Zeiten t_1 und t_2 definitionsgemäß verschwinden, erhalten wir

$$\begin{aligned}\delta S &= \int_{t_1}^{t_2} dt\, \Theta'_{mn} \omega'_m \delta\omega'_n \\ &= \int_{t_1}^{t_2} dt\, \Theta'_{mn} \omega'_m (-\delta\dot{k}_n + \epsilon_{nkl}\omega'_l \delta k'_k) \\ &= \int_{t_1}^{t_2} dt\, (\hat{\Theta}'\underline{\dot{\omega}}' + \underline{\omega}' \times \hat{\Theta}'\underline{\omega}') \cdot \delta\underline{k}.\end{aligned} \quad (4.150)$$

Nach dem Hamilton'schen Prinzip der kleinsten Wirkung muss dieser Ausdruck für alle $\delta\underline{k}(t)$ verschwinden, und daraus folgt, dass die Klammer im Integranden verschwinden muss. Damit ergeben sich die **Euler'schen Kreiselgleichungen**

$$\hat{\Theta}'\underline{\dot{\omega}}' + \underline{\omega}' \times \hat{\Theta}'\underline{\omega}' = 0. \quad (4.151)$$

Da wir hier im rotierenden körperfesten Bezugssystem arbeiten, das mit der momentanen Winkelgeschwindigkeit $\boldsymbol{\omega}$ gegenüber dem Inertialsystem rotiert, steht auf der linken Seite die entsprechende „kovariante Zeitableitung" wie in (2.338) gezeigt, d. h., (4.151) lässt sich in der Form

$$D_t(\hat{\Theta}'\underline{\omega}') = 0 \quad (4.152)$$

schreiben. Gemäß (4.103) ist wegen $\boldsymbol{R} = \boldsymbol{s} = 0$

$$\underline{J}' = \underline{\Sigma}' = \hat{\Theta}'\underline{\omega}', \quad (4.153)$$

d. h., (4.151) drückt einfach die **Erhaltung des Gesamtdrehimpulses** des Kreisels aus, d. h.

$$D_t \underline{J}' = \underline{\dot{J}}' + \underline{\omega}' \times \underline{J}' = 0. \quad (4.154)$$

Wählen wir als körperfeste Basis wieder das Hauptachsensystem des Trägheitstensors, sodass $\hat{\Theta}' = \text{diag}(A, B, C)$ gilt, folgt

$$\underline{J}' = \hat{\Theta}'\underline{\omega}' = \begin{pmatrix} A\omega'_1 \\ B\omega'_2 \\ C\omega'_3 \end{pmatrix}. \quad (4.155)$$

Damit wird (4.154) zu den **Euler'schen Kreiselgleichungen** für den freien Kreisel

$$\begin{aligned} A\dot{\omega}'_1 &= (B-C)\omega'_2\omega'_3, \\ B\dot{\omega}'_2 &= (C-A)\omega'_3\omega'_1, \\ C\dot{\omega}'_3 &= (A-B)\omega'_1\omega'_2. \end{aligned} \quad (4.156)$$

Die allgemeine Lösung dieser Gleichungen ist nun nicht einfach zu finden, denn es handelt sich um nichtlineare Gleichungen. Wir begnügen uns daher mit einer **Stabilitätsanalyse** für die Rotation um eine der Hauptträgheitsachsen. Offensichtlich ist $\omega_1' = \omega_2' = 0$ und $\omega_3' = \Omega = $ const eine Lösung. Nun betrachten wir eine Lösung, die nur wenig von dieser Lösung abweicht, nehmen also an, dass

$$\omega_1' = \alpha_1, \quad \omega_2' = \alpha_2, \quad \omega_3' = \Omega + \alpha_3 \quad (4.157)$$

mit $|\alpha_j| = \mathcal{O}(\epsilon) \ll 1$. Dann können wir (4.156) linearisieren. Für die dritte Komponente folgt $C\dot{\omega}_3' = (A - B)\alpha_1\alpha_2 = \mathcal{O}(\epsilon^2) \simeq 0$, d.h., wir behalten in führender Ordnung $\omega_3' = \Omega = $ const bei. Dann folgt aus den beiden ersten Gleichungen

$$\dot{\alpha}_1 = \frac{B-C}{A}\Omega\alpha_2, \quad \dot{\alpha}_2 = \frac{C-A}{B}\Omega\alpha_1. \quad (4.158)$$

Leiten wir die erste Gleichung nach der Zeit ab und setzen die zweite Gleichung ein, folgt

$$\ddot{\alpha}_1 = \frac{B-C}{A}\Omega\dot{\alpha}_2 = \frac{(B-C)(C-A)}{AB}\Omega^2\alpha_1. \quad (4.159)$$

Dies ist nun für $(C - B)(C - A) > 0$ die Gleichung eines harmonischen Oszillators, denn dann ist mit $\tilde{\Omega}^2 = (C - B)(C - A)\Omega^2/(AB) > 0$

$$\ddot{\alpha}_1 = -\tilde{\Omega}^2\alpha_1 \Rightarrow \alpha_1(t) = \alpha_{10}\cos(\tilde{\Omega}t + \varphi_0) \quad (4.160)$$

mit Integrationskonstanten α_{10} und φ_0. Weiter folgt dann aus der ersten Gleichung (4.158)

$$\alpha_2 = \frac{A}{(B-C)\Omega}\dot{\alpha}_1$$
$$= -\frac{A}{(B-C)\Omega}\alpha_{10}\tilde{\Omega}\sin(\tilde{\Omega}t + \varphi_0) \quad (4.161)$$
$$= \alpha_{20}\sin(\tilde{\Omega}t + \varphi_0).$$

Damit bleiben also α_1 und α_2 in der Tat kleine Größen $\mathcal{O}(\epsilon)$, wenn dies anfangs der Fall war, also wenn α_{10} und α_{20} beide $\mathcal{O}(\epsilon)$ sind. Falls also $(C - A)(C - B) > 0$ gilt, ist die Rotation um die körperfeste $3'$-Hauptträgheitsachse **stabil**, d.h., es muss entweder C das größte oder das kleinste Hauptträgheitsmoment sein. Liegt hingegen C zwischen A und B wird $(C - A)(C - B) < 0$, und statt der cos- und sin-Lösung erhält man Exponentialfunktionen, die (für allgemeine Störungen) anwachsen, d.h., die Näherung wird schnell ungültig, und die Rotation um die $3'$-Hauptträgheitsachse daher **instabil**.

4.4.2 Euler-Winkel

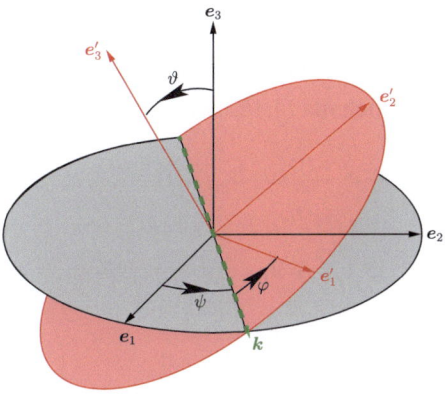

Für weitere Anwendungen empfiehlt es sich nun, die Drehmatrix $\hat{D}$, die zwischen körper- und raumfesten Vektorkomponenten transformiert, mittels dreier **Euler-Winkel** zu parametrisieren, die dann als konkrete generalisierte Koordinaten im Lagrange-Formalismus verwendet werden können. Dazu betrachten wir die obige Abbildung und führen nacheinander drei Drehungen aus, um gemäß (4.71) die raumfeste Basis e_j ($j \in \{1, 2, 3\}$) über zwei Zwischenschritte in die körperfeste Basis e'_k ($k \in \{1, 2, 3\}$) zu überführen.

Dazu führen wir zuerst eine Drehung um e_3 um den Winkel ψ aus, der den Basisvektor e_1 in Richtung der grün gestrichelt gezeichneten **Knotenlinie** überführt. Dabei ist die Knotenlinie durch die Schnittlinie der (12)-Ebene des raumfesten mit der $(1'2')$-Ebene des körperfesten Koordinatensystems bestimmt. Durch diese erste Drehung entsteht ein neues kartesisches Basissystem e''_l gemäß

$$e''_l = e_j D^{(3)}_{jl}(\psi). \tag{4.162}$$

Dabei ist die Drehmatrix für die Drehung um die 3-Achse gemäß (B.19) durch

$$\hat{D}^{(3)}(\psi) = \begin{pmatrix} \cos\psi & -\sin\psi & 0 \\ \sin\psi & \cos\psi & 0 \\ 0 & 0 & 1 \end{pmatrix} \tag{4.163}$$

gegeben. Als Nächstes führen wir eine Drehung um die Knotenlinie, also die durch e''_1 gegebene neue $1''$-Achse, um den Winkel ϑ aus, wobei ϑ so bestimmt ist, dass der neue Basisvektor $e'''_3 = e'_3$ wird. Dieses neue Basissystem ist demnach definiert durch

$$e'''_m = e''_l D^{(1)}_{lm}(\vartheta), \tag{4.164}$$

mit der Drehmatrix um die $1''$-Achse (B.21)

$$\hat{D}^{(1)}(\vartheta) = \begin{pmatrix} 1 & 0 & 0 \\ 0 & \cos\vartheta & -\sin\vartheta \\ 0 & \sin\vartheta & \cos\vartheta \end{pmatrix}. \tag{4.165}$$

Schließlich drehen wir noch dieses Basissystem um die $e_3''' = e_3'$-Achse um den Drehwinkel φ, sodass schließlich auch die beiden anderen Achsen mit e_k' zusammenfallen, d. h., es ist dann

$$e_k' = e_m''' D_{mk}^{(3)}(\varphi). \tag{4.166}$$

Insgesamt ergibt sich folglich mit (4.162) und (4.164)

$$\begin{aligned} e_k' &= e_l'' D_{lm}^{(1)}(\vartheta) D_{mk}^{(3)}(\varphi) \\ &= e_j D_{jl}^{(3)}(\psi) D_{lm}^{(1)}(\vartheta) D_{mk}^{(3)}(\varphi) \\ &= e_j \left(\hat{D}^{(3)}(\psi) \hat{D}^{(1)}(\vartheta) \hat{D}^{(3)}(\varphi) \right)_{jk}. \end{aligned} \tag{4.167}$$

Es ist also schließlich[6]

$$\hat{D} = \hat{D}^{(3)}(\psi) \hat{D}^{(1)}(\vartheta) \hat{D}^{(3)}(\varphi) \tag{4.168}$$

Nun können wir die Komponenten der Winkelgeschwindigkeit bzgl. der körperfesten Basis berechnen, um die kinetische Energie in der Form (4.136) zu erhalten. Dazu verwenden wir (4.84) und berechnen die Zeitableitung von (4.168). Statt direkt mit der konkreten Matrix zu rechnen, empfiehlt es sich dabei, zunächst mit den symbolischen Matrizen zu arbeiten:

$$\begin{aligned} \dot{\hat{D}} =& \dot{\hat{D}}^{(3)}(\psi) \hat{D}^{(1)}(\vartheta) \hat{D}^{(3)}(\varphi) \\ &+ \hat{D}^{(3)}(\psi) \dot{\hat{D}}^{(1)}(\vartheta) \hat{D}^{(3)}(\varphi) \\ &+ \hat{D}^{(3)}(\psi) \hat{D}^{(1)}(\vartheta) \dot{\hat{D}}^{(3)}(\varphi). \end{aligned} \tag{4.169}$$

Setzen wir dies in (4.84) ein, ergibt sich wegen der Orthogonalität der Drehmatrizen *(Nachrechnen!)*

$$\begin{aligned} \hat{\Omega}' =& \left[\hat{D}^{(1)}(\vartheta) \hat{D}^{(3)}(\varphi) \right]^{\mathrm{T}} \left[\hat{D}^{(3)\mathrm{T}}(\psi) \dot{\hat{D}}^{(3)}(\psi) \right] \left[\hat{D}^{(1)}(\vartheta) \hat{D}^{(3)}(\varphi) \right] \\ &+ \hat{D}^{(3)\mathrm{T}}(\varphi) \left[\hat{D}^{(1)\mathrm{T}}(\vartheta) \dot{\hat{D}}^{(1)}(\vartheta) \right] \hat{D}^{(3)}(\varphi) \\ &+ \hat{D}^{(3)\mathrm{T}}(\varphi) \dot{\hat{D}}^{(3)}(\varphi). \end{aligned} \tag{4.170}$$

---

[6] Die explizite Berechnung der Drehmatrix ist zwar reine algebraische Fleißarbeit, aber doch recht mühsam. Hier empfiehlt sich die Verwendung eines Computeralgebrasystems wie `Mathematica`.

4.4 Kreiseltheorie

Durch direkte Rechnung *(Übung!)* mit den konkreten Drehmatrizen für Drehungen um die 3- bzw. die 1-Achse (4.163) bzw. (4.165) finden wir, dass

$$\hat{\Omega}^{(3)}(\varphi) := \hat{D}^{(3)T}(\varphi)\dot{\hat{D}}^{(3)}(\varphi) \Leftrightarrow \underline{\omega}^{(3)}(\varphi) = \begin{pmatrix} 0 \\ 0 \\ \dot{\varphi} \end{pmatrix}$$

$$\hat{\Omega}^{(1)}(\vartheta) := \hat{D}^{(1)T}(\vartheta)\dot{\hat{D}}^{(1)}(\vartheta) \Leftrightarrow \underline{\omega}^{(1)}(\vartheta) = \begin{pmatrix} \dot{\vartheta} \\ 0 \\ 0 \end{pmatrix}. \tag{4.171}$$

Anschaulich sind also die Winkelgeschwindigkeitsvektoren gemäß der Rechte-Hand-Regel gegeben: Einer Drehung um eine feste Achse entspricht die Winkelgeschwindigkeit in Richtung dieser Achse, wobei der Drehsinn durch die Rechte-Hand-Regel bestimmt ist.

Da die $\hat{\Omega}^{(k)}$ in (4.171) Komponenten eines antisymmetrischen Tensors und $\underline{\omega}$ die gemäß (4.80) dazugehörigen Vektoren sind, folgt, dass für eine beliebige Drehmatrix $\hat{R}$ aus

$$\hat{\Omega}'^{(j)} = \hat{R}^T \hat{\Omega}^{(j)} \hat{R} \tag{4.172}$$

für den dazugehörigen Vektor

$$\underline{\omega}'^{(j)} = \hat{R}^T \underline{\omega}^{(j)} \tag{4.173}$$

folgt. Damit ergeben sich aus den drei unabhängigen Komponenten von $\hat{\Omega}'$ in (4.170) Komponenten des Winkelgeschwindigkeitsvektors

$$\underline{\omega}' = \left[\hat{D}^{(1)}(\vartheta)\hat{D}^{(3)}(\varphi)\right]^T \begin{pmatrix} 0 \\ 0 \\ \dot{\psi} \end{pmatrix} + \hat{D}^{(3)T}(\varphi) \begin{pmatrix} \dot{\vartheta} \\ 0 \\ 0 \end{pmatrix} + \begin{pmatrix} 0 \\ 0 \\ \dot{\varphi} \end{pmatrix} \tag{4.174}$$

und damit *(Nachrechnen!)* für die Komponenten der momentanen Winkelgeschwindigkeit bzgl. der raum- bzw. körperfesten Basis

$$\underline{\omega}' = \begin{pmatrix} \dot{\vartheta} \cos\varphi + \dot{\psi} \sin\vartheta \sin\varphi \\ -\dot{\vartheta} \sin\varphi + \dot{\psi} \sin\vartheta \cos\varphi \\ \dot{\varphi} + \dot{\psi} \cos\vartheta \end{pmatrix} \tag{4.175}$$

$$\Rightarrow \underline{\omega} = \hat{D}\underline{\omega}' = \begin{pmatrix} \Omega_{32} \\ \Omega_{13} \\ \Omega_{21} \end{pmatrix} = \begin{pmatrix} \dot{\vartheta} \cos\psi + \dot{\varphi} \sin\vartheta \sin\psi \\ \dot{\vartheta} \sin\psi - \dot{\varphi} \sin\vartheta \cos\psi \\ \dot{\psi} + \dot{\varphi} \cos\vartheta \end{pmatrix}. \tag{4.176}$$

Setzen wir schließlich (4.175) in (4.136) ein, erhalten wir

$$T = \frac{1}{2}\Big[A(\dot{\vartheta}\cos\varphi + \dot{\psi}\sin\vartheta\sin\varphi)^2 \\ + B(-\dot{\vartheta}\sin\varphi + \dot{\psi}\sin\vartheta\cos\varphi)^2 \\ + C(\dot{\varphi} + \dot{\psi}\cos\vartheta)^2\Big]. \tag{4.177}$$

Mit dieser Vorarbeit betrachten wir nun als wichtigen Spezialfall den **symmetrischen Kreisel**, für den zwei der drei Hauptträgheitsmomente gleich sind, also $B = A$ gilt.

4.4.3 Der freie symmetrische Kreisel

Das Problem, die Kreiselgleichungen zu lösen, wird wesentlich vereinfacht, wenn zwei der drei Hauptträgheitsmomente gleich werden. Um diesen Fall zu untersuchen, wählen wir $A = B$, wobei C noch von diesem Wert verschieden sein kann. Wir werden diesen Fall auf zwei Arten lösen, und zwar einmal unter Verwendung der Euler'schen Kreiselgleichungen (4.156) und dann mittels des Hamilton'schen Prinzips mit den Euler-Winkeln als generalisierten Koordinaten. Hier ist also die körperfeste $3'$-Achse eine Symmetrieachse hinsichtlich des Trägheitstensors, die man daher auch als **Figurenachse** bezeichnet.

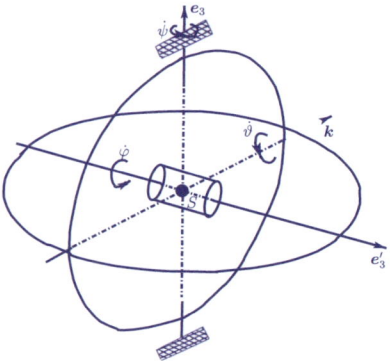

Solch ein Kreisel kann mit der oben skizzierten **Kardan-Aufhängung** realisiert werden, wo der Kreiselkörper im inneren Ring frei um seine Figurenachse rotieren kann. Der innere Ring seinerseits kann um die am äußeren Ring befestigten Achsen rotieren, und der äußere Ring ist wiederum an einer raumfesten Achse fixiert. Der Kreiselkörper hat damit alle drei rotatorischen Freiheitsgrade. Die Geometrie stellt sicher, dass der Rotationspunkt der Schwerpunkt des Kreiselkörpers ist. Wir bemerken allerdings, dass wir durch Anbringen einer Zusatzmasse auf der $3'$-Achse den Schwerpunkt aus diesem fixierten Drehpunkt entlang dieser Achse verschieben und damit den im folgenden Abschnitt besprochenen **schweren Kreisel** realisieren können.

Die Euler'schen Kreiselgleichungen (4.156) vereinfachen sich wegen $A = B$ zu

$$A\dot\omega'_1 = (A - C)\omega'_3\omega'_2, \tag{4.178}$$

$$A\dot\omega'_2 = (C - A)\omega'_3\omega'_1, \tag{4.179}$$

$$C\dot\omega'_3 = 0. \tag{4.180}$$

4.4 Kreiseltheorie

Aus (4.180) folgt sofort, dass

$$\dot{\omega}'_3 = 0 \Rightarrow \omega'_3 = \Omega'_3 = \text{const.} \tag{4.181}$$

Damit werden (4.178) und (4.179) zu einem linearen Differentialgleichungssystem 1. Ordnung für ω'_1 und ω'_2. Es lässt sich am einfachsten lösen, indem wir diese beiden Variablen zu der komplexen Größe

$$z = \omega'_1 + i\omega'_2 \tag{4.182}$$

zusammenfassen. Bilden wir die Zeitableitung und verwenden (4.178) und (4.179), erhalten wir *(Nachrechnen!)*

$$\dot{z} = -i\Omega_2 z \quad \text{mit} \quad \Omega_2 = \frac{A-C}{A}\Omega'_3. \tag{4.183}$$

Die allgemeine Lösung ist

$$z = z_0 \exp(-i\Omega_2 t) = i\alpha_0 \exp(-i\Omega_2 t - i\varphi_0)$$
$$\text{mit} \quad \alpha_0 = |z_0|, \quad z_0 = i\alpha_0 \exp(-i\varphi_0) = \alpha_0 \exp[i(\pi/2 - \varphi_0)]. \tag{4.184}$$

Die etwas ungewöhnliche Wahl der Phasendefinition für z_0 wird sich weiter unten noch als nützlich erweisen. Jedenfalls ergibt sich schließlich

$$\omega'_1 = \text{Re}\, z = \alpha_0 \sin(\Omega_2 t + \varphi_0), \quad \omega'_2 = \text{Im}\, z = \alpha_0 \cos(\Omega_2 t + \varphi_0). \tag{4.185}$$

Damit haben wir die Euler'schen Kreiselgleichungen gelöst:

$$\underline{\omega}' = \begin{pmatrix} \alpha_0 \sin(\Omega_2 t + \varphi_0) \\ \alpha_0 \cos(\Omega_2 t + \varphi_0) \\ \Omega'_3 \end{pmatrix}. \tag{4.186}$$

Um die Bewegung des Kreisels besser zu verstehen, verwenden wir nun die Parametrisierung der Drehmatrix, die zwischen raum- und körperfestem System transformiert.

Dazu bemerken wir, dass gemäß (4.154) die Euler-Gleichungen die Erhaltung des Drehimpulses ausdrücken. Im raumfesten Bezugssystem, das ein Inertialsystem ist, sind also die Drehimpulskomponenten konstant. Da der Euler-Winkel ψ eine Drehung um die raumfeste 3-Achse bedeutet, ist es von Vorteil, das raumfeste Basissystem so zu wählen, dass der Drehimpuls in Richtung der 3-Achse weist. Ebenso ist die Wahl der körperfesten Figurenachse als $3'$-Achse mit der Definition der Euler-Winkel kompatibel, da der Winkel φ eine Drehung um die körperfeste $3'$-Achse parametrisiert. Die entsprechenden Symmetrien werden unten bei der Analyse des Problems mit dem Hamilton'schen Prinzip dazu führen, dass ψ und φ zyklische Variablen und damit die entsprechenden kanonischen Impulse p_ψ und p_φ Erhaltungsgrößen sind.

Verfolgen wir aber zunächst noch die Rechnung mittels der Lösung der Euler'schen Kreiselgleichungen (4.186) weiter. Für die Drehimpulskomponenten im körperfesten Bezugssystem gilt

$$\underline{J}' = \hat{\Theta}' \underline{\omega}' = \begin{pmatrix} A\alpha_0 \sin(\Omega_2 t + \varphi_0) \\ A\alpha_0 \cos(\Omega_2 t + \varphi_0) \\ C\Omega_3' \end{pmatrix}. \tag{4.187}$$

Andererseits ergibt sich mit Hilfe der Euler-Winkel aus Gl. (4.175) und $\underline{J} = (0, 0, J)^\mathrm{T}$

$$\begin{aligned}
\underline{J}' &= \begin{pmatrix} A\alpha_0 \sin(\Omega_2 t + \varphi_0) \\ A\alpha_0 \cos(\Omega_2 t + \varphi_0) \\ C\Omega_3' \end{pmatrix} \\
&= \begin{pmatrix} A(\dot{\vartheta}\cos\varphi + \dot{\psi}\sin\vartheta\sin\varphi) \\ A(-\dot{\vartheta}\sin\varphi + \dot{\psi}\sin\vartheta\cos\varphi) \\ C(\dot{\varphi} + \dot{\psi}\cos\vartheta) \end{pmatrix} \\
&= \hat{D}^\mathrm{T} \underline{J} = J \begin{pmatrix} \sin\vartheta\sin\varphi \\ \sin\vartheta\cos\varphi \\ \cos\vartheta \end{pmatrix}.
\end{aligned} \tag{4.188}$$

Vergleichen wir die drei Ausdrücke für J_3', folgt

$$J_3' = C(\dot{\varphi} + \dot{\psi}\cos\vartheta) = J\cos\vartheta = C\Omega_3' = \text{const.} \tag{4.189}$$

Das bedeutet, dass

$$\vartheta = \vartheta_0 = \text{const} \tag{4.190}$$

ist und folglich

$$\underline{J}' = \begin{pmatrix} A\dot{\psi}\sin\vartheta_0\sin\varphi \\ A\dot{\psi}\sin\vartheta_0\cos\varphi \\ C(\dot{\varphi} + \dot{\psi}\cos\vartheta_0) \end{pmatrix} = \begin{pmatrix} A\alpha_0 \sin(\Omega_2 t + \varphi_0) \\ A\alpha_0 \cos(\Omega_2 t + \varphi_0) \\ C\Omega_3' \end{pmatrix} \tag{4.191}$$

ist. Es ist also

$$\dot{\psi}\sin\vartheta_0 = \alpha_0 \Rightarrow \dot{\psi} = \frac{\alpha_0}{\sin\vartheta_0} = \Omega_1 = \text{const}$$
$$\Rightarrow \psi = \Omega_1 t + \psi_0, \quad \varphi = \Omega_2 t + \varphi_0 \Rightarrow \dot{\varphi} = \Omega_2 = \text{const.} \tag{4.192}$$

Damit ist

$$\underline{J}' = \begin{pmatrix} A\Omega_1 \sin\vartheta_0 \sin(\Omega_2 t + \varphi_0) \\ A\Omega_1 \sin\vartheta_0 \cos(\Omega_2 t + \varphi_0) \\ C\Omega_3' \end{pmatrix} \quad \text{und} \quad J_3' = C\Omega_3' = J\cos\vartheta_0, \quad J = A\Omega_1. \tag{4.193}$$

4.4 Kreiseltheorie

Mit (4.183) folgt noch

$$\Omega_1 = \frac{J}{A}, \quad \Omega_2 = \frac{A-C}{A}\Omega'_3 = \frac{A-C}{AC}J\cos\vartheta_0 = \frac{A-C}{C}\Omega_1\cos\vartheta_0. \quad (4.194)$$

Vom körperfesten System aus betrachtet, also für einen mitrotierenden Beobachter, präzediert somit der Drehimpuls mit der Kreisfrequenz Ω_2 um die in diesem System zeitlich konstante Figurenachse $\underline{n}'_f = (0, 0, 1)^T$.

Für die raumfesten Komponenten der Winkelgeschwindigkeit folgt nun mit (4.176)

$$\underline{\omega} = \begin{pmatrix} \Omega_2 \sin\vartheta_0 \sin(\Omega_1 t + \psi_0) \\ -\Omega_2 \sin\vartheta_0 \cos(\Omega_1 t + \psi_0) \\ \Omega_1 + \Omega_2 \cos\vartheta_0 \end{pmatrix}, \quad (4.195)$$

d. h., die Winkelgeschwindigkeit (also auch die momentane Drehachse) präzediert mit der Kreisfrequenz Ω_1 um den zeitlich konstanten Drehimpuls (also die raumfeste 3-Achse).

Schließlich berechnen wir noch die Komponenten der Figurenachse $\boldsymbol{n}_f = \boldsymbol{e}'_3$ bzgl. der raumfesten Koordinaten:

$$\underline{n}_f = \hat{D}\underline{n}'_f = \hat{D}\begin{pmatrix} 0 \\ 0 \\ 1 \end{pmatrix} = \begin{pmatrix} \sin\vartheta_0 \sin(\Omega_1 t + \psi_0) \\ -\sin\vartheta_0 \cos(\Omega_1 t + \psi_0) \\ \cos\vartheta_0 \end{pmatrix}, \quad (4.196)$$

d. h., die Figurenachse präzediert ebenfalls mit der Kreisfrequenz Ω_1 um den zeitlich konstanten Drehimpulsvektor (die 3-Achse).

Vom raumfesten System aus betrachtet beschreibt also die Figurenachse einen Kegel um die Drehimpulsachse, den sog. **Nutationskegel**, und auch die Winkelgeschwindigkeit definiert einen Kegel um die Drehimpulsachse, den sog. **Rastpolkegel**. Vom körperfesten System aus betrachtet beschreibt die Winkelgeschwindigkeit einen Kegel um die zeitlich konstante Figurenachse, den sog. **Gangpolkegel**.

Schließlich können wir noch die Winkel zwischen den diversen Vektoren aus (4.195) und (4.196) berechnen:

$$\cos\angle(\boldsymbol{n}_f, \boldsymbol{\omega}) = \frac{\boldsymbol{n}_f \cdot \boldsymbol{\omega}}{|\boldsymbol{\omega}|} = \frac{\underline{n}'_f \cdot \underline{\omega}'_f}{|\underline{\omega}|} = \frac{\Omega'_3}{\sqrt{\alpha_0^2 + \Omega'^2_3}},$$

$$\cos\angle(\boldsymbol{n}_f, \boldsymbol{J}) = n_{f3} = \cos\vartheta_0 = \frac{\underline{n}'_f \cdot \underline{J}'}{J} = \frac{J'_3}{J} = \frac{\Omega'_3}{\sqrt{\Omega'^2_3 + (A/C)^2 \alpha_0^2}}, \quad (4.197)$$

$$\cos\angle(\boldsymbol{\omega}, \boldsymbol{J}) = \frac{\underline{J}' \cdot \underline{\omega}'}{J|\underline{\omega}|} = \frac{A\alpha_0^2 + C\Omega'^2_3}{\sqrt{(\alpha_0^2 + \Omega'^2_3)(A^2\alpha_0^2 + C^2\Omega'^2_3)}}.$$

Wir können uns als Kreiselkörper nun offenbar ein homogenes Ellipsoid entsprechend dem **Trägheitsellipsoid** $\underline{x}'^T \hat{\Theta} \underline{x} = \text{const}$ vorstellen, das im symmetrischen Fall ein Kreisellipsoid ist. Es ist physikalisch klar, dass im Fall $C > A$ die Symmetrieachse (Figurenachse) die kurze und für $C < A$ die lange Achse ist. Man nennt solche Rotationsellipsoide entsprechend ein **oblates** bzw. **prolates** Ellipsoid. Beachtet man, dass $\cos \alpha$ für die in (4.197) definierten Winkel $\alpha \in [0, \pi]$ monoton fallend ist, ergibt sich für $A < C$ $\angle(\boldsymbol{n}_f, \boldsymbol{\omega}) > \angle(\boldsymbol{n}_f, \boldsymbol{\omega})$, und für $A > C$ ist $\angle(\boldsymbol{n}_f, \boldsymbol{\omega}) > \angle(\boldsymbol{n}_f, \boldsymbol{\omega})$.

Weiter folgt aus (4.195) und (4.196)

$$\underline{\omega} = \Omega_1 \begin{pmatrix} 0 \\ 0 \\ 1 \end{pmatrix} + \Omega_2 \underline{n}_f. \qquad (4.198)$$

Das bedeutet, dass der Rastpolkegel stets im Inneren des Gangpolkegels liegt. Es ergibt sich damit das folgende Bild für die Bewegungen der diversen Vektoren für einen oblaten bzw. prolaten Kreisel:

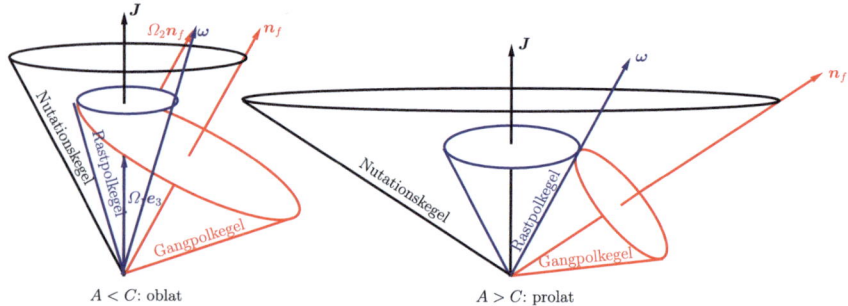

Wir lösen nun dasselbe Problem nochmals mit Hilfe des Hamilton'schen Prinzips. Setzen wir in (4.177) $B = A$, ergibt sich

$$L = T = \frac{1}{2}\left[A(\dot{\vartheta}^2 + \dot{\psi}^2 \sin^2 \vartheta) + C(\dot{\varphi} + \dot{\psi}\cos\vartheta)^2\right]. \qquad (4.199)$$

Wie aufgrund der Symmetrie bzgl. Rotationen um die Figurenachse zu erwarten, ist nun φ ebenso wie ψ eine zyklische Variable. Die entsprechenden kanonisch konjugierten Impulse sind also erhalten:

$$p_\varphi = \frac{\partial L}{\partial \dot{\varphi}} = C(\dot{\varphi} + \dot{\psi}\cos\vartheta) = \text{const.} \qquad (4.200)$$

$$p_\psi = \frac{\partial L}{\partial \dot{\psi}} = A\dot{\psi}\sin^2\vartheta + C\cos\vartheta(\dot{\varphi} + \dot{\psi}\cos\vartheta) \qquad (4.201)$$

$$\stackrel{(4.200)}{=} A\dot{\psi}\sin^2\vartheta + p_\varphi \cos\vartheta = \text{const.}$$

4.4 Kreiseltheorie

Mit (4.175) erhalten wir für die Komponenten des Drehimpulses bzgl. des körperfesten Systems

$$\underline{J}' = \hat{D}^T \underline{J} = \hat{D}^T \begin{pmatrix} 0 \\ 0 \\ J \end{pmatrix} = J \begin{pmatrix} \sin\vartheta \sin\varphi \\ \sin\vartheta \cos\varphi \\ \cos\vartheta \end{pmatrix}$$

$$= \hat{\Theta}' \underline{\omega}' = \begin{pmatrix} A(\dot\vartheta \cos\varphi + \dot\psi \sin\vartheta \sin\varphi) \\ A(-\dot\vartheta \cos\varphi + \dot\psi \sin\vartheta \cos\varphi) \\ C(\dot\varphi + \dot\psi \cos\vartheta) \end{pmatrix}. \quad (4.202)$$

Mit (4.200) folgt daraus $J_3' = J\cos\vartheta = p_\varphi = \text{const}$ und damit $\vartheta = \vartheta_0 = \text{const}$ und also $\dot\vartheta = 0$. Damit wird

$$J_1' = J\sin\vartheta_0 \sin\varphi = A\dot\psi \sin\vartheta_0 \sin\varphi \Rightarrow J = A\dot\psi = A\Omega_1 = \text{const}. \quad (4.203)$$

Aus (4.200) entnehmen wir, dass damit auch $\dot\varphi = \Omega_2 = \text{const}$ ist. Also gilt

$$\psi = \Omega_1 t + \psi_0, \quad \varphi = \Omega_2 t + \varphi_0. \quad (4.204)$$

Damit erhalten wir

$$p_\varphi = C(\Omega_2 + \Omega_1 \cos\vartheta_0) = A\Omega_1 \cos\vartheta_0 = C\Omega_3' \quad (4.205)$$

bzw.

$$\Omega_2 = \frac{A-C}{C}\Omega_1 \cos\vartheta_0 = \frac{A-C}{A}\Omega_3'. \quad (4.206)$$

Damit haben wir dieselbe Lösung, die wir oben mit der Euler'schen Kreiselgleichung hergeleitet haben, auch aus dem Hamilton'schen Prinzip erhalten.

4.4.4 Der schwere symmetrische Kreisel

Wir wenden uns nun dem **schweren symmetrischen Kreisel** zu, wo der Unterstützungspunkt nicht mehr mit dem Schwerpunkt übereinstimmt sondern irgendwo auf der Figurenachse liegt und also die Schwerkraft der Erde ein Drehmoment impliziert. Freilich richten wir nun die raumfeste $\underline{e}_3$-Achse in Richtung der Schwerkraft, denn dann ist aufgrund der Rotationssymmetrie des Problems um diese Achse wenigstens noch die entsprechende Drehimpulskomponente J_3 erhalten, und der entsprechende Drehwinkel ψ bleibt zyklisch.

Wir legen den Ursprung des raum- und körperfesten Bezugsystems zusammen, sodass $\mathbf{R} = \mathbf{0}$, d. h. vermöge (4.75) ist $\mathbf{x}_i = \mathbf{r}_i$. Da der Schwerpunkt auf der Figurenachse liegen soll, ist $\mathbf{s} = s\mathbf{n}_f = s\mathbf{e}_3'$, und mit (4.101) erhalten wir die potentielle Energie zu

$$V = Mgs\cos\vartheta, \quad (4.207)$$

wobei wir die raumfeste e_3-Achse senkrecht nach oben gelegt haben, sodass $g = -ge_3$ ist. Zusammen mit (4.199) folgt damit für die Lagrange-Funktion

$$L = \frac{1}{2}\left[A\left(\dot{\psi}^2 \sin^2\vartheta + \dot{\vartheta}^2\right) + C\left(\dot{\varphi} + \dot{\psi}\cos\vartheta\right)^2\right] - Mgs\cos\vartheta. \quad (4.208)$$

Die Symmetrien des Problems ergeben wieder die drei ersten Integrale, die wir schon beim freien symmetrischen Kreisel erhalten haben: ψ und φ sind zyklisch, entsprechend der Symmetrie unter Rotationen um die raumfeste e_3-Achse (also die Richtung von g) bzw. um die körperfeste e'_3-Achse, also die Figurenachse n_f.

Außerdem ist die Gesamtenergie erhalten, weil L nicht explizit von der Zeit abhängt. Wir haben also die drei Erhaltungsgrößen

$$p_\psi = \frac{\partial L}{\partial \dot{\psi}} = A\dot{\psi}\sin^2\vartheta + C(\dot{\varphi} + \dot{\psi}\cos\vartheta)\cos\vartheta \quad (4.209)$$

$$p_\varphi = \frac{\partial L}{\partial \dot{\varphi}} = C(\dot{\varphi} + \dot{\psi}\cos\vartheta), \quad (4.210)$$

$$E = T + V$$
$$= \frac{1}{2}\left[A\left(\dot{\psi}^2\sin^2\vartheta + \dot{\vartheta}^2\right) + C\left(\dot{\varphi} + \dot{\psi}\cos\vartheta\right)^2\right] + Mgs\cos\vartheta. \quad (4.211)$$

Freilich können wir nun nicht mehr wie beim freien Kreisel auf die Erhaltung aller drei raumfesten Drehimpulskomponenten schließen, da nun g eine Richtung im Raum, die wir zur raumfesten 3-Achse gewählt haben, auszeichnet und folglich nur noch Rotationen um diese Achse eine Symmetrie des Systems darstellen, nicht mehr jedoch beliebige Drehungen um den Drehpunkt.

Wir können aber die Integration der Bewegungsgleichungen nach dem Standardschema des Lagrange-Formalismus ausführen. Dazu substituieren wir in (4.211) $\dot{\psi}$ und $\dot{\varphi}$ durch die erhaltenen kanonischen Impulse (4.209) und (4.210):

$$\dot{\psi} = \frac{p_\psi - p_\varphi \cos\vartheta}{A\sin^2\vartheta}, \quad (4.212)$$

$$\dot{\varphi} = \frac{p_\varphi}{C} - \frac{(p_\psi - p_\varphi\cos\vartheta)\cos\vartheta}{A\sin^2\vartheta}, \quad (4.213)$$

$$\Rightarrow E = \frac{A}{2}\dot{\vartheta}^2 + \frac{(p_\psi - p_\varphi\cos\vartheta)^2}{2A\sin^2\vartheta} + \frac{p_\varphi^2}{2C} + Mgs\cos\vartheta. \quad (4.214)$$

Dies können wir nach t auflösen. Nach Substitution $u = \cos\vartheta$ erhalten wir

$$t - t_0 = \pm\int_{u_0}^{u} du' \frac{A}{\sqrt{f(u')}} \quad (4.215)$$

mit

$$f(u) = 2A(E - Mgsu)(1 - u^2) - (A/C)p_\varphi^2(1 - u^2) - (p_\psi - p_\varphi u)^2. \quad (4.216)$$

Auflösen von (4.215) nach ϑ ergibt eine sog. elliptische Funktion. Dabei ist das Vorzeichen der Wurzel nach dem bei Schwingungen üblichen Verfahren zu wählen: Für physikalisch sinnvolle Anfangsbedingungen muss nämlich u im Intervall $[-1, 1]$ zwei reelle Nullstellen $u_{1,2}$ haben, zwischen denen das Argument der Wurzel positiv ist. Zwischen den entsprechenden Winkeln $\vartheta_{1,2}$ schwingt dann die Figurenachse relativ zur raumfesten 3-Achse hin und her. Im Zusammenhang mit dem schweren Kreisel bezeichnet man diese Schwingung als **Nutationsbewegung**. Sei $\vartheta_1 \leq \vartheta_2$. Betrachtet man die Bewegung der Spitze des Einheitsvektors n_f, besagt (4.212), dass sich die Figurenachse unter den der Nutationsbewegung entsprechenden Schwankungen entweder um die raumfeste 3-Achse stets vorwärtsrotiert (falls $p_\psi - p_\varphi \cos\vartheta_1 > 0$), für $\vartheta = \vartheta_1$ die Präzessionsgeschwindigkeit verschwindet (falls $p_\psi - p_\varphi \cos\vartheta_1 = 0$) oder die Präzession auch zeitweise rückläufig sein kann (falls $p_\psi - p_\varphi \cos\vartheta_1 < 0$). Diese durch $\psi(t)$ beschriebene Bewegung bezeichnet man als **Präzession**.

Ein Spezialfall liegt vor, wenn $\vartheta = $ const (aber von 0 und π verschieden) ist, also $\vartheta_1 = \vartheta_2$ eine Nullstelle zweiter Ordnung des Arguments unter der Wurzel des Integranden in (4.215) ist. Dann sind gemäß (4.212) und (4.213) auch $\dot\psi$ und $\dot\varphi$ konstant. Dies bezeichnet man als **reguläre Präzession**.

Wir analysieren nun noch zwei Spezialfälle, die wir näherungsweise analytisch behandeln können.

4.4.5 Pseudoreguläre Präzession

Als Erstes denken wir uns den Kreisel zu Anfang in eine schnelle Rotation um die Figurenachse versetzt und dann mit der Figurenachse um einen Winkel $\vartheta = \vartheta_0$ (mit $\vartheta_0 \neq 0, \pi$) gegen die raumfeste 3-Richtung gekippt ohne weiteren Anstoß auf seine Spitze gesetzt. Dann haben wir die Anfangsbedingungen

$$\vartheta(0) = \vartheta_0, \quad \psi(0) = \varphi(0) = 0, \quad \dot\varphi(0) = \omega_0, \quad \dot\psi(0) = \dot\vartheta(0) = 0. \quad (4.217)$$

Wir nehmen nun an, dass

$$\vartheta = \vartheta_0 + \epsilon \quad (4.218)$$

mit $|\epsilon| \ll 1$. Wir wollen dann die Bewegungsgleichungen nach kleinen Größen in ϵ entwickeln. Wir werden im Verlauf der Rechnung noch genauer zu spezifizieren haben, in welchen Fällen die Näherung anwendbar ist. Aus den Anfangsbedingungen und (4.209)–(4.211) folgt

$$p_\psi = C\omega_0 \cos\vartheta_0, \quad p_\varphi = C\omega_0, \quad E = \frac{p_\varphi^2}{2C} + Mgs\cos\vartheta_0. \quad (4.219)$$

Wir betrachten die Energie in der Form (4.214), setzen (4.218) ein und entwickeln bis zur zweiten Ordnung in ϵ. Dann folgt

$$\frac{A}{2}\dot\vartheta^2 = \frac{A}{2}\dot\epsilon^2 = Mgs\sin\vartheta_0\epsilon + \frac{1}{2}\left(Mgs\cos\vartheta_0 - \frac{C^2\omega_0^2}{A}\right)\epsilon^2 + \mathcal{O}(\epsilon^3). \quad (4.220)$$

Ableiten dieser Gleichung nach der Zeit und Division durch $\dot\epsilon$ ergibt schließlich die Differentialgleichung
$$\ddot\epsilon = \Omega^2(a - \epsilon), \qquad (4.221)$$
wobei wir
$$\Omega^2 = \frac{C^2\omega_0^2}{A^2} - \frac{Mgs}{A}\cos\vartheta_0, \quad a = \frac{Mgs\sin\vartheta_0}{A\Omega^2} \qquad (4.222)$$
gesetzt haben. Offensichtlich bleibt ϵ nur klein, wenn $\Omega^2 > 0$ ist. Die allgemeine Lösung lautet dann nämlich
$$\epsilon(t) = c_1\cos(\Omega t + c_2) + a. \qquad (4.223)$$
Mit den Anfangsbedingungen $\epsilon(0) = \dot\epsilon(0) = 0$ ist schließlich
$$\epsilon(t) = a[1 - \cos(\Omega t)]. \qquad (4.224)$$
Die Näherung ist also gerechtfertigt, wenn $|a| \ll 1$, und das ist offenbar erfüllt, wenn
$$Mgs \ll \frac{C^2\omega_0^2}{A}. \qquad (4.225)$$
Das bedeutet, dass die potentielle Energie der Schwerkraft sehr viel kleiner sein muss als die anfängliche Rotationsenergie.

Entwickeln wir nun (4.212) unter Verwendung von (4.219) bis zur linearen Ordnung in ϵ, erhalten wir
$$\dot\psi = \frac{C\omega_0}{A\sin\vartheta_0}\epsilon + \mathcal{O}(\epsilon^2). \qquad (4.226)$$
Setzen wir hierin (4.224) ein, finden wir durch Integration unter Verwendung der Anfangsbedingungen (4.217)
$$\psi(t) = \frac{C\omega_0 a}{A\sin\vartheta_0}\left[t - \frac{\sin(\Omega t)}{\Omega}\right]. \qquad (4.227)$$
Das bedeutet, dass der Kreisel dem Drehmoment aufgrund der Gravitationskraft „ausweicht", indem die Figurenachse um die raumfeste 3-Achse präzediert, d. h., der Kreisel weicht senkrecht zum angewandten Drehmoment aus. Diese Präzession erfolgt zwar nicht mit konstanter Winkelgeschwindigkeit, aber für $t \gg 1/\Omega$ fallen die dann relativ dazu kleinen schnellen Schwingungen nicht mehr sonderlich auf, sodass die Bewegung fast wie eine reguläre Präzession erscheint. Man spricht daher von **pseudoregulärer Präzession**. Ebenso erhalten wir
$$\dot\varphi = \omega_0 - \frac{C\omega_0\cot\vartheta_0}{A}\epsilon + \mathcal{O}(\epsilon^2) \qquad (4.228)$$
mit der Lösung
$$\varphi(t) = \omega_0 t - \frac{C\omega_0 a \cot\vartheta_0}{A}\left[t - \frac{\sin(\Omega t)}{\Omega}\right]. \qquad (4.229)$$

4.4.6 Stabilität der Rotation um die senkrecht stehende Figurenachse

Schließlich betrachten wir als weiteren Fall, dass wir den Kreisel um seine Figurenachse rotieren lassen und dann zur Zeit $t = 0$ den Kreisel mit der Figurenachse in Richtung der raumfesten 3-Achse stellen. Dann gelten die Anfangsbedingungen

$$\vartheta(0) = \varphi(0) = \psi(0) = 0, \quad \dot\varphi(0) = \omega_0, \quad \dot\psi(0) = \dot\vartheta(0) = 0. \qquad (4.230)$$

Dann ist

$$p_\psi = p_\varphi = C\omega_0. \qquad (4.231)$$

Aus dem Energiesatz folgt mit $u = \cos\vartheta$ nach einigen Umformungen

$$\frac{A}{2}\dot u^2 = Mgs(1-u)^2(u-u_0) := P(u) \quad \text{mit} \quad u_0 = \frac{C^2\omega_0^2}{2AMgs} - 1. \qquad (4.232)$$

Bei physikalisch realisierbaren Anfangsbedingungen muss $u \in [-1, 1]$ sein und dort $P(u) \geq 0$ gelten. In jedem Fall besitzt im hier betrachteten Fall das Polynom bei $u = 1$ eine doppelte Nullstelle. Falls dann $u_0 > 1$ ist, besitzt das Polynom bei $u = 1$ ein Maximum, ist also in der Umgebung von $u = 1$ negativ, sodass $\dot u(t) \equiv 0$, d. h. $u(t) \equiv 1$ bzw. $\theta = 0 = $ const sein muss. Aus (4.212) folgt dann zusammen mit der Anfangsbedingung (4.230), dass $\dot\psi = 0$, also $\psi = 0 = $ const, sein muss und folglich $\varphi(t) = \omega_0 t$. In diesem Fall, d. h. falls

$$u_0 > 1 \Rightarrow \omega_0^2 > \frac{4AMgs}{C^2} = \omega_{\text{crit}}^2, \qquad (4.233)$$

rotiert also der Kreisel exakt weiter mit konstanter Winkelgeschwindigkeit um die raumfeste 3-Achse. Dann können wir schreiben

$$u_0 = \frac{2\omega_0^2}{\omega_{\text{crit}}^2} - 1. \qquad (4.234)$$

Falls $u_0 < 0$, also $\omega_0^2 < \omega_{\text{crit}}^2$, ist die doppelte Nullstelle bei $u = 1$ ein Minimum und $-1 < u_0 < 1$, d. h. u schwankt zwischen u_0 und 1 hin und her, d. h., der Kreisel führt eine Nutationsbewegung aus. Aus (4.212) folgt dann

$$\dot\psi = \frac{C\omega_0}{A(1+u)} > 0, \qquad (4.235)$$

d. h., die Figurenachse präzediert während der Nutationsbewegung um die raumfeste 3-Achse.

4.5 Der Kreiselkompass

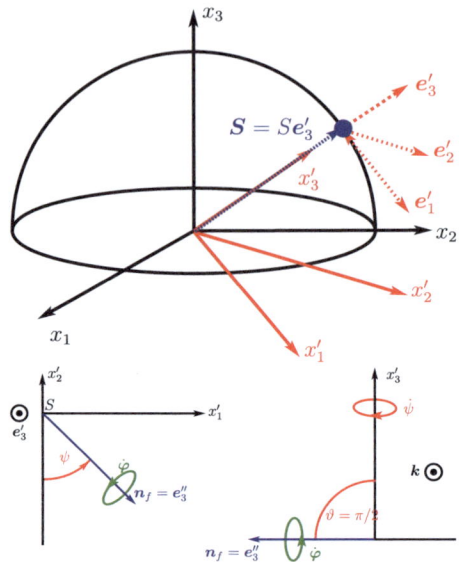

Ein Kreiselkompass ist ein **„gefesselter, symmetrischer Kreisel"** auf der **rotierenden Erde**, d. h., es handelt sich um einen symmetrischen Kreiselkörper, dessen Figurenachse sich nur um die Vertikale (also um eine Achse in Richtung von $-\boldsymbol{g}$, wobei $\boldsymbol{g}$ die Schwerebeschleunigung in Erdnähe bezeichnet) drehen kann.

Zur Berechnung des Verhaltens dieses gefesselten, symmetrischen Kreisels betrachten wir im Folgenden drei Bezugssysteme, nämlich

- ein **raumfestes inertiales Bezugssystem**, wobei wir annehmen, dass das Ruhsystem des Erdmittelpunkts mit hinreichender Genauigkeit als ein solches raumfestes Inertialsystem betrachtet werden kann. Wir definieren also den Ursprung des raumfesten Bezugssystems als den Erdmittelpunkt und von den kartesischen Basisvektoren $\boldsymbol{e}_j$ sei $\boldsymbol{e}_3$ in Richtung der Rotationsachse der Erde gelegt.
- ein **erdfestes rotierendes Bezugssystem**. Auch dessen Ursprung legen wir in den Mittelpunkt der Erde. Die Basisvektoren $\boldsymbol{e}'_k$ sind so gewählt, dass für einen Beobachter bei der geografischen Breite $\lambda = \pi/2 - \theta$ die Südrichtung durch $\boldsymbol{e}'_1$, die Ostrichtung durch $\boldsymbol{e}'_2$ und schließlich die dazu senkrechte Richtung „nach oben", also entgegen der effektiven Schwerebeschleunigung durch $\boldsymbol{e}'_3$ gegeben sind (wie im Abschn. 2.9.3).
- ein **körperfestes Bezugssystem** des Kreisels mit dem Ursprung in dessen Schwerpunkt und der kartesischen Basis $\boldsymbol{e}''_l$ in Richtung der Hauptträgheitsachsen und $\boldsymbol{e}''_3$ in Richtung der Figurenachse, wie oben beim kräftefreien symmetrischen Kreisel. Die Euler-Winkel $(\psi, \vartheta, \varphi)$ werden relativ zum erdfesten System definiert.

4.5 Der Kreiselkompass

Im Gegensatz zum freien Kreisel ist bzgl. des erdfesten Beobachters der Kreisel wie in der Abbildung so gelagert, dass seine Figurenachse waagrecht zur Erdoberfläche (also senkrecht zur e'_3-Achse) fixiert ist. Sie kann sich allerdings noch frei um eine senkrechte Achse durch den Schwerpunkt drehen. In der Parametrisierung mit Euler-Winkeln relativ zum erdfesten System, definiert durch

$$e''_l = \hat{D}^{(\text{Euler})}_{kl} e'_k, \tag{4.236}$$

ist also $\vartheta = \pi/2 = $ const und ψ und φ die Freiheitsgrade des Kreisels, d. h., es gilt

$$\hat{D}^{(\text{Euler})} = \hat{D}_3(\psi)\hat{D}_1(\pi/2)\hat{D}_3(\varphi)$$
$$= \begin{pmatrix} \cos\varphi\cos\psi & -\cos\psi\sin\varphi & \sin\psi \\ \cos\varphi\sin\psi & -\sin\varphi\sin\psi & -\cos\psi \\ \sin\varphi & \cos\varphi & 0 \end{pmatrix}. \tag{4.237}$$

Dabei beschreibt φ die Drehung des Kreiselkörpers um die Figurenachse und ψ die Drehung der Figurenachse um $e'_3 = -\boldsymbol{g}/g$.

Schließlich benötigen wir noch die Drehmatrix, die die erdfeste Basis durch die raumfeste Basis ausdrückt. Wie in Abschnitt 2.9.3 hergeleitet, gilt für diese Drehmatrix

$$e'_k = D^{(\text{Erde})}_{jk} e_j, \quad \hat{D}^{(\text{Erde})} = \hat{D}_3(\Omega t)\hat{D}_2(\theta), \tag{4.238}$$

wobei $\Omega = 2\pi/T_{\text{sid}} \simeq 7{,}292 \cdot 10^{-5}$/s die Winkelgeschwindigkeit der Erde ist. Dabei ist $T_{\text{sid}} = 23\,\text{h} + 56\,\text{min} + 10\,\text{s} = 8{,}617 \cdot 10^4\,\text{s}$ die Dauer eines **siderischen Tages**, d. h. die Dauer einer vollständigen Erdrotation vom Ruhsystem der Fixsterne aus betrachtet. Weiter ist $\theta = \pi/2 - \lambda$, wobei $\lambda \in (-\pi/2, \pi/2)$ die geografische Breite am Standort des Kreiselkompasses ist. Die Drehmatrix, die gemäß

$$e''_l = D_{jl} e_j \tag{4.239}$$

direkt die raumfeste in die körperfeste Basis überführt, ist also durch

$$\hat{D} = \hat{D}^{(\text{Erde})} \hat{D}^{(\text{Euler})} \tag{4.240}$$

gegeben. Wir erhalten dann die raumfesten momentanen Winkelgeschwindigkeitskomponenten des Kreisels wieder durch (4.79), und schließlich ergeben sich die körperfesten Komponenten zu

$$\underline{\omega}'' = \hat{D}^{\text{T}} \underline{\omega} = \begin{pmatrix} \Omega(\cos\varphi\cos\psi\sin\theta - \sin\varphi\cos\theta) - \dot\psi\sin\varphi \\ -\Omega(\cos\psi\sin\varphi\sin\theta + \cos\varphi\cos\theta) - \dot\psi\cos\varphi \\ \Omega\sin\theta\sin\psi - \dot\varphi \end{pmatrix}. \tag{4.241}$$

Damit wird die Rotationsenergie des Kreisels gemäß (4.89) und $\hat{\Theta}'' = \text{diag}(A, A, C)$

$$\begin{aligned}
T_{\text{spin}} &= \frac{1}{2}\underline{\omega}''^{\text{T}} \hat{\Theta}'' \underline{\omega}'' \\
&= \frac{A}{2}\left[(\dot{\psi} + \Omega\cos\theta)^2 + \Omega^2\sin^2\theta\cos^2\psi\right] \\
&\quad + \frac{C}{2}(\dot{\varphi} - \Omega\sin\vartheta\sin\psi)^2 \,.
\end{aligned} \tag{4.242}$$

Vergleichen wir dies mit dem entsprechenden Ausdruck für den freien symmetrischen Kreisel, für den sich die Euler-Winkel direkt auf das raumfeste Bezugssystem beziehen und setzen darin entsprechend der Fesselung des Kreisels $\vartheta = \pi/2$, erhalten wir das Resultat (4.242) für $\Omega = 0$, wie es sein muss. Wir sehen, dass die kinetische Energie in (4.242) im Vergleich damit Terme der Ordnung Ω und Ω^2 beinhaltet. Führen wir uns die Betrachtungen in Abschn. 2.9.3 vor Augen, sind diese Terme offensichtlich den auf den Kreisel wirkenden **Coriolis-** und **Zentrifugalkräften** geschuldet. Da der raumfeste Bezugspunkt der Schwerpunkt des Kreisels ist, wirken zwar wie beim freien Kreisel keine Drehmomente aufgrund der effektiven Schwerkraft auf den Kreiselkompass ein, sehr wohl jedoch aufgrund von Coriolis- und Zentrifugalkraft.

Um die Lagrange-Funktion aufstellen zu können, müssen wir nun noch die translatorische Bewegung des Schwerpunkts berücksichtigen. Die entsprechende kinetische Energie berechnen wir in dem Fall am bequemsten im erdfesten Bezugssystem, da der Schwerpunkt des Kreisels ein erdfester Punkt ist. Es gilt also offenbar $\underline{S}' = (0, 0, S)^{\text{T}} = \text{const}$ (s. die obige Abbildung) und folglich

$$\text{D}_t \underline{S}' = \underline{\Omega}' \times \underline{S}' = \begin{pmatrix} 0 \\ \Omega S \sin\theta \\ 0 \end{pmatrix}, \tag{4.243}$$

wobei wir (2.350) für die erdfesten Winkelgeschwindigkeitskomponenten der Erde $\underline{\Omega}' = \Omega(-\sin\theta, 0, \cos\theta)^{\text{T}}$ benutzt haben. Es ist also die kinetische Energie des Schwerpunkts

$$T_{\text{S}} = \frac{M}{2}(\text{D}_t \underline{S}')^2 = \frac{M}{2}\Omega^2 S^2 \sin^2\theta = \text{const.} \tag{4.244}$$

Wir können also diesen Beitrag in der Lagrange-Funktion sogleich vernachlässigen. Die Lagrange-Funktion lautet also zunächst

$$\begin{aligned}
\tilde{L} = T_{\text{spin}} &= \frac{A}{2}(\dot{\psi}^2 + \Omega^2\cos^2\psi\sin^2\theta) + \frac{C}{2}(\dot{\varphi} - \Omega\sin\theta\sin\psi)^2 \\
&\quad + \frac{\text{d}}{\text{d}t}\left(\frac{A}{2}t\Omega^2\cos^2\theta + A\Omega\psi\cos\theta\right).
\end{aligned} \tag{4.245}$$

Dabei haben wir eine totale Zeitableitung einer Funktion, die *nicht* von den generalisierten Geschwindigkeiten $\dot{\psi}$ und $\dot{\varphi}$ abhängt, abgespalten. Wie wir aus Abschn. 3.4.2

4.5 Der Kreiselkompass

wissen, können wir solche Terme in der Lagrange-Funktion weglassen, ohne die Bewegungsgleichungen zu ändern, d. h., wir können mit der etwas einfacheren Lagrange-Funktion

$$L = \frac{A}{2}(\dot{\psi}^2 + \Omega^2 \cos^2\psi \sin^2\theta) + \frac{C}{2}(\dot{\varphi} - \Omega \sin\theta \sin\psi)^2 \qquad (4.246)$$

weiterrechnen.

Unser Ziel ist es, eine **stabile Gleichgewichtslage** für den Winkel ψ zu finden, also die Richtung der Figurenachse des Kreisels im erdfesten Bezugssystem,

$$\underline{n}'_f = \hat{D}^{(\text{Euler})} \begin{pmatrix} 0 \\ 0 \\ 1 \end{pmatrix} = \begin{pmatrix} \sin\psi \\ -\cos\psi \\ 0 \end{pmatrix}, \qquad (4.247)$$

um die der Kreiselkompass trotz der angreifenden Coriolis- und Zentrifugaldrehmomente nur kleine Schwingungen ausführt. Wie wir gleich sehen werden, wird diese Aufgabe wesentlich einfacher, wenn wir zum Hamilton-Formalismus übergehen. Der Grund dafür ist, dass φ eine zyklische Variable ist. Das ist wegen des Noether-Theorems auch unmittelbar klar, denn die Rotation um die Figurenachse eines symmetrischen Kreisels ist definitionsgemäß eine Symmetrie, d.h. die entsprechende körperfeste Drehimpulskomponente $J_3'' = p_\varphi = \text{const.}$

Berechnen wir also zunächst die generalisierten Impulse,

$$p_\varphi = \frac{\partial L}{\partial \dot{\varphi}} = C(\dot{\varphi} - \Omega \sin\theta \sin\psi) = \text{const}, \quad p_\psi = \frac{\partial L}{\partial \dot{\psi}} = A\dot{\psi}. \qquad (4.248)$$

Dabei ist p_φ erhalten, da φ eine zyklische Koordinate ist, was natürlich wieder auf die Symmetrie des Körpers bzgl. Drehungen um die Figurenachse zurückzuführen ist.

Die Hamilton-Funktion, also die Gesamtenergie, ist ebenfalls eine Erhaltungsgröße, da die Lagrange-Funktion nicht explizit zeitabhängig ist:

$$H = \dot{\varphi} p_\varphi + \dot{\psi} p_\psi - L$$
$$= \frac{A}{2}\dot{\psi}^2 + \frac{1}{2C}p_\varphi^2 + \underbrace{p_\varphi \Omega \sin\theta \sin\psi - \frac{A}{2}\Omega^2 \sin^2\theta \cos^2\psi}_{V_{\text{eff}}(\psi)} = \text{const.} \qquad (4.249)$$

Da $p_\varphi = \text{const}$ ist, können wir (4.249), die Hamilton-Funktion, als effektive Beschreibung der Bewegung für ψ ansehen. Dabei entspricht dies offenbar formal der Bewegung eines Teilchens im Potential $V_{\text{eff}}(\psi)$.

Um die stabilen Gleichgewichtslagen dieser Bewegung von ψ zu finden, müssen wir also die Minima von V_{eff} bestimmen. Bilden wir also die Ableitung

$$\frac{d}{d\psi}V_{\text{eff}}(\psi) = \Omega \cos\psi \sin\theta (p_\varphi + A\Omega \sin\theta \sin\psi). \qquad (4.250)$$

Wir nehmen an, dass der Kreiselkompass anfangs in eine schnelle Rotation, also $\dot\varphi_0 \gg \Omega \sin\theta$ versetzt wurde. Gemäß (4.248) ist dann $p_\varphi \simeq C\dot\varphi$ sehr groß gegen $A\Omega \sin\theta$. Nullstellen von (4.250) sind also $\psi_{1,2} = \pm\pi/2 \bmod 2\pi$ und außerdem für alle Winkel ψ_3 mit $\sin\psi_3 = -p_\varphi/(A^2\omega^2 \sin^2\theta)$. Um zu entscheiden, welche dieser Nullstellen einem Minimum von V_{eff} entsprechen, untersuchen wir $V''_{\text{eff}}(\psi)$. Es ist

$$V''_{\text{eff}}(\psi) = \Omega \sin\theta [A\Omega \sin\theta (1 - 2\sin^2\psi) - p_\varphi \sin\psi]. \tag{4.251}$$

Daraus folgt $V''_{\text{eff}}(\pm\pi/2) = -\Omega \sin\theta(A\Omega \sin\theta \pm p_\varphi) \approx \mp\Omega \sin\vartheta\, p_\varphi$. Je nach Vorzeichen von p_φ ist also entweder $\psi = \pi/2$ oder $\psi = -\pi/2$ ein Minimum des effektiven Potentials. Weiter ist $V''_{\text{eff}}(\psi) = A\Omega^2 \sin^2\theta - p_\varphi^2/a < 0$, d. h., es handelt sich stets um ein Maximum des effektiven Potentials und damit nicht um einen stabilen Gleichgewichtspunkt.

Für $p_\varphi > 0$ ist also $\psi_2 = -\pi/2$ die stabile Gleichgewichtslage und gemäß (4.247) ist dann

$$\underline{n}'_f = \begin{pmatrix} -1 \\ 0 \\ 0 \end{pmatrix}, \tag{4.252}$$

d. h., die Figurenachse weist in der Tat nach Norden, wenn man wie hier angenommen die Richtung der Figurenachse nach der Rechte-Hand-Regel bzgl. der Rotation (hier mit der Winkelgeschwindigkeit $\dot\varphi > 0$) um diese Achse wählt.

Wir betrachten noch die näherungsweise harmonische Schwingung der Figurenachse für kleine Abweichungen von der Gleichgewichtslage. Dazu entwickeln wir um kleine Abweichungen α von der stabilen Gleichgewichtslage

$$V_{\text{eff}}(-\pi/2 + \alpha) = -\Omega p_\varphi \sin\theta + \frac{\Omega \sin\theta}{2}(p_\varphi - A\Omega \sin\theta)\alpha^2. \tag{4.253}$$

Damit wird (4.249) näherungsweise zu

$$E = \frac{A}{2}\dot\alpha^2 + \frac{\Omega \sin\theta}{2}(p_\varphi - A\Omega \sin\theta)\alpha^2 + \text{const} = \text{const}. \tag{4.254}$$

Ableiten nach der Zeit ergibt dann

$$\ddot\alpha = -\frac{\Omega \sin\theta}{A}(p_\varphi - A\Omega \sin\theta)\alpha. \tag{4.255}$$

Die Schwingungsfrequenz um die Ruhelage ist also durch

$$\Omega^2_{\text{osc}} = \frac{\Omega \sin\theta}{A}(p_\varphi - A\Omega \sin\theta) \simeq \frac{C}{A}\Omega \sin\theta\, \dot\varphi \tag{4.256}$$

gegeben. Dabei ist wegen (4.248) $p_\varphi \simeq C\dot\varphi = \text{const}$, also $\dot\varphi \simeq \text{const}$. Aus der Periode dieser Schwingungen lässt sich also bei Kenntnis der Hauptträgheitsmomente und

4.5 Der Kreiselkompass

der Winkelgeschwindigkeit der schnellen Rotation um die Figurenachse $\dot{\varphi}$ auch die geografische Breite $\lambda = \pi/2 - \theta$ bestimmen.

Für einen realen Kreiselkompass muss man natürlich sicherstellen, dass er, in schnelle Rotation versetzt, nach einiger Zeit aus beliebiger Stellung der Figurenachse, also beliebigem Anfangswinkel ψ_0, losgelassen die stabile Gleichgewichtslage erreicht. Dies geschieht durch geeignete Dämpfung der Rotation um die erdfeste 3-Achse (entsprechend der Änderung des Euler-Winkels ψ). Entsprechende Kreiselkompasse wurden um 1900 herum patentiert. Eine interessante Anekdote ist, dass es einen Patentstreit zwischen dem deutschen Erfinder Hermann Anschütz-Kaempfe und dem amerikanischen Erfinder Elmer Ambrose Sperry gab, in dem Albert Einstein als Gutachter fungiert hat (Trainer, 2008). Eine schöne Beschreibung eines entsprechenden Experiments findet sich in Knudsen (1973).

Kegelschnitte   A

In diesem Anhang wollen wir kurz auf die verschiedenen analytischen Darstellungen von **Kegelschnitten** eingehen, denn diese benötigen wir für ein vollständiges Verständnis des Kepler-Problems in Abschn. 2.8.2.

A.1 Definition der Kegelschnitte

Für unsere Zwecke ist nicht die Definition der Kegelschnitte als die Schnittkurven einer Ebene mit einem Kreiskegel bequem, sondern deren **Ortsdefinitionen**. Wir unterscheiden drei Grundtypen:

- **Ellipse:** Für eine Ellipse sind zwei Punkte in einer Ebene vorgegeben, die **Brennpunkte** oder **Foci** F_1 und F_2. Die Ellipse ist dann diejenige Kurve in dieser Ebene, für die jeder Punkt P auf der Ellipse die Gleichung

$$|F_1 P| + |F_2 P| = 2a = \text{const} \tag{A.1}$$

  erfüllt, d. h., für jeden Punkt P der Ellipse ist die *Summe* der Abstände von den beiden Brennpunkten gleich $2a$.
  Daraus ergibt sich auch die praktische Möglichkeit eine Ellipse zu zeichnen, die sog. Gärtnerkonstruktion. Man befestigt die Enden einer Schnur der Länge $2a$ in den beiden Brennpunkten und zeichnet dann die Kurve, die sich ergibt, wenn man den Stift entlang des straff gespannten Seils führt. Der Name „Gärtnerkonstruktion" rührt daher, dass man dieses Verfahren zum Begrenzen schöner ellipsenförmiger Beete im Garten anwenden kann.
- **Hyperbel:** Auch für eine Hyperbel sind zwei Brennpunkte F_1 und F_2 vorgegeben. Hier ist die *Differenz* der Abstände der Punkte auf der Hyperbel betragsmäßig konstant, d. h.

$$||F_1 P| - |F_2 P|| = 2a. \tag{A.2}$$

- **Parabel:** Für eine Parabel ist ein Brennpunkt F vorgegeben und eine Gerade, die sog. **Leitgerade** in einer Ebene. Die Parabel ist dann durch diejenigen Punkte in der Ebene definiert, für die die Abstände von der Geraden und dem Brennpunkt gleich sind.

A.2 Analytische Beschreibung in der Ebene

A.2.1 Ellipse

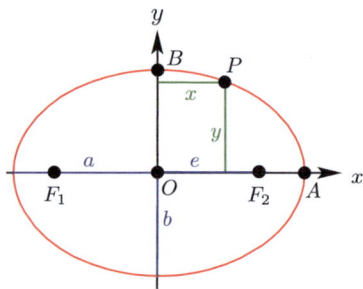

Beginnen wir mit der Ellipse und betrachten die obige Skizze. Zuerst leiten wir einige geometrische Eigenschaften her. Betrachten wir dazu den Punkt A auf der großen Halbachse der Ellipse. Aus der Definition der Ellipse folgt dann

$$|F_1 A| + |F_2 A| = (e+a) + (a-e) = 2a. \tag{A.3}$$

Damit ist die entlang der Ellipse konstante Summe $2a$. Wenden wir den Satz des Pythagoras auf das rechtwinklige Dreieck OF_2B an, erhalten wir

$$e^2 + b^2 = a^2, \tag{A.4}$$

denn die Hypotenuse dieses Dreiecks ist aus Symmetriegründen $(|F_1 B| + |F_2 B|)/2 = 2a/2 = a$. Nun können wir eine Gleichung für die Koordinaten (x, y) des Punktes P herleiten. Es ist nämlich, wieder nach dem Satz des Pythagoras

$$|F_1 P| = \sqrt{(e+x)^2 + y^2}, \quad |F_2 P| = \sqrt{(e-x)^2 + y^2}. \tag{A.5}$$

Damit folgt

$$\sqrt{(e+x)^2 + y^2} + \sqrt{(e-x)^2 + y^2} = 2a. \tag{A.6}$$

Man kann mit einer einfachen Rechnung *(Übungsaufgabe!)* zeigen, dass daraus

$$\frac{x^2}{a^2} + \frac{y^2}{b^2} = 1 \tag{A.7}$$

folgt.

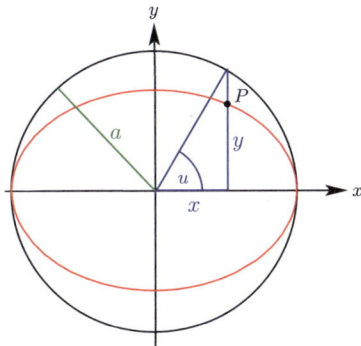

Eine andere nützliche Darstellung ergibt sich mit der Parametrisierung durch die sogenannte **exzentrische Anomalie**[1] mit dem Mittelpunkt der Ellipse als Ursprung. Aus der nebenstehenden Skizze lesen wir zunächst ab

$$x = a \cos u \tag{A.8}$$

Setzen wir dies in (A.7) ein, erhalten wir

$$\cos^2 u + \frac{y^2}{b^2} = 1 \;\Rightarrow\; \frac{y^2}{b^2} = 1 - \cos^2 u = \sin^2 u. \tag{A.9}$$

Man macht sich schnell klar, dass man mit

$$x = a \cos u, \quad y = b \sin u, \quad u \in [0, 2\pi) \tag{A.10}$$

eine vollständige Parametrisierung der Ellipse erhält.

Mit dieser Parametrisierung lässt sich auch leicht die Fläche der Ellipse berechnen. Diese Fläche wird offenbar durch die beiden Parameter $\lambda \in [0, 1]$ und $u \in [0, 2\pi)$ vermöge

$$\boldsymbol{r} = \begin{pmatrix} x \\ y \\ 0 \end{pmatrix} = \lambda \begin{pmatrix} a \cos u \\ b \sin u \\ 0 \end{pmatrix} \tag{A.11}$$

---

[1] Der Begriff „Anomalie" stammt hier aus der Astronomie. Gemeint ist damit ein Winkel des Ortsvektors eines Planeten bzgl. der Richtung, wenn er im sonnennächsten Punkt, dem Perihel, steht. Im Fall der **wahren Anomalie** liegt dabei der Ursprung des Ortsvektors auf einem Brennpunkt der Bahnellipse und im Fall der hier besprochenen exzentrischen Anomalie in deren Mittelpunkt. Beide Winkel spielen bei der Behandlung des Kepler-Problems in Abschn. 2.8.2 eine wichtige Rolle.

parametrisiert. Wir bilden nun infinitesimale Flächenelemente, die durch die Koordinatenlinien $\lambda = \text{const}$ und $u = \text{const}$ aufgespannt werden. Die Flächennormalenvektoren sind dann

$$d^2 \underline{F} = \partial_\lambda \underline{r} \times \partial_u \underline{r} = \lambda \begin{pmatrix} a\cos u \\ b\sin u \\ 0 \end{pmatrix} \times \begin{pmatrix} -a\sin u \\ b\cos u \\ 0 \end{pmatrix}$$
$$= \lambda ab \begin{pmatrix} 0 \\ 0 \\ \cos^2 u + \sin^2 u \end{pmatrix} = \lambda ab \begin{pmatrix} 0 \\ 0 \\ 1 \end{pmatrix}. \tag{A.12}$$

Damit ist die Fläche der Ellipse

$$\int_F |d^2 \boldsymbol{F}| = ab \int_0^1 d\lambda \int_0^{2\pi} du\, \lambda = 2\pi ab \int_0^1 d\lambda\, \lambda = \pi ab. \tag{A.13}$$

Es ist klar, dass im Grenzfall $a = b$ (was $e = 0$ impliziert) die Ellipse zu einem Kreis mit Radius a wird.

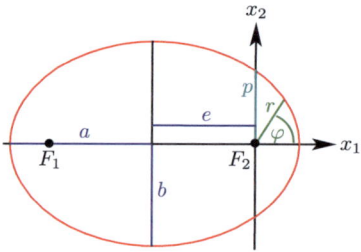

Schließlich benötigen wir für das Verständnis des Kepler-Problems noch die Ellipsengleichung in Polarkoordinaten mit dem Ursprung in einem Brennpunkt (s. obige Skizze). In der Astronomie heißt der Polarwinkel **wahre Anomalie**. Die Gleichung der Ellipse in der Form $r = r(\varphi)$ lesen wir direkt aus der geometrischen Definition (A.3) ab:

$$r + \sqrt{(2e + r\cos\varphi)^2 + r^2 \sin^2 \varphi} = 2a. \tag{A.14}$$

Dies formen wir zunächst um in

$$(2a - r)^2 = (2e + r\cos\varphi)^2 + r^2 \sin^2 \varphi$$
$$= 4e^2 + 4er\cos\varphi + r^2. \tag{A.15}$$

Mit (A.4) durch

$$p = \frac{b^2}{a}, \quad \epsilon = \frac{e}{a} \tag{A.16}$$

A.2 Analytische Beschreibung in der Ebene

definierten Parametern p (**Halbparameter**) und ϵ (**numerische Exzentrizität**) finden wir schließlich

$$r = \frac{p}{1 + \epsilon \cos \varphi}. \tag{A.17}$$

Dies erklärt auch den in der obigen Skizze eingezeichneten Halbparameter p, denn offenbar ist $p = r(\varphi = \pi/2)$.

A.2.2 Hyperbel

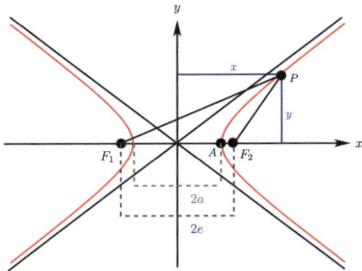

Betrachten wir den Punkt A auf der oben abgebildeten Hyperbel, finden wir aus der oben angegebenen Ortsdefinition, dass

$$||F_1 A| - |F_2 A|| = 2a \tag{A.18}$$

ist. Mit dem Satz des Pythagoras lesen wir für die Ortskoordinaten

$$\sqrt{(x+e)^2 + y^2} - \sqrt{(x-e)^2 + y^2} = \pm 2a \tag{A.19}$$

ab. Nach einigen Umformungen erhält man

$$\frac{x^2}{a^2} - \frac{y^2}{b^2} = 1, \quad b = \sqrt{e^2 - a^2}. \tag{A.20}$$

Diese implizite Darstellung beschreibt beide Äste der Hyperbel.

Eine nützliche Parameterdarstellung erhält man mit Hilfe der **Hyperbelfunktionen** cosh und sinh (Cosinus bzw. Sinus hyperbolicus), deren Name von dieser geometrischen Bedeutung herrührt, und die durch

$$\cosh u = \frac{1}{2}[\exp(u) + \exp(-u)], \quad \sinh u = \frac{1}{2}[\exp(u) - \exp(-u)] \tag{A.21}$$

definiert sind. Wir erhalten den rechten (oberes Vorzeichen) bzw. linken (unteres Vorzeichen) Ast der Hyperbel durch

$$x = \pm a \cosh u, \quad y = b \sinh u, \quad u \in \mathbb{R}, \tag{A.22}$$

denn man beweist leicht durch direktes Nachrechnen mit (A.21) *(Übung)*, dass stets

$$\cosh^2 u - \sinh^2 u = 1 \tag{A.23}$$

gilt.

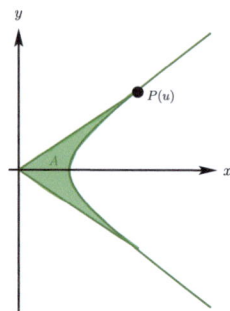

Die geometrische Bedeutung von u finden wir durch Berechnung der oben gezeichneten Fläche A. Wir können die Fläche offenbar mit den Parametern $\lambda \in [0, 1]$ und $u' \in [-u, u]$ parametrisieren:

$$\mathbf{x}(\lambda, u') = \begin{pmatrix} \lambda a \cosh u' \\ \lambda b \sinh u' \\ 0 \end{pmatrix}. \tag{A.24}$$

Die Flächennormalenvektoren sind dann *(Nachrechnen!)*

$$\begin{aligned} \mathrm{d}^2 \underline{F} &= \partial_\lambda \underline{x} \times \partial_{u'} \underline{x} = \mathrm{d}\lambda \mathrm{d}u' \lambda \begin{pmatrix} a \cosh u' \\ b \sinh u' \\ 0 \end{pmatrix} \times \begin{pmatrix} a \sinh u' \\ b \cosh u' \\ 0 \end{pmatrix} \\ &= \mathrm{d}\lambda \mathrm{d}u' \lambda ab \begin{pmatrix} 0 \\ 0 \\ \cosh^2 u' - \sinh^2 u' \end{pmatrix} = \mathrm{d}\lambda \mathrm{d}u' \lambda ab \begin{pmatrix} 0 \\ 0 \\ 1 \end{pmatrix}. \end{aligned} \tag{A.25}$$

Damit wird die besagte Fläche

$$A = \int_0^1 \mathrm{d}\lambda \int_{-u}^u \mathrm{d}u' = ab \int_0^1 \mathrm{d}\lambda \int_{-u}^u \mathrm{d}u' \lambda = abu. \tag{A.26}$$

Setzen wir $a = b = 1$, wird $A = u$, d.h. u ist die Fläche des entsprechenden Segments einer Einheitshyperbel[2].

---

[2] Man kann sich klar machen, dass man auch Winkel in ähnlicher Weise durch die Flächeninhalte von entsprechenden Einheitskreissegmenten definieren kann *(Übungsaufgabe!)*.

A.2 Analytische Beschreibung in der Ebene

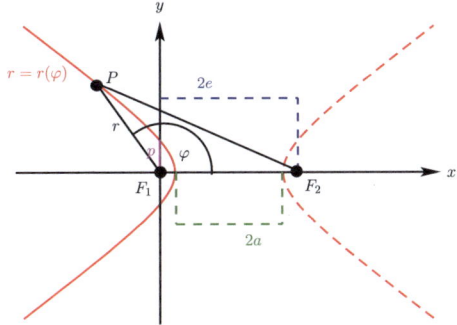

Für die Bahnbewegung beim Kepler-Problem benötigen wir wieder die Beschreibung des einen Hyperbelastes in Polarkoordinaten mit dem einen Brennpunkt im Koordinatenursprung. Da die Astronomen den sonnennächsten Punkt als Bezugspunkt verwenden, d. h. das Perihel bzw. Periastron entspricht $\varphi = 0$, handelt es sich um den linken Ast. Mit Hilfe des Kosinus-Satzes für das Dreieck $F_1 F_2 P$ lesen wir ab

$$|PF_2|^2 = (2e)^2 + r^2 - 4er \cos \varphi. \tag{A.27}$$

Mit der Definition der Hyperbel erhalten wir damit

$$|PF_2| - |PF_1| = \sqrt{(2e)^2 + r^2 - 4er \cos \varphi} - r = 2a. \tag{A.28}$$

Dies wollen wir nach r auflösen. Dazu rechnen wir

$$(2a + r)^2 = (2e)^2 + r^2 - 4ar \cos \varphi \tag{A.29}$$

Mit der binomischen Formel auf der linken Seite folgt nach einigen einfachen Umformungen

$$(2a)^2 + 4ar + r^2 = (2e)^2 + r^2 - 4er \cos \varphi \Rightarrow r(\varphi) = \frac{p}{1 + \epsilon \cos \varphi}. \tag{A.30}$$

Dabei ist wieder $p = b^2/a$ und $\epsilon = e/a$, d. h., die Polargleichung ist identisch mit derjenigen der Ellipse. Der entscheidende Unterschied ist, dass bei der Hyperbel $e > a$ ist, d. h. $\epsilon > 1$. Da $r \geq 0$ ist, ist der geometrisch sinnvolle Winkelbereich eingeschränkt. Wählen wir als Bereich $\varphi \in (-\pi, \pi)$, folgt aus $1 + \epsilon \cos \varphi \geq 0$, dass $\cos \varphi \geq -1/\epsilon$ sein muss, d. h. $|\varphi| \leq \arccos(-1/\epsilon)$, d. h., der geometrisch sinnvolle Bereich ist $\varphi \in (-\arccos(-1/\epsilon), \arccos(-1/\epsilon))$. Bei der Annäherung von φ an die entsprechenden Werte $\pm \arccos(-1/\epsilon)$ wird $r \to \infty$, d. h., die Hyperbelbahn ist unendlich ausgedehnt. Beim Kepler-Problem bedeutet dies, dass sich der Himmelskörper aus dem Unendlichen an die Sonne annähert und auch wieder im Unendlichen verschwindet, d. h., es liegt keine gebundene Bahn wie bei der Ellipse vor.

A.2.3 Parabel

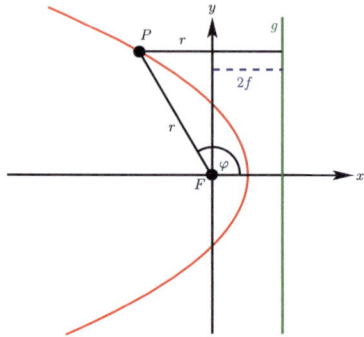

Bei der Parabel beschränken wir uns auf die Herleitung der für das Kepler-Problem benötigten Gleichung in Polarkoordinaten mit dem Brennpunkt im Koordinatenursprung. Aus der Definition der Parabel lesen wir ab

$$r = 2f - r\cos\varphi$$
$$\Rightarrow r(\varphi) = \frac{2f}{1+\cos\varphi} = \frac{p}{1+\cos\varphi}, \qquad (A.31)$$

d. h., auch hier haben wir mit dem Parameter $p = 2f$ dieselbe Form für die Gleichung wie bei Ellipse und Hyperbel, wobei $\epsilon = 1$ ist. Der geometrische Winkelbereich ist $\varphi \in (-\pi, \pi)$, wobei für $\varphi \to \pm\pi$ offenbar $r \to \infty$ ist. Auch die Parabelbahn entspricht also beim Kepler-Problem einer ungebundenen Bewegung.

Transformationen zwischen kartesischen Basen

B

In diesem Anhang wollen genauer untersuchen, wie man zwischen verschiedenen kartesischen Basen des dreidimensionalen Raums hin- und herwechselt. Dabei wenden wir stets die Einstein'sche Summationskonvention an, d. h. in Formeln, in denen Indizes doppelt vorkommen, wird über diese von 1 bis 3 summiert.

B.1 Orthogonale Transformationsmatrizen

Es seien nun (e_j) und (e'_k) ($j, k \in \{1, 2, 3\}$) zwei kartesische Basen. Für jeden Vektor v gilt dann

$$v = v_j e_j = v'_k e'_k. \tag{B.1}$$

Man kann nun sehr einfach die Komponenten der einen Basis aus den Komponenten der anderen Basis berechnen

$$v'_k = e'_k \cdot v = e'_k \cdot e_j v_j = D_{kj} v_j. \tag{B.2}$$

Für die folgenden Rechnungen mit Komponenten ist es oft bequem, zum einen die **Spaltenvektoren**

$$\underline{v} = \begin{pmatrix} v_1 \\ v_2 \\ v_3 \end{pmatrix} \quad \text{und} \quad \underline{v}' = \begin{pmatrix} v'_1 \\ v'_2 \\ v'_3 \end{pmatrix} \tag{B.3}$$

und zum anderen die **Transformationsmatrix**

$$\hat{D} = \begin{pmatrix} D_{11} & D_{12} & D_{13} \\ D_{21} & D_{22} & D_{23} \\ D_{31} & D_{32} & D_{33} \end{pmatrix} \tag{B.4}$$

einzuführen. Die Transformationsvorschrift (B.2) zwischen den Komponenten definiert dann das **Matrix-Vektorprodukt**

$$\underline{v}' = \hat{D}\underline{v} \qquad (B.5)$$

Dabei erhält man den Spaltenvektor $\underline{v}'$ durch Multiplizieren der Matrix $\hat{D}$ mit dem Spaltenvektor $\underline{v}$ gemäß der Regel „Zeile × Spalte", d. h.

$$\begin{pmatrix} v'_1 \\ v'_2 \\ v'_3 \end{pmatrix} = \begin{pmatrix} D_{11} & D_{12} & D_{13} \\ D_{21} & D_{22} & D_{23} \\ D_{31} & D_{32} & D_{33} \end{pmatrix} \begin{pmatrix} v_1 \\ v_2 \\ v_3 \end{pmatrix} = \begin{pmatrix} D_{11}v_1 + D_{12}v_2 + D_{13}v_3 \\ D_{21}v_1 + D_{22}v_2 + D_{23}v_3 \\ D_{31}v_1 + D_{32}v_2 + D_{33}v_3 \end{pmatrix}. \qquad (B.6)$$

Genauso einfach ist es, umgekehrt die Komponenten $\underline{v}$ aus den Komponenten von $\underline{v}'$ zu bestimmen. Dies schreibt sich in der Matrix-Vektor-Schreibweise in der Form

$$\underline{v} = \hat{D}^{-1}\underline{v}'. \qquad (B.7)$$

Dabei ist $\hat{D}^{-1}$ die zu $\hat{D}$ **inverse Matrix,** für die

$$\hat{D}^{-1}\hat{D} = \mathbb{1} \qquad (B.8)$$

gilt, wobei $\mathbb{1}$ hierbei die Einheitsmatrix

$$\mathbb{1} = \mathrm{diag}(1, 1, 1) = \begin{pmatrix} 1 & 0 & 0 \\ 0 & 1 & 0 \\ 0 & 0 & 1 \end{pmatrix} \qquad (B.9)$$

bezeichnet. Es ist i. Allg. recht aufwendig, die inverse Matrix zu einer gegebenen Matrix zu berechnen, und es ist auch nicht von vornherein garantiert, dass es überhaupt eine inverse Matrix geben muss. In unserem Fall ist Letzteres allerdings klar, denn (e_j) und (e'_k) sind ja beides Basen, d. h., jeder Vektor besitzt für jede dieser Basen eine umkehrbar eindeutige Darstellung als Linearkombination der jeweiligen Basisvektoren. Zudem sind die Basen auch als kartesische Basen vorausgesetzt, und wir können analog wie in (B.2) vorgehen. Demnach ist

$$v_j = \boldsymbol{e}_j \cdot \boldsymbol{v} = \boldsymbol{e}_j \cdot \boldsymbol{e}'_k v'_k = \tilde{D}_{jk} v'_k. \qquad (B.10)$$

Dabei ist aber wegen (B.2)

$$\tilde{D}_{jk} = \boldsymbol{e}'_k \cdot \boldsymbol{e}_j = D_{kj}. \qquad (B.11)$$

Es entsteht also die entsprechende Matrix $\hat{\tilde{D}}$ aus der Matrix $\hat{D}$ einfach dadurch, dass man die Spalten als Zeilen ausschreibt. Diese Operation nennt man auch **Transposition einer Matrix,** d. h.

$$\hat{\tilde{D}} = \begin{pmatrix} \tilde{D}_{11} & \tilde{D}_{12} & \tilde{D}_{13} \\ \tilde{D}_{21} & \tilde{D}_{22} & \tilde{D}_{23} \\ \tilde{D}_{31} & \tilde{D}_{32} & \tilde{D}_{33} \end{pmatrix} = \hat{D}^{\mathrm{T}} = \begin{pmatrix} D_{11} & D_{21} & D_{31} \\ D_{12} & D_{22} & D_{32} \\ D_{13} & D_{23} & D_{22} \end{pmatrix}. \qquad (B.12)$$

Nun gilt für jeden Vektor v

$$\underline{v} = \hat{\tilde{D}}\underline{v}' = \hat{\tilde{D}}\hat{D}\underline{v}, \qquad (B.13)$$

und das kann nur der Fall sein, wenn

$$\hat{\tilde{D}}\hat{D} = \mathbb{1} \qquad (B.14)$$

ist. Es ist also

$$\hat{D}^{-1} = \hat{\tilde{D}} = \hat{D}^{\mathrm{T}}. \qquad (B.15)$$

Umgekehrt gilt auch

$$\underline{v}' = \hat{D}\underline{v} = \hat{D}\hat{\tilde{D}}\underline{v}', \qquad (B.16)$$

d. h. es muss auch

$$\hat{D}\hat{\tilde{D}} = \hat{D}\hat{D}^{-1} = \hat{D}\hat{D}^{\mathrm{T}} = \mathbb{1} \qquad (B.17)$$

gelten.

B.2 Drehungen um die kartesischen Basisvektoren

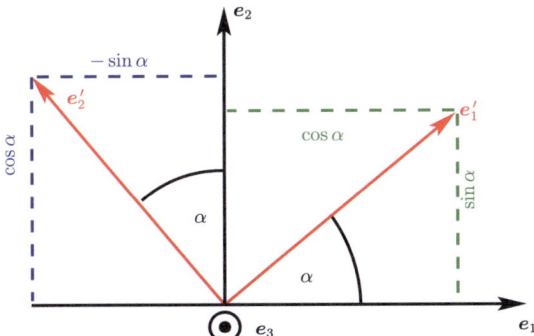

Wir suchen nun die Drehmatrizen, die eine Drehung des kartesischen Koordinatensystems um eine der Koordinatenachsen beschreiben. In der obigen Skizze ist die Drehung um die 3-Achse abgebildet. Es ist klar, dass $e_3' = e_3$ gilt, da ja e_3 die Drehachse bestimmt. Die Rotationsrichtung ist durch die **Rechte-Hand-Regel** bestimmt: Hält man den Daumen der rechten Hand in Richtung der Drehachse (hier also aus der Zeichenebene heraus), geben die Finger die Richtung der Drehung an (hier also Drehungen in der (12)-Ebene im Gegenuhrzeigersinn). Man liest die Komponenten der neuen Basisvektoren bzgl. der alten Basis direkt aus der Abbildung ab:

$$\begin{aligned} e_1' &= e_1 \cos\alpha + e_2 \sin\alpha, \\ e_2' &= -e_1 \sin\alpha + e_2 \cos\alpha, \\ e_3' &= e_3. \end{aligned} \qquad (B.18)$$

Wir definieren nun die entsprechende Drehmatrix durch

$$e'_k = e_j D^{(3)}_{jk}(\alpha), \quad \hat{D}^{(3)}(\alpha) = \begin{pmatrix} \cos\alpha & -\sin\alpha & 0 \\ \sin\alpha & \cos\alpha & 0 \\ 0 & 0 & 1 \end{pmatrix}. \tag{B.19}$$

Die Drehmatrizen um die übrigen Koordinatenachsen erhält man aus (B.18) durch zyklische Permutation der Indizes ($1 \to 2, 2 \to 3$ und $3 \to 2$). Die Drehung um die 1-Achse ist demnach durch

$$\begin{aligned} e'_1 &= e_1, \\ e'_2 &= e_2 \cos\alpha + e_3 \sin\alpha, \\ e'_3 &= -e_2 \sin\alpha + e_3 \cos\alpha \end{aligned} \tag{B.20}$$

gegeben. Daraus folgt für die entsprechende Drehmatrix

$$\hat{D}^{(1)}(\alpha) = \begin{pmatrix} 1 & 0 & 0 \\ 0 & \cos\alpha & -\sin\alpha \\ 0 & \sin\alpha & \cos\alpha \end{pmatrix}. \tag{B.21}$$

Führt man die zyklische Permutation an Gl. (B.19) aus, erhält man für die Drehungen um die 2-Achse

$$\begin{aligned} e'_1 &= e_1 \cos\alpha - e_3 \sin\alpha, \\ e'_2 &= e_2, \\ e'_3 &= e_1 \sin\alpha + e_3 \cos\alpha \end{aligned} \tag{B.22}$$

und die Drehmatrix

$$\hat{D}^{(2)}(\alpha) = \begin{pmatrix} \cos\alpha & 0 & \sin\alpha \\ 0 & 1 & 0 \\ -\sin\alpha & 0 & \cos\alpha \end{pmatrix}. \tag{B.23}$$

Für die Komponenten von Vektoren gilt dann

$$v'_k = e'_k \cdot v = e'_k \cdot e_j v_j = D^{(l)}_{jk}(\alpha) v_j. \tag{B.24}$$

Dabei ist $l \in \{1, 2, 3\}$ die Richtung der jeweiligen Drehachse. In Matrix-Vektor-Schreibweise ist also

$$\underline{v}' = \hat{D}^{(l)\mathrm{T}}(\alpha) \underline{v}. \tag{B.25}$$

Da weiter $\hat{D}^{(l)}(\alpha) \hat{D}^{(l)\mathrm{T}}(\alpha) = \mathbb{1}$ ist, da ja Drehungen orthogonale Transformationen sind *(Nachrechnen!)*, gilt für die Umkehrtransformation

$$\underline{v} = \hat{D}^{(l)}(\alpha) \underline{v}'. \tag{B.26}$$

B.3 Transformationsverhalten von Skalar- und Vektorprodukten

Weiter folgt sofort, dass Skalarprodukte von Vektoren sich in der Matrix-Vektor-Schreibweise wie folgt schreiben lassen

$$\begin{aligned}\boldsymbol{v} \cdot \boldsymbol{w} &= v_j \boldsymbol{e}_j \cdot w_k \boldsymbol{e}_k = v_j w_k \boldsymbol{e}_j \cdot \boldsymbol{e}_k = v_j w_k \delta_{jk} \\ &= v_j w_j = (v_1, v_2, v_3) \begin{pmatrix} w_1 \\ w_2 \\ w_3 \end{pmatrix} = \underline{v}^{\mathrm{T}} \underline{w}.\end{aligned} \qquad (\text{B.27})$$

Dies muss aber auch für die Basis $\boldsymbol{e}'_k$ gelten. In der Tat folgt *(Man mache sich dies durch explizites Rechnen mit Matrizen und Spalten- bzw. Zeilenvektoren klar!)*

$$\underline{v}' = \hat{D} \underline{v} \;\Rightarrow\; (\underline{v}')^{\mathrm{T}} = \underline{v}'^{\mathrm{T}} = \underline{v}^{\mathrm{T}} \hat{D}^{\mathrm{T}} \qquad (\text{B.28})$$

und damit

$$\underline{v}'^{\mathrm{T}} \underline{w}' = \underline{v}^{\mathrm{T}} \hat{D}^{\mathrm{T}} \hat{D} \underline{w} = \underline{v}^{\mathrm{T}} \mathbb{1} \underline{w} = \underline{v}^{\mathrm{T}} \underline{w} = \boldsymbol{v} \cdot \boldsymbol{w}. \qquad (\text{B.29})$$

Betrachten wir nun das Vektorprodukt. Wir gehen dabei davon aus, dass beide kartesischen Basen $\boldsymbol{e}_j$ und $\boldsymbol{e}'_k$ rechtshändige Basen sind. Betrachten wir nun für zwei Vektoren $\boldsymbol{v}$ und $\boldsymbol{w}$ das Vektorprodukt $\boldsymbol{u} = \boldsymbol{v} \times \boldsymbol{w}$. Dann ist

$$u'_k = \boldsymbol{e}'_k \cdot \boldsymbol{u} = \boldsymbol{e}'_k \cdot (\boldsymbol{e}'_l \times \boldsymbol{e}'_m) v'_l w'_m = \epsilon'_{klm} v'_l w'_m. \qquad (\text{B.30})$$

Dabei haben wir das **Levi-Civita-Symbol** $\epsilon'_{klm} = \boldsymbol{e}'_k \cdot (\boldsymbol{e}'_l \times \boldsymbol{e}'_m)$ eingeführt. Da definitionsgemäß beide kartesischen Basen rechtshändig sind, gilt

$$\epsilon_{klm} = \boldsymbol{e}_k \cdot (\boldsymbol{e}_l \times \boldsymbol{e}_m) = \boldsymbol{e}'_k \cdot (\boldsymbol{e}'_l \times \boldsymbol{e}'_m) = \epsilon'_{klm}. \qquad (\text{B.31})$$

Dies impliziert nun folgendes Transformationsverhalten für die Vektorkomponenten von $\boldsymbol{u}$:

$$u'_k = \epsilon'_{klm} v'_l w'_m = \epsilon_{klm} D_{lb} D_{mc} v_b w_c = D_{ka} u_a = D_{ka} \epsilon_{abc} v_b w_c. \qquad (\text{B.32})$$

Daraus folgt aber

$$\epsilon_{klm} D_{lb} D_{mc} = D_{ka} \epsilon_{abc}. \qquad (\text{B.33})$$

Wegen (B.15) impliziert dies

$$\epsilon_{abc} = \epsilon_{klm} D_{ka} D_{lb} D_{mc}. \qquad (\text{B.34})$$

Nun ist das Levi-Civita-Symbol offenbar auch eindeutig dadurch definiert, dass $\epsilon_{123} = 1$ ist und ansonsten alle anderen Werte dadurch definiert sind, dass es bei jedem Vertauschen eines beliebigen Indexpaares lediglich das Vorzeichen wechselt.

Sind zwei Indizes gleich, ist das Symbol offenbar null *(warum?)*. Es ist z. B. $\epsilon_{112} = 0$. Setzt man in (B.34) $(a, b, c) = (1, 2, 3)$, erhält man auf der rechten Seite von (B.34) die Definition der **Determinante** der Matrix $\hat{D}$:

$$\det \hat{D} = \epsilon_{klm} D_{k1} D_{l2} D_{m3}, \tag{B.35}$$

und (B.34) besagt, dass die orthogonale Matrix die Determinante 1 besitzen muss. Dies bedeutet aber lediglich, dass wie vereinbart beide kartesischen Basen rechtshändig sind. Eine orthogonale Matrix mit Determinante $+1$ beschreibt demnach die Drehung eines rechtshändigen kartesischen Koordinatensystems in ein anderes, ebenfalls rechtshändiges Koordinatensystem.

Wegen $\det \hat{A}^T = \det \hat{A}$ und $\det(\hat{A}\hat{B}) = \det \hat{A} \det \hat{B}$ für beliebige Matrizen $\hat{A}$ und $\hat{B}$ folgt nun wegen $\hat{D}\hat{D}^T = \mathbb{1}$

$$1 = \det \mathbb{1} = \det(\hat{D}\hat{D}^T) = \det \hat{D} \det \hat{D}^T = (\det \hat{D})^2$$
$$\Rightarrow \det \hat{D} \in \{-1, 1\}. \tag{B.36}$$

Sei nun $\det \hat{D} = -1$. Wir können nun offenbar $\hat{D} = -(-\hat{D})$ schreiben. Nun ist mit $\hat{D}$ auch $(-\hat{D})$ eine orthogonale Matrix und $\det(-\hat{D}) = (-1)^3 \det \hat{D} = +1$. Die Multiplikation von Vektorkomponenten mit -1 entspricht einer Spiegelung des Vektors am Koordinatenursprung, d. h., eine orthogonale Matrix mit Determinante -1 entspricht der Hintereinanderausführung einer Drehung der rechtshändigen kartesischen Basis mit der Drehmatrix $-\hat{D}$ und folgender Spiegelung der drei neuen rechtshändigen kartesischen Basisvektoren am Ursprung. Dadurch geht das rechtshändige in ein linkshändiges kartesisches Basissystem über.

In Matrix-Vektor-Schreibweise ist jedenfalls gemäß (B.32) für $\det \hat{D} = +1$

$$\underline{u}' = \underline{v}' \times \underline{w}' = (\hat{D}\underline{v}) \times (\hat{D}\underline{w}) = \hat{D}\underline{u} = \hat{D}(\underline{v} \times \underline{w}) \tag{B.37}$$

bzw. umgekehrt

$$\underline{u} = \underline{v} \times \underline{w} = (\hat{D}^T \underline{v}') \times (\hat{D}^T \underline{w}') = \hat{D}^T \underline{u}' = \hat{D}^T (\underline{v}' \times \underline{w}') \tag{B.38}$$

B.4   Transformationsverhalten des Gradienten

Das Transformationsverhalten des Gradienten eines Skalarfeldes ist nun auch einfach zu ermitteln. Sei $\Phi(\mathbf{r})$ also ein Skalarfeld. Man kann es auch als Funktion $\tilde{\Phi}$ der Komponenten x_j (bzw. des Spaltenvektors $\underline{x}$) oder als Funktion $\tilde{\Phi}'$ der Komponenten x'_k (bzw. des Spaltenvektors $\underline{x}'$) auffassen. Offenbar gilt dann

$$\tilde{\Phi}(\underline{x}) = \Phi(\mathbf{r}) = \tilde{\Phi}'(\underline{x}'). \tag{B.39}$$

Mit der Kettenregel folgt

$$\frac{\partial}{\partial x'_k}\tilde{\Phi}'(\underline{x}') = \frac{\partial x_j}{\partial x'_k}\frac{\partial}{\partial x_j}\Phi(\underline{x}). \tag{B.40}$$

Nun ist aber

$$x_j = D_{kj}x'_k \Rightarrow \frac{\partial x_j}{\partial x'_k} = D_{kj} \tag{B.41}$$

und damit

$$\frac{\partial}{\partial x'_k}\tilde{\Phi}' = D_{kj}\frac{\partial}{\partial x_j}\Phi(\underline{x}). \tag{B.42}$$

Damit folgt, dass der Gradient tatsächlich ein Vektorfeld ergibt, denn

$$\begin{aligned}
\boldsymbol{e}'_k\frac{\partial}{\partial x'_k}\tilde{\Phi}' &= \boldsymbol{e}'_k D_{kj}\frac{\partial}{\partial x_j}\Phi = \boldsymbol{e}_i(\boldsymbol{e}_i\cdot\boldsymbol{e}'_k)D_{kj}\frac{\partial}{\partial x_j}\Phi \\
&= \boldsymbol{e}_i D_{ki} D_{kj}\frac{\partial}{\partial x_j}\Phi = \boldsymbol{e}_i\delta_{ij}\frac{\partial}{\partial x_j}\Phi = \boldsymbol{e}_i\frac{\partial}{\partial x_i}\Phi = \nabla\Phi(r).
\end{aligned} \tag{B.43}$$

In Matrix-Vektor-Schreibweise ist es bequem, die Komponenten des Gradienten demnach zunächst als *Zeilenvektor* zu definieren, denn dann können wir (B.42) in der Form

$$(\partial'_1\tilde{\Phi}', \partial'_2\tilde{\Phi}', \partial'_3\tilde{\Phi}') = (\partial_1\tilde{\Phi}, \partial_2\tilde{\Phi}, \partial_3\tilde{\Phi}')\hat{D} \tag{B.44}$$

schreiben. Wir wollen aber Vektorkomponenten und Vektorfelder gemeinhin als Spaltenvektor schreiben. Demnach ist

$$\underline{\nabla}'\tilde{\Phi}' = \begin{pmatrix}\partial'_1\tilde{\Phi}' \\ \partial'_2\tilde{\Phi}' \\ \partial'_3\tilde{\Phi}'\end{pmatrix} = \hat{D}^{\mathrm{T}}\underline{\nabla}\tilde{\Phi}. \tag{B.45}$$

Man sagt, dass sich die Komponenten des Gradienten **kontragredient** zu gewöhnlichen Vektorkomponenten transformieren, für die ja (B.5), also $\underline{v}' = \hat{D}\underline{v}$ gilt. Beim Gradienten steht gemäß (B.45) statt der Transformationsmatrix deren Transponierte $\hat{D}^{\mathrm{T}}$! Wie die Rechnung (B.43) zeigt, stellt dies sicher, dass $\nabla\Phi$ tatsächlich ein von der Basis unabhängiges Vektorfeld ist, wie es sein muss.

B.5 Tensoren

In der Physik spielen auch noch die **Tensoren** eine wichtige Rolle. Dabei handelt es sich um lineare Abbildungen, die einen oder mehrere Vektoren in Skalare abbilden, also eine Funktion $T: V^k \to \mathbb{R}$, die k Vektoren in die reellen Zahlen abbildet. Dabei ist T eine Funktion von k Vektoren, die **linear in allen Argumenten** ist, d. h., es ist

$$T(\lambda_1\boldsymbol{a}+\lambda_2\boldsymbol{b},\boldsymbol{c}_2,\boldsymbol{c}_3,\ldots,\boldsymbol{c}_k) = \lambda_1 T(\boldsymbol{a},\boldsymbol{c}_2,\ldots,\boldsymbol{c}_k) + \lambda_2 T(\boldsymbol{b},\boldsymbol{c}_2,\ldots,\boldsymbol{c}_k) \tag{B.46}$$

für alle $\lambda_1, \lambda_2 \in \mathbb{R}$ und beliebige Vektoren $a, b, c_2, \ldots c_k$ und entsprechende Formeln für Linearkombinationen von Vektoren für die anderen Argumente der Funktion. Man nennt eine solche „multilineare Abbildung" $T : V^k \to \mathbb{R}$ genauer auch **Tensor k-ter Stufe.**

Wir betrachten wieder V als den dreidimensionalen euklidischen Vektorraum und führen beliebige kartesische rechtshändige Basen e_j und e'_k ein. Im Folgenden genügt es, Tensoren zweiter Stufe zu betrachten. Der allgemeine Fall ergibt sich dann analog. Sei im Folgenden also T ein Tensor zweiter Stufe.

Zunächst ist klar, dass es aufgrund der Linearität für eine gegebene kartesische Basis genügt, über den Tensor k-ter Stufe die durch

$$T_{jk} = T(e_j, e_k) \tag{B.47}$$

definierten **Tensorkomponenten** zu kennen, denn dann gilt

$$T(v, w) = T(v_j e_j, w_k e_k) = v_j w_k T(e_j, e_k) = v_j w_k T_{jk}, \tag{B.48}$$

wobei wieder gemäß der Einstein'schen Summenkonvention über doppelt auftretende Indizes summiert wird.

Es sei nun wieder $\hat{D}$ die Drehmatrix, die die kartesischen Basen ineinander umrechnet, d. h.

$$e_j = e'_k \cdot e_j e'_k = D_{kj} e'_k \Leftrightarrow e'_k = e_j \cdot e'_k e_j = D_{kj} e_j. \tag{B.49}$$

Dann folgt für die Transformation der Tensorkomponenten

$$\begin{aligned}T'_{j'k'} &= T(e'_{j'}, e'_{k'}) = T(D_{j'j} e_j, D_{k'k} e_k) \\ &= D_{j'j} D_{k'k} T(e_j, e_k) = D_{j'j} D_{k'k} T_{jk}.\end{aligned} \tag{B.50}$$

Wir bemerken, dass für Vektoren

$$v = v_j e_j = v_j D_{kj} e'_k \Rightarrow v'_k = D_{kj} v_j \tag{B.51}$$

gilt, d. h., Vektorkomponenten transformieren sich wie die Komponenten eines Tensors 1. Stufe. Ansonsten ist für jeden Index von Tensorkomponenten die entsprechende Drehmatrix zu verwenden, d. h., für einen Tensor k-ter Stufe gilt

$$T'_{j'_1 \cdots j'_k} = D_{j'_1 j_1} \cdots D_{j'_k j_k} T_{j_1 \cdots j_k}. \tag{B.52}$$

Es ist weiter klar, dass wegen der Orthogonalität der Drehmatrix D_{jk}, also wegen $D_{jk} D_{jl} = \delta_{kl}$ und $D_{kj} D_{lj} = \delta_{kl}$ umgekehrt

$$T_{j_1 \cdots j_k} = D_{j'_1 j_1} \cdots D_{j'_k j_k} T'_{j'_1 \cdots j'_k} \tag{B.53}$$

gilt *(Nachrechnen!).*

B.5 Tensoren

Wir zeigen nun (wieder für einen Tensor 2. Stufe), dass dann die Verwendung der verschiedenen Basen zur Berechnung von (B.48) wirklich zum gleichen Resultat führen, denn in der Tat ist

$$T'_{j'k'}v'_{j'}w'_{k'} = T'_{j'k'}D_{j'j}D_{k'k}v_j w_k = T_{jk}v_j w_k = T(\mathbf{v},\mathbf{w}). \quad (B.54)$$

Wir bemerken weiter, dass δ_{jk} unter Drehungen **invariante Tensorkomponenten** sind, denn wegen der Orthogonalität der Drehmatrix $\hat{D}$ gilt

$$\delta'_{j'k'} := D_{j'j}D_{k'k}\delta_{jk} = D_{j'j}D_{k'j} = \delta_{j'k'}. \quad (B.55)$$

Ebenso folgt aus $\det \hat{D} = 1$, dass das Levi-Civita-Symbol **invariante Komponenten** eines Tensors 3. Stufe bilden

$$\epsilon'_{j'k'l'} := D_{j'j}D_{k'k}D_{l'l}\epsilon_{jkl} = \det \hat{D}\epsilon_{j'k'l'} = \epsilon_{j'k'l'}. \quad (B.56)$$

Wichtig sind nun auch einige Rechenregeln für Tensoren. Seien S und T Tensoren k-ter bzw. l-ter Stufe. Dann definiert man das **Tensorprodukt** als einen Tensor $(k+l)$-ter Stufe

$$\begin{aligned}U &= S \otimes T \\ \Leftrightarrow U(\mathbf{v}_1,\cdots,\mathbf{v}_k,\mathbf{w}_1,\ldots,\mathbf{w}_l) &= S(\mathbf{v}_1,\cdots,\mathbf{v}_k)T(\mathbf{w}_1,\ldots,\mathbf{w}_l).\end{aligned} \quad (B.57)$$

Für die Tensorkomponenten folgt

$$U_{j_1\ldots j_k k_1\ldots k_l} = S_{j_1\ldots j_k}T_{k_1\ldots k_l}. \quad (B.58)$$

Wir können nun die Tensoren k-ter Stufe als invariante Funktionen durch die Tensorkomponenten bzgl. einer kartesischen Basis in der Form

$$T = T_{j_1\ldots j_k}\mathbf{e}_{j_1}\otimes\cdots\otimes\mathbf{e}_{j_k} \quad (B.59)$$

ausdrücken. Aus dem Transformationsverhalten der Tensorkomponenten und der Basisvektoren folgt dann auch unmittelbar die Basisunabhängigkeit des Tensors:

$$\begin{aligned}T'_{j'_1\ldots j'_k}\mathbf{e}'_{j'_1}\otimes\cdots\otimes\mathbf{e}'_{j'_k} &= T'_{j'_1\ldots j'_k}D_{j'_1 j_1}\cdots D_{j'_k j_k}\mathbf{e}_{j_1}\otimes\cdots\otimes\mathbf{e}_{j_k} \\ &= T_{j_1\ldots j_k}\mathbf{e}_{j_1}\otimes\cdots\otimes\mathbf{e}_{j_k} = T.\end{aligned} \quad (B.60)$$

Eine andere Methode, aus einem Tensor k-ter Stufe einen neuen Tensor $k-2$-ter Stufe zu erzeugen, ist die **Kontraktion** zweier Indizes. Sind $T_{j_1\ldots j_k}$ nämlich Tensorkomponenten bzgl. der Basis $\mathbf{e}_j$, dann sind

$$U_{j_1\ldots j_{k-2}} = T_{j_1\ldots j_{k-2}kk} \quad (B.61)$$

die Komponenten eines Tensors $(k-2)$-ter Stufe. Man beachte, dass wir hier die beiden letzten Indizes gleichgesetzt haben, was wieder die Summation gemäß der Einstein'schen Summenkonvention impliziert. Dass es sich wirklich um Tensorkomponenten handelt, sehen wir anhand des Transformationsverhaltens, denn es ist

$$\begin{aligned} U'_{j'_1 \cdots j'_{k-2}} &= T'_{j'_1 \cdots j'_{k-2} k' k'} \\ &= D_{j'_1 j_1} \cdots D_{j'_{k-2} j_{k-2}} D_{k' j_{k-1}} D_{k' j_k} T_{j_1 \cdots j_{k-2} j_{k-1} j_k} \\ &= D_{j'_1 j_1} \cdots D_{j'_{k-2} j_{k-2}} \delta_{j_{k-1} j_k} T_{j_1 \cdots j_{k-2} j_{k-1} j_k} \\ &= D_{j'_1 j_1} \cdots D_{j'_{k-2} j_{k-2}} T_{j_1 \cdots j_{k-2} k k} \\ &= D_{j'_1 j_1} \cdots D_{j'_{k-2} j_{k-2}} U_{j_1 \cdots j_{k-2}}. \end{aligned} \quad \text{(B.62)}$$

Eine wichtige Klasse von Tensoren sind die **antisymmetrischen Tensoren.** Im hier betrachteten Fall eines dreidimensionalen Raumes gibt es antisymmetrische Tensoren nur erster, zweiter und dritter Stufe. Dabei ist ein „antisymmetrischer" Tensor erster Stufe einfach ein Tensor erster Stufe, und dieser ist wiederum äquivalent zu einem Vektor, wie wir bereits oben gesehen haben. Ein Tensor A zweiter Stufe heißt **antisymmetrisch,** wenn für alle Vektoren v und w

$$A(v, w) = -A(w, v) \quad \text{(B.63)}$$

gilt. Dann gilt für die Komponenten

$$A_{jk} = A(e_j, e_j) = -A(e_k, e_j) = -A_{kj}, \quad \text{(B.64)}$$

d. h., die Komponenten sind antisymmetrisch unter Vertauschen der beiden Indizes. Offenbar ist ein solcher antisymmetrischer Tensor 2. Stufe durch die drei voneinander unabhängigen Komponenten A_{23}, A_{31} und A_{12} eindeutig bestimmt. Man kann daher den Tensor umkehrbar eindeutig auf einen Vektor abbilden, und zwar durch Überschieben mit dem Levi-Civita-Tensor

$$a_j = {}^\dagger A_j = \frac{1}{2} \epsilon_{jkl} A_{kl}. \quad \text{(B.65)}$$

Es ist klar, dass es sich um Vektorkomponenten (bzw. Komponenten eines Tensors 1. Stufe) handelt, denn es handelt sich um die Kontraktion zweier Indizes von Komponenten zweier Tensoren. Dass die Abbildung tatsächlich eindeutig ist, folgt aus der Formel

$$\epsilon_{jkl} \epsilon_{jmn} = \delta_{km} \delta_{ln} - \delta_{kn} \delta_{lm}, \quad \text{(B.66)}$$

die man mit Hilfe der Formeln (2.46) und (2.47) beweisen kann. Zunächst gilt

$$\epsilon_{jkl} \epsilon_{jmn} = e_j \cdot (e_k \times e_l) e_j \cdot (e_m \times e_n) = (e_k \times e_l) \cdot (e_m \times e_n). \quad \text{(B.67)}$$

B.5 Tensoren

Mit (2.140) folgt weiter

$$\epsilon_{jkl}\epsilon_{jmn} = [(\boldsymbol{e}_k \times \boldsymbol{e}_l) \times \boldsymbol{e}_m] \cdot \boldsymbol{e}_n \stackrel{(2.46)}{=} (\boldsymbol{e}_l\boldsymbol{e}_k \cdot \boldsymbol{e}_m - \boldsymbol{e}_k\boldsymbol{e}_l \cdot \boldsymbol{e}_m) \cdot \boldsymbol{e}_n \quad \text{(B.68)}$$
$$= \delta_{km}\delta_{ln} - \delta_{kn}\delta_{lm},$$

und das ist in der Tat (B.66). Wenden wir diese Formel also auf (B.65) an, folgt

$$\epsilon_{mnj}a_j = {}^{\dagger}a_{mn} = \epsilon_{jmn}a_j = \frac{1}{2}\epsilon_{jmn}\epsilon_{jkl}A_{kl} = \frac{1}{2}A_{kl}(\delta_{km}\delta_{ln} - \delta_{kn}\delta_{lm})$$
$$= \frac{1}{2}(A_{mn} - A_{nm}) = A_{mn},$$
(B.69)

wobei wir im letzten Schritt die Antisymmetrie von A, also $A_{nm} = -A_{mn}$ verwendet haben.

Ebenso ist klar, dass ein antisymmetrischer Tensor 3. Stufe, dessen Komponenten A_{jkl} unter dem Vertauschen beliebiger Indexpaare das Vorzeichen wechselt, nur eine unabhängige Komponente, nämlich A_{123} besitzt. Man kann ihn demnach umkehrbar eindeutig auf einen Skalar abbilden, denn offenbar ist

$$a = A_{123} = {}^{\dagger}A = \frac{1}{3!}\epsilon_{jkl}A_{jkl} \quad \text{(B.70)}$$

und umgekehrt

$$A_{jkl} = {}^{\dagger}a_{jkl} = a\epsilon_{jkl}. \quad \text{(B.71)}$$

Berechnung von Trägheitstensoren C

In diesem Anhang wollen wir einige **Trägheitstensoren** um einen festen Punkt bzw.**Trägheitsmomente** um Drehachsen verschiedener einfacher starrer Körper berechnen. Dazu führen wir zuerst die **Kontinuumsbeschreibung** ausgedehnter Körper ein. Weiter benötigen wir als mathematisches Hilfsmittel **Volumenintegrale**.

C.1 Kontinuumsbeschreibung starrer Körper und Volumenintegrale

Es ist i. Allg. aussichtslos, ausgedehnte Körper, Flüssigkeiten und Gase in allen Details als System von diskreten Punktteilchen zu beschreiben. Zum einen bestehen bereits kleinste Stoffmengen aus einer sehr großen Anzahl von Atomen oder Molekülen. So ist die Einheit der Stoffmenge, das **Mol**, als diejenige Anzahl von Atomen oder Molekülen eines Stoffes definiert, wie in 12 g isotopenreinem Kohlenstoff aus ^{12}C-Atomen enthalten sind. Diese **Avogadro-Zahl** beträgt nach den neuesten Präzisionsmessungen $N_A = 6{,}022\,140\,857(74) \cdot 10^{23}$, wobei die Ziffern in der Klammer die Messunsicherheit in den beiden letzten Dezimalstellen des Messwertes angibt. Zum anderen ist auch eine klassisch mechanische Beschreibung der Materie auf dieser mikroskopischen Ebene nicht anwendbar, sondern man muss auf die **Quantenmechanik** zurückgreifen. Erst größere Ensembles von Teilchen, also makroskopische Materie, verhält sich mit hinreichender Genauigkeit gemäß den Gesetzen der klassischen Physik.

Entsprechend kann man ausgedehnte, aus sehr vielen Atomen oder Molekülen zusammengesetzte Körper, und in diesem Buch behandeln wir ausschließlich die Idealisierung des **starren Körpers**, auch mittels einer **Kontinuumbeschreibung** behandeln. Dies vereinfacht die Berechnung von **Materialeigenschaften** wie in diesem Falle des **Trägheitstensors** um einen körperfesten Bezugspunkt gegenüber dem im Abschn. 4.3 verwendeten Modell mit diskreten starr verbundenen Massepunkten erheblich.

Die Idee ist dabei, den Körper in **makroskopisch kleine aber mikroskopisch große Volumenelemente** einzuteilen. Dabei sind die Abmessungen solcher Volumenelemente dadurch charakterisiert, dass sich einerseits die Materialeigenschaften auf einer typischen makroskopisch kleinen Skala wenig ändern, sodass sie über dieses Volumenelement als konstant angesehen werden können. Andererseits sollen die Volumenelemente mikroskopisch groß in dem Sinne sein, dass immer noch sehr viele Atome bzw. Moleküle darin enthalten sind.

Statt nun wie in dem in Abschn. 4.3 verwendeten Modell diskreter Massenpunkte deren einzelne Koordinaten x_i bzgl. eines Inertialsystems bzw. die Vektoren r_i relativ zu einem körperfesten Bezugspunkt zur Beschreibung des ausgedehnten Körpers zu verwenden, gibt man den Körper als kontinuierliches **Gesamtvolumen** $V \subset \mathbb{R}^3$ vor und verwendet **lokale Materialeigenschaften** zu dessen Beschreibung. Für unsere Zwecke des starren Körpers ist dies die **Massendichte.** Im Folgenden arbeiten wir stets in **körperfesten** Bezugssystemen. Die Massendichte ist dann für jedes Volumenelement ΔV_j so definiert, dass

$$\rho_j = \frac{1}{\Delta V_j} \sum_{r_i \in \Delta V_j} m_j \qquad (C.1)$$

die im Volumenelement ΔV_i vorhandene mittlere Massendichte angibt. Dabei entsprechen die r_i den Orten der Punktmassen im diskreten Modell. Im Kontinuumlimes idealisieren wir dies, indem wir das Volumenelement ΔV_i infinitesimal klein werden lassen, $\Delta V_i \to dV$. In diesem Limes geben wir dann die Massendichte $\rho(r)$ als Funktion des Ortsvektors dieses infinitesimalen Volumenelements an. Es ist klar, dass dann die **Gesamtmasse** des Körpers durch

$$M = \sum_j m_j = \sum_i \Delta V_i \rho_i \qquad (C.2)$$

gegeben ist. Im Limes $\Delta V_i \to dV$ erhalten wir aus dieser Definition das **Volumenintegral**

$$M = \lim_{\Delta V_j \to dV} \Delta V_i \rho_i = \int_V dV \, \rho(r). \qquad (C.3)$$

Um das Integral konkret zu definieren, müssen wir irgendwelche generalisierten Koordinaten q_k (z. B. kartesische Koordinaten (r_1, r_2, r_3), Kugelkoordinaten (r, ϑ, φ) oder Zylinderkoordinaten (R, φ, z)) einführen. Dann können wir das Volumen durch eine Funktion

$$r = r(q_1, q_2, q_3) = r(q) \qquad (C.4)$$

vorgeben. Dabei durchlaufen die q einen bestimmten Bereich $Q \subseteq R^3$.

C.1 Kontinuumsbeschreibung starrer Körper und Volumenintegrale

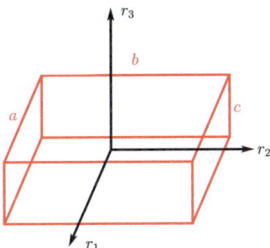

Beispielsweise verwenden wir für einen **Quader** mit den Kantenlängen a, b und c vorteilhafterweise ein kartesisches Koordinatensystem mit den Achsen parallel zu den Kanten. Den Ursprung setzen wir in den „Mittelpunkt" des Quaders. Dann ist die Parametrisierung durch die kartesischen Koordinaten (r_1, r_2, r_3) im Bereich $r_1 \in [-a/2, a/2]$, $r_2 \in [-b/2, b/2]$ und $r_3 \in [-c/2, c/2]$ gegeben.

Um die Volumenelemente zu berechnen, verwenden wir dann praktischerweise die Koordinatenlinien, d. h., wir lassen z. B. für alle möglichen festgehaltenen Werte für q_2 und q_3 die Koordinate q_1 über ihren gesamten Wertebereich laufen. Entsprechend kann man in jedem Punkt drei Koordinatenlinien definieren, wobei immer zwei der Koordinaten q_j festgehalten werden und die dritte Koordinate ihren Wertebereich durchläuft. In jedem Punkt können wir dann einen infinitesimalen Quader definieren, der dort von den durch die drei Koordinatenlinien definierten **Tangentenvektoren**

$$T_j = \frac{\partial x}{\partial q_j} \tag{C.5}$$

aufgespannt wird. Wie in Abschn. 2.1.8 erklärt wurde, ist das Volumen dieses infinitesimalen Quaders durch das **Spatprodukt**

$$dV = dq_1 dq_2 dq_3 \, T_1 \cdot (T_2 \times T_3) \tag{C.6}$$

gegeben. Dabei gehen wir davon aus, dass die Reihenfolge (q_1, q_2, q_3) der generalisierten Koordinaten so gewählt ist, dass die T_j in jedem Punkt ein **rechtshändiges** (i. Allg. nicht kartesisches!) Basissystem bilden, d. h.

$$T_1 \cdot (T_2 \times T_3) > 0 \tag{C.7}$$

ist.

Für das Beispiel des Quaders ist $q_j = r_j$, wobei r_j die kartesischen Vektorkomponenten des Ortsvektors r sind. Dann ist, in Komponenten bzgl. dieser kartesischen Basis geschrieben, $\underline{r} = (r_1, r_2, r_3)^T$ und folglich

$$T_1 = \partial_1 \underline{r} = \begin{pmatrix} 1 \\ 0 \\ 0 \end{pmatrix} \quad T_2 = \partial_2 \underline{r} = \begin{pmatrix} 0 \\ 1 \\ 0 \end{pmatrix}, \quad T_3 = \partial_3 \underline{r} = \begin{pmatrix} 0 \\ 0 \\ 1 \end{pmatrix} \tag{C.8}$$

bzw. $\underline{T}_j = \underline{e}_j$, und es ist $T_1 \cdot (T_2 \times T_3) = \underline{e}_1 \cdot (\underline{e}_2 \times \underline{e}_2) = \underline{e}_1 \cdot \underline{e}_1 = 1$ und damit

$$dV = dr_1 dr_2 dr_3 = d^3 r. \tag{C.9}$$

Entsprechend erhält man z. B. das Volumen des oben beschriebenen Quaders

$$V = \int_V d^3r = \int_{-a/2}^{a/2} dr_1 \int_{-b/2}^{b/2} dr_2 \int_{-c/2}^{c/2} dr_3 \, 1$$
$$= \int_{-a/2}^{a/2} dr_1 \int_{-b/2}^{b/2} c = \int_{-a/2}^{a/2} dr_1 bc = abc, \qquad (C.10)$$

wie zu erwarten.

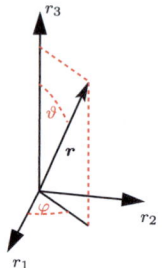

Oft benötigen wir auch Kugel- und Zylinderkoordinaten. Betrachten wir also diese beiden wichtigsten **krummlinigen Koordinaten.** Beginnen wir mit **Kugelkoordinaten.** Aus der obigen Skizze lesen wir ab, dass die kartesischen Koordinaten eines jeden Punktes durch

$$\underline{r} = \begin{pmatrix} r \sin\vartheta \cos\varphi \\ r \sin\vartheta \sin\varphi \\ r \cos\vartheta \end{pmatrix} \qquad (C.11)$$

gegeben sind. Für eine Kugel mit Radius a und Mittelpunkt im Koordinatenursprung ist offenbar $r \in [0, a]$, $\vartheta \in [0, \pi]$ und $\varphi \in [0, 2\pi]$. Die Tangentenvektoren der Koordinatenlinien sind

$$\underline{T}_r = \partial_r \underline{r} = \begin{pmatrix} \sin\vartheta \cos\varphi \\ \sin\vartheta \sin\varphi \\ \cos\vartheta \end{pmatrix},$$

$$\underline{T}_\vartheta = \partial_\vartheta \underline{r} = r \begin{pmatrix} \cos\vartheta \cos\varphi \\ \cos\vartheta \cos\varphi \\ -\sin\vartheta \end{pmatrix}, \qquad (C.12)$$

$$\underline{T}_\varphi = \partial_\varphi \underline{r} = r \begin{pmatrix} -\sin\vartheta \sin\varphi \\ \sin\vartheta \sin\varphi \\ 0 \end{pmatrix}.$$

Daraus folgt für das Spatprodukt *(Nachrechnen!)*

$$\underline{T}_r \cdot (\underline{T}_\vartheta \times \underline{T}_\varphi) = r^2 \underline{T}_r \cdot \left[\begin{pmatrix} \cos\vartheta \cos\varphi \\ \cos\vartheta \cos\varphi \\ -\sin\vartheta \end{pmatrix} \times \begin{pmatrix} -\sin\vartheta \sin\varphi \\ \sin\vartheta \sin\varphi \\ 0 \end{pmatrix} \right]$$
$$= r^2 \sin\vartheta \, \underline{T}_r \cdot \begin{pmatrix} \sin\vartheta \cos\varphi \\ \sin\vartheta \sin\varphi \\ \cos\vartheta \end{pmatrix} = r^2 \sin\vartheta. \qquad (C.13)$$

C.1 Kontinuumsbeschreibung starrer Körper und Volumenintegrale

Dies ist in der Tat überall > 0 außer entlang der 3-Achse des Koordinatensystems, wo $\vartheta = 0$ oder $\vartheta = \pi$ ist. Entlang dieser **Polarachse** des Kugelkoordinatensystems sind die Kugelkoordinaten also **singulär.** Als Beispiel berechnen wir das Volumen der Kugel. Mit den oben angegebenen Grenzen für r, ϑ und φ ergibt sich sogleich das bekannte Resultat *(Nachrechnen!)*

$$V = \int_0^a dr \int_0^\pi d\vartheta \int_0^{2\pi} d\varphi \, r^2 \sin\vartheta = 2\pi \int_0^a dr \int_0^\pi d\vartheta \, r^2 \sin\vartheta$$
$$= 4\pi \int_0^a dr \, r^2 = \frac{4\pi}{3} a^3. \tag{C.14}$$

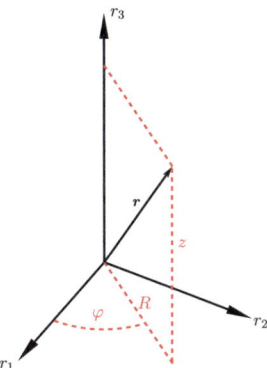

Schließlich behandeln wir noch **Zylinderkoordinaten.** Gemäß der Skizze gilt für die kartesischen Komponenten des Ortsvektors

$$\underline{r} = \begin{pmatrix} R\cos\varphi \\ R\sin\varphi \\ z \end{pmatrix}. \tag{C.15}$$

Für einen Zylinder mit Radius a und Höhe h mit dem Koordinatenursprung im „Mittelpunkt" ist $R \in [0, a]$, $\varphi \in [0, 2\pi]$ und $z \in [-h/2, h/2]$. Die Tangentenvektoren an die Koordinatenlinien ergeben sich zu *(Nachrechnen!)*

$$\underline{T}_R = \partial_R \underline{r} = R \begin{pmatrix} \cos\varphi \\ \sin\varphi \\ 0 \end{pmatrix},$$
$$\underline{T}_\varphi = \partial_\varphi \underline{r} = R \begin{pmatrix} -\sin\varphi \\ \cos\varphi \\ 0 \end{pmatrix}, \tag{C.16}$$
$$\underline{T}_z = \partial_z \underline{r} = \begin{pmatrix} 0 \\ 0 \\ 1 \end{pmatrix}.$$

Das Spatprodukt der Tangentenvektoren ist *(Nachrechnen!)*

$$\underline{T}_R \cdot (\underline{T}_\varphi \times \underline{T}_z) = R\underline{T}_R \left[\begin{pmatrix} -\sin\varphi \\ \cos\varphi \\ 0 \end{pmatrix} \times \begin{pmatrix} 0 \\ 0 \\ 1 \end{pmatrix} \right] = R. \qquad (C.17)$$

Das Volumen des Zylinders ist damit

$$V = \int_0^a dR \int_0^{2\pi} d\varphi \int_{-h/2}^{h/2} dz\, R = h \int_0^a dR \int_0^{2\pi} d\varphi\, R$$
$$= 2\pi h \int_0^a dR\, R = \pi a^2 h. \qquad (C.18)$$

C.2 Berechnung von Schwerpunkten und Trägheitstensoren

Im diskreten Modell des starren Körpers ist der Schwerpunkt durch

$$\underline{s} = \frac{1}{M} \sum_i m_i \underline{r}_i \qquad (C.19)$$

gegeben. Entsprechend der obigen Betrachtung zur Kontinuumsbeschreibung schreibt sich dies als Volumenintegral

$$\underline{s} = \frac{1}{M} \int_V d^3 r\, \rho(\underline{r})\, \underline{r}. \qquad (C.20)$$

Genauso folgt für die Komponenten des Trägheitstensors

$$\Theta_{jk} = \sum_i m_i (\underline{r}^2 \delta_{jk} - r_j r_k) = \int_V d^3 r\, \rho(\underline{r}) (\underline{r}^2 \delta_{jk} - r_j r_k). \qquad (C.21)$$

Im Folgenden berechnen wir die Schwerpunkte und Trägheitsmomente für **homogene Körper,** d. h. für konstante Massendichte

$$\rho(\underline{r}) = \frac{M}{V} = \text{const.} \qquad (C.22)$$

C.2.1 Quader

Wir betrachten den oben definierten Quader mit Kantenlängen a, b und c. Die Massendichte ist

$$\rho = \frac{M}{V} = \frac{M}{abc}. \tag{C.23}$$

Der Schwerpunkt ist

$$\underline{s} = \int_{-c/2}^{c/x} \mathrm{d}r_3 \int_{-b/2}^{b/2} \mathrm{d}r_2 \int_{-a/2}^{a/2} \mathrm{d}r_1 \rho \begin{pmatrix} r_1 \\ r_2 \\ r_3 \end{pmatrix} = \begin{pmatrix} 0 \\ 0 \\ 0 \end{pmatrix} \tag{C.24}$$

und der Trägheitstensor

$$\hat{\Theta} = \rho \int_{-c/2}^{c/2} \mathrm{d}r_3 \int_{-b/2}^{b/2} \mathrm{d}r_2 \int_{-a/2}^{a/2} \mathrm{d}r_1 \begin{pmatrix} r_2^2 + r_3^2 & -r_1 r_2 & -r_1 r_3 \\ -r_1 r_2 & r_1^2 + r_3^2 & -r_2 r_3 \\ -r_1 r_3 & -r_2 r_3 & r_1^2 + r_2^2 \end{pmatrix}. \tag{C.25}$$

Wir müssen nur zwei Integrale ausführen, und zwar für ein Diagonalelement und ein Außerdiagonalelement der Matrix, denn die übrigen Einträge folgen dann durch zyklische Permutation:

$$\begin{aligned}
\Theta_{11} &= \rho \int_{-c/2}^{c/2} \mathrm{d}r_3 \int_{-b/2}^{b/2} \mathrm{d}r_2 \int_{-a/2}^{a/2} \mathrm{d}r_1 (r_2^2 + r_3^2) \\
&= 8\rho \int_{0}^{c/2} \mathrm{d}r_3 \int_{0}^{b/2} \mathrm{d}r_2 \int_{0}^{a/2} \mathrm{d}r_1 (r_2^2 + r_3^2) \\
&= 8\rho \int_{0}^{c/2} \mathrm{d}r_3 \int_{0}^{b/2} \mathrm{d}r_2 \frac{a}{2}(r_2^2 + r_3^2) \\
&= 4a\rho \int_{0}^{c/2} \mathrm{d}r_3 \left(\frac{b^3}{24} + \frac{b}{2} r_3^2 \right) \\
&= 4a\rho \left(\frac{b^3 c}{48} + \frac{bc^3}{48} \right) = M \frac{b^2 + c^2}{12}, \\
\Theta_{12} &= -\rho \int_{-c/2}^{c/2} \mathrm{d}r_3 \int_{-b/2}^{b/2} \mathrm{d}r_2 \int_{-a/2}^{a/2} \mathrm{d}r_1 r_1 r_2 = 0.
\end{aligned} \tag{C.26}$$

Wie bereits aufgrund der Symmetrien zu erwarten, ist das gewählte Basissystem ein Hauptachsensystem des Trägheitstensors, der folglich eine Diagonalmatrix bildet. Es gilt

$$\hat{\Theta} = \frac{M}{12} \begin{pmatrix} b^2 + c^2 & 0 & 0 \\ 0 & a^2 + c^2 & 0 \\ 0 & 0 & a^2 + b^2 \end{pmatrix}. \tag{C.27}$$

Wir bemerken, dass der Körper für $b = a$ einen symmetrischen Kreisel mit $\Theta_{11} = \Theta_{22} = A = M(a^2 + c^2)/12$ und $\Theta_{33} = C = Ma^2/6$ bildet. Für einen Würfel gilt $a = b = c$ und folglich $A = B = C = Ma^2/6$. Der Würfel ist also ein Kugelkreisel.

Für den Trägheitstensor bei Rotation um eine Diagonale benötigen wir nur den entsprechenden Richtungsvektor der Drehachse

$$\underline{n} = \frac{1}{\sqrt{a^2 + b^2 + c^2}} \begin{pmatrix} a \\ b \\ c \end{pmatrix}. \tag{C.28}$$

Das entsprechende Trägheitsmoment ist demnach

$$\begin{aligned} \Theta_{\underline{n}} = \underline{n}\hat{\Theta}\underline{n} &= \frac{1}{a^2 + b^2 + c^2}(Aa^2 + Bb^2 + Cc^2) \\ &= \frac{M}{6}\frac{a^2b^2 + a^2c^2 + b^2c^2}{a^2 + b^2 + c^2}. \end{aligned} \tag{C.29}$$

C.2.2 Kugel

Für die Kugel ist

$$\rho = \frac{M}{V} = \frac{3M}{4\pi a^3}. \tag{C.30}$$

Der Schwerpunkt ist aus Symmetriegründen natürlich der Kugelmittelpunkt. Dies lässt sich auch leicht mittels des Volumenintegrals in Kugelkoordinaten zeigen *(Nachrechnen!)*:

$$\begin{aligned} \underline{s} &= \frac{\rho}{M} \int_V d^3r \begin{pmatrix} r_1 \\ r_2 \\ r_3 \end{pmatrix} \\ &= \int_0^a dr \int_0^\pi d\vartheta \int_0^{2\pi} d\varphi \, r^2 \sin\vartheta \begin{pmatrix} r\sin\vartheta\cos\varphi \\ r\sin\vartheta\sin\varphi \\ r\cos\vartheta \end{pmatrix} \\ &= \frac{2\pi\rho}{M} \int_0^a dr \int_0^\pi d\vartheta \, r^2 \sin\vartheta \begin{pmatrix} 0 \\ 0 \\ r\cos\vartheta \end{pmatrix}. \end{aligned} \tag{C.31}$$

Für das Integral bzgl. ϑ empfiehlt sich oft die Substitution $u = \cos\vartheta$, $du = -d\vartheta \sin\vartheta$. Damit wird

$$\underline{s} = \frac{2\pi\rho}{M} \int_0^a \int_{-1}^1 du \, r^3 \begin{pmatrix} 0 \\ 0 \\ u \end{pmatrix} = \underline{0}. \tag{C.32}$$

Der Trägheitstensor um den Schwerpunkt ist nun sehr leicht zu berechnen. Wir bemerken, dass der Trägheitstensor unter beliebigen Drehungen des Koordinatensystems invariant sein muss, d. h., für jede Drehmatrix gilt $\hat{D}^T \hat{\Theta} \hat{D} = \hat{\Theta}$. Es ist keine Richtung irgendwie ausgezeichnet, d. h., es gibt keinen Vektor, von dem $\hat{\Theta}$ abhängen könnte. Folglich ist $\hat{\Theta} \propto \mathbb{1}$, d. h.

$$\Theta_{ij} = \Theta \delta_{ij}. \tag{C.33}$$

Wir brauchen also nur eines der drei Diagonalelemente auszurechnen. Da die Kugelkoordinaten die 3-Achse auszeichnen, bietet sich dazu das Trägheitsmoment um die 3-Achse, also das Diagonalelement Θ_{33} des Trägheitstensors an. Offenbar ist dies wegen $r_1^2 + r_2^2 = r^2 \sin^2 \vartheta = r^2(1 - \cos^2 \vartheta)$ *(Nachrechnen!)*

$$\begin{aligned}
\Theta = \Theta_{33} &= \rho \int_0^a dr \int_0^\pi d\vartheta \int_0^{2\pi} d\varphi\, r^2 \sin \vartheta\, r^2 \sin^2 \vartheta \\
&= 2\pi \rho \int_0^a dr \int_0^\pi d\vartheta\, r^4 \sin^3 \vartheta = 2\pi \rho \int_0^a dr \int_{-1}^1 du\, r^4 (1 - u^2) \\
&= 4\pi \rho \int_0^a dr \int_0^1 du\, r^4 (1 - u^2) \\
&= \frac{8\pi}{3} \rho \int_0^a dr\, r^4 \\
&= \frac{8\pi}{15} \rho a^5 = \frac{2M}{5} a^2.
\end{aligned} \tag{C.34}$$

C.2.3 Zylinder

Für den Zylinder ist

$$\rho = \frac{M}{V} = \frac{M}{\pi a^2 h}. \tag{C.35}$$

Der Schwerpunkt ist wieder der oben für die Volumenintegrale gewählte Koordinatenursprung:

$$\begin{aligned}
\underline{s} &= \frac{1}{M} \int_V d^3 r\, \underline{r} = \frac{1}{M} \int_0^a dR \int_0^{2\pi} d\varphi \int_{-h/2}^{h/2} dz \begin{pmatrix} R \cos \varphi \\ R \sin \varphi \\ z \end{pmatrix} \\
&= \frac{h}{M} \int_0^a dR \int_0^{2\pi} d\varphi \begin{pmatrix} R \cos \varphi \\ R \sin \varphi \\ 0 \end{pmatrix} = \underline{0}.
\end{aligned} \tag{C.36}$$

Für den Trägheitstensor erhalten wir

$$\hat{\Theta} = \rho \int_V d^3 r \begin{pmatrix} r_2^2 + r_3^2 & -r_1 r_2 & -r_1 r_3 \\ -r_1 r_2 & r_1^2 + r_3^2 & -r_2 r_3 \\ -r_1 r_3 & -r_2 r_3 & r_1^2 + r_2^2 \end{pmatrix}$$

$$= \rho \int_0^a dR \int_0^{2\pi} d\varphi \int_{-h/2}^{h/2} dz\, R \qquad (C.37)$$

$$\begin{pmatrix} R^2 \sin^2 \varphi + z^2 & -R^2 \sin \varphi \cos \varphi & -Rz \cos \varphi \\ -R^2 \sin \varphi \cos \varphi & R^2 \cos^2 \varphi + z^2 & -Rz \sin \varphi \\ -Rz \cos \varphi & -Rz \sin \varphi & R^2 \end{pmatrix}.$$

Aufgrund des Winkelintegrals verschwinden alle Außerdiagonalelemente. Das einzige nichttriviale Integral ist dabei

$$\int_0^{2\pi} d\varphi \sin \varphi \cos \varphi = \frac{1}{2} \int_0^{2\pi} \sin(2\varphi) = -\frac{1}{4} \cos(2\varphi) \Big|_0^{2\pi} = 0. \qquad (C.38)$$

Für die Diagonalelemente benötigen wir

$$\int_0^{2\pi} d\varphi \sin^2 \varphi = \int_0^{2\pi} d\varphi \frac{1 - \cos(2\varphi)}{2} = \frac{1}{2} \int_0^{2\pi} d\varphi = \pi. \qquad (C.39)$$

Daraus folgt sofort

$$\int_0^{2\pi} d\varphi \cos^2 \varphi = \int_0^{2\pi} d\varphi (1 - \sin^2 \varphi) = 2\pi - \int_0^{2\pi} d\varphi \sin^2 \varphi = \pi. \qquad (C.40)$$

Damit ergibt sich

$$\Theta_{11} = \Theta_{22} = \rho \pi \int_0^a dR \int_{-h/2}^{h/2} dz\, R(R^2 + 2z^2)$$

$$= \rho \pi \int_0^a dR \left(R^3 h + \frac{R h^3}{6} \right)$$

$$= \rho \pi h \left(\frac{a^4}{4} + \frac{h^2 a^2}{12} \right) = \frac{M}{12}(3a^2 + h^2), \qquad (C.41)$$

$$\Theta_{33} = \rho \int_0^a dR \int_0^{2\pi} d\varphi \int_{-h/2}^{h/2} dz\, R^3$$

$$= 2\pi h \rho \int_0^a dR\, R^3 = \frac{\pi}{2} \rho h a^4 = \frac{M}{2} a^2.$$

C.2 Berechnung von Schwerpunkten und Trägheitstensoren

C.2.4 Ellipsoid

Die implizite Darstellung für die Oberfläche eines Ellipsoids mit Halbachsen a, b und c, die wir parallel zu den kartesischen Koordinatenachsen legen, mit dem Mittelpunkt des Ellipsoids im Koordinatenursprung lautet

$$\frac{r_1^2}{a^2} + \frac{r_2^2}{b^2} + \frac{r_3^2}{c^2} = 1. \tag{C.42}$$

Offensichtlich können wir daher die Ortsvektoren für die Punkte innerhalb des Ellipsoids wie folgt parametrisieren:

$$\underline{r} = \lambda \begin{pmatrix} a \sin\vartheta \cos\varphi \\ b \sin\vartheta \sin\varphi \\ c \cos\vartheta \end{pmatrix}, \quad \lambda \in [0,1] \quad \vartheta \in [0,\pi], \quad \varphi \in [0, 2\pi]. \tag{C.43}$$

Die Tangentenvektoren an die Koordinatenlinien sind

$$\underline{T}_\lambda = \partial_\lambda \underline{r} = \begin{pmatrix} a \sin\vartheta \cos\varphi \\ b \sin\vartheta \sin\varphi \\ c \cos\vartheta \end{pmatrix},$$

$$\underline{T}_\vartheta = \partial_\vartheta \underline{r} = \lambda \begin{pmatrix} a \cos\vartheta \cos\varphi \\ b \cos\vartheta \sin\varphi \\ -c \sin\vartheta \end{pmatrix}, \tag{C.44}$$

$$\underline{T}_\varphi = \partial_\varphi \underline{r} = \lambda \begin{pmatrix} -a \sin\vartheta \sin\varphi \\ b \sin\vartheta \cos\varphi \\ 0 \end{pmatrix}.$$

Daraus folgt

$$\underline{T}_\lambda \cdot (\underline{T}_\vartheta \times \underline{T}_\varphi) = \lambda^2 \sin\vartheta \, \underline{T}_\lambda \cdot \begin{pmatrix} bc \sin\vartheta \cos\varphi \\ ac \sin\vartheta \sin\varphi \\ ab \cos\vartheta \end{pmatrix} = abc \lambda^2 \sin\vartheta. \tag{C.45}$$

Bei der Berechnung des Schwerpunkts ergeben die Winkelintegrale wie bei der Kugel, dass der Schwerpunkt, wie aus Symmetriegründen zu erwarten, im Ursprung liegt. Das Volumen des Ellipsoids ist

$$V = \frac{4\pi}{3} abc. \tag{C.46}$$

Der Trägheitstensor berechnet sich wieder analog wie bei den obigen Beispielen. Das Ergebnis lautet

$$\hat{\Theta} = \frac{M}{5} \begin{pmatrix} b^2 + c^2 & 0 & 0 \\ 0 & a^2 + c^2 & 0 \\ 0 & 0 & a^2 + b^2 \end{pmatrix}. \tag{C.47}$$

Ein symmetrischer Kreisel liegt, wie aus Symmetriegründen zu erwarten, also bei Rotation um den Schwerpunkt vor, wenn $b = a$ ist, und für $a = b = c$ erhält man wieder eine Kugel mit dem entsprechenden Resultat (C.34) für den Trägheitstensor um deren Mittelpunkt.

Die Dirac'sche δ-Distribution

D.1 Definition der δ-Distribution

Die **Dirac'sche δ-Distribution** (P.A.M. Dirac, 1902–1984) eine sogenannte **verallgemeinerte Funktion,** die dadurch definiert ist, dass für eine beliebige „**Testfunktion**" $f : \mathbb{R} \to \mathbb{R}$, die überall beliebig oft differenzierbar sein soll und für $t \to \pm\infty$ schneller als jede Potenz $\to 0$ strebt,

$$\int_{-\infty}^{\infty} \mathrm{d}t\, f(t)\delta(t) = f(0) \tag{D.1}$$

gilt.

Formal kann man sich die δ-Distribution als den Grenzwert einer Funktion δ_ϵ vorstellen, die bei $t = 0$ einen sehr hohen Peak besitzt und ansonsten sehr schnell gegen Null abfällt und für die

$$\int_{-\infty}^{\infty} \mathrm{d}t\, \delta_\epsilon(t) = 1 \tag{D.2}$$

ist. Ein einfaches Beispiel ist

$$\delta_\epsilon(t) = \frac{1}{2\epsilon} \exp(-|t|/\epsilon). \tag{D.3}$$

In der Tat ist

$$\int_{-\infty}^{\infty} \delta_\epsilon(t) = 2\int_0^{\infty} \frac{1}{2\epsilon} \exp(-t/\epsilon) = -\exp(-t/\epsilon)|_{t=0}^{t\to\infty} = 1. \tag{D.4}$$

Weiter gilt

$$\lim_{\epsilon \to 0^+} \delta_\epsilon(t) = \begin{cases} 0 & \text{für } t \neq 0, \\ \infty & \text{für } t = 0. \end{cases} \qquad \text{(D.5)}$$

Wir definieren die δ-Distribution dann als diesen Limes in dem Sinne, dass für alle f

$$\lim_{\epsilon \to 0^+} \int_{-\infty}^{\infty} dt\, \delta_\epsilon(t) f(t) = f(0) \qquad \text{(D.6)}$$

gilt. Das ist für unser Beispiel in der Tat der Fall, denn es gilt

$$\left| \left(\int_{-\infty}^{\infty} dt\, \delta_\epsilon(t) f(t) \right) - f(0) \right| = \left| \int_{-\infty}^{\infty} dt\, \delta_\epsilon(t) [f(t) - f(0)] \right|. \qquad \text{(D.7)}$$

Da f im Intervall I zwischen 0 und t voraussetzungsgemäß stetig differenzierbar ist, gilt wegen des Taylor'schen Satzes

$$f(t) - f(0) = t f'(\tau), \quad \tau \in I. \qquad \text{(D.8)}$$

Damit wird

$$\begin{aligned}
\left| \left(\int_{-\infty}^{\infty} dt\, \delta_\epsilon(t) f(t) \right) - f(0) \right| &= \left| \int_{-\infty}^{\infty} dt\, \delta_\epsilon(t) t f'(\tau) \right| \\
&\leq \sup_{t \in \mathbb{R}} |f'(t)| \int_{-\infty}^{\infty} dt\, \delta_\epsilon(t) |t| \\
&= \sup_{t \in \mathbb{R}} |f'(t)| \epsilon \to 0 \quad \text{für } \epsilon \to 0^+.
\end{aligned} \qquad \text{(D.9)}$$

Dabei haben wir verwendet, dass

$$\int_{-\infty}^{\infty} \delta_\epsilon(t) |t| = 2 \int_0^{\infty} dt\, \frac{1}{2\epsilon} t \exp(-t/\epsilon) = \epsilon \qquad \text{(D.10)}$$

gilt. Dies kann man beweisen, indem man benutzt, dass für $\lambda > 0$

$$g(\lambda) = \int_0^{\infty} \exp(-\lambda t) = -\frac{1}{\lambda} \exp(-\lambda t)\Big|_{t=0}^{t \to \infty} = \frac{1}{\lambda} \qquad \text{(D.11)}$$

gilt und weiter

$$\int_0^{\infty} dt\, t \exp(-\lambda t) = -\int_0^{\infty} dt\, \frac{d}{d\lambda} \exp(-\lambda t) = -g'(\lambda) = \frac{1}{\lambda^2} \qquad \text{(D.12)}$$

ist.

Man bezeichnet diese Limesbildung auch als „schwachen Limes", d.h. der w-$\lim_{\epsilon \to 0^+} \delta_\epsilon(t) = \delta(t)$ bedeutet, dass der Limes (D.6) für beliebige Testfunktionen f gilt.

D.2　Rechenregeln für die δ-Distribution

Wir betrachten nun einige Rechenregeln für die δ-Distribution. Dabei kann man unter dem Integral die δ-Distribution formal wie eine gewöhnliche Funktion behandeln. Das macht man sich daran klar, dass wir diese Distribution stets durch einen geeigneten Limes in dem obigen schwachen Sinne definieren. Offenbar gilt dann

$$\int_{-\infty}^{\infty} dt\, \delta(t-t_0) f(t) = \int_{-\infty}^{\infty} dt'\, \delta(t') f(t'+t_0) = f(t_0). \tag{D.13}$$

Dabei haben wir im zweiten Schritt $t' = t - t_0$ substituiert und die Definition der δ-Distribution auf die Funktion $g(t') = f(t'+t_0)$ angewandt.

Weiter definieren wir die Ableitung der δ-Distribution dadurch, dass wir formal partiell integrieren dürfen, d. h. es soll

$$\int_{-\infty}^{\infty} dt\, \delta'(t) f(t) = -\int_{-\infty}^{\infty} dt\, \delta(t) f'(t) = -f'(0) \tag{D.14}$$

für alle Testfunktionen f gelten.

Weiter können wir auch die sog. **Heaviside'sche Einheitssprungfunktion**

$$\Theta(t) = \begin{cases} 0 & \text{für } t < 0, \\ 1 & \text{für } t \geq 0 \end{cases} \tag{D.15}$$

im Sinne von Distributionen ableiten. Es ist klar, dass wir für $t \neq 0$ für die Ableitung $\Theta'(t) = 0$ erhalten. Für $t = 0$ ist die Sprungfunktion im üblichen Sinne nicht differenzierbar, aber wir können die formale Ableitung as Distribution behandeln, also annehmen, dass wir $\Theta'(t)$ unter einem Integral mit einer Testfunktion wie eine gewöhnliche Funktion behandeln und wieder partiell integrieren dürfen:

$$\begin{aligned}\int_{-\infty}^{\infty} dt\, \Theta'(t) f(t) &= -\int_{-\infty}^{\infty} dt\, \Theta(t) f'(t) = -\int_{0}^{\infty} dt\, f'(t) \\ &= f(t)|_{t=0}^{t \to \infty} = f(0) = \int_{-\infty}^{\infty} dt\, \delta(t) f(t).\end{aligned} \tag{D.16}$$

Demnach ist aber im Sinne von Distributionen

$$\Theta'(t) = \delta(t). \tag{D.17}$$

Literatur

Bartelmann, M., Feuerbacher, B., Krüger, T., Lüst, D., Rebhan, A., & Wipf, A. (2015). Theoretische Physik. Springer. https://doi.org/10.1007/978-3-642-54618-1.
Bartelmann, M., Feuerbacher, B., Krüger, T., Lüst, D., Rebhan, A., & Wipf, A. (2018). Theoretische Physik 1 – Mechanik. Springer. https://doi.org/10.1007/978-3-662-56115-7.
Brown, L. S, & Gabrielse, G. (1986). Geonium theory: Physics of a single electron or ion in a penning trap. *Reviews of Modern Physics, 58,* 233. https://doi.org/10.1103/RevModPhys.58.233.
Dirac, P. A. (1958). Generalized hamiltonian dynamics. *Proceedings of the Royal Society, A246,* 326–332. https://doi.org/10.1098/rspa.1958.0141.
Ekstrom, P., & Wineland, D. (1980). The isolated electron. *Scientific American, 243,* 104. https://www.jstor.org/stable/24966393.
Feynman, R. P., Leighton, R. B., & Sands, M. (2007). Feynman-Vorlesungen über Physik, Bd. 1. (5. Aufl.). Oldenbourg.
Fließbach, T. (2020). Lehrbuch zur Theoretischen Physik I, Mechanik (8. Aufl.). Springer. https://doi.org/10.1007/978-3-662-61603-1.
Greiner, W. (2003). Klassische Mechanik 1 (7. Aufl.). Verlag Harri Deutsch.
Greiner, W. (2008). Klassische Mechanik 2 (8. Aufl.). Verlag Harri Deutsch.
Großmann, S. (2012). Mathematischer Einführungskurs für die Physik (10. Aufl.). Springer. https://doi.org/10.1007/978-3-8348-8347-6.
Knudsen, A. (1973). A student's gyrocompass. *American Journal of Physics, 41*(4), 531–539. https://doi.org/10.1119/1.1987283.
Simonyi, K. (1995). Kulturgeschichte der Physik (2. Aufl.). Harri Deutsch Verlag.
Sommerfeld, A. (1994). Vorlesungen über Theoretische Physik I, Mechanik. Verlag Harri Deutsch.
Sonar, T. (2016). Die Geschichte des Prioritätsstreits zwischen Leibniz und Newton. Springer. https://doi.org/10.1007/978-3-662-48862-1.
Trainer, M. (2008). Albert Einstein's expert opinions on the Sperry vs. Anschütz gyrocompass patent dispute. *World Patent Information, 30,*(1), 320–325. https://doi.org/10.1016/j.wpi.2008.05.003.
van Hees, H. (2008). Klassische Mechanik. https://itp.uni-frankfurt.de/~hees/faq-pdf/mech.pdf.
van Hees, H. (2018). Mathematische Methoden für das Lehramt L3. Goethe-Universität Frankfurt. https://itp.uni-frankfurt.de/~hees/publ/mameth-l3.pdf.
van Hees, H. (2014). Mathematische Ergänzungen zu Theoretische Physik 1. https://itp.uni-frankfurt.de/~hees/math-erg1-ws14/matherg1.pdf.
Weizel, W. (1958). Lehrbuch der Theoretischen Physik Bd. 2 (2. Aufl.). Springer. https://doi.org/10.1007/978-3-642-87333-1.
Weizel, W. (1963). Lehrbuch der Theoretischen Physik Bd. 1 (3. Aufl.). Springer. https://doi.org/10.1007/978-3-642-87337-9.

Stichwortverzeichnis

A
Allgemeine Relativitätstheorie, 35
Äquivalenzprinzip, 42
Arbeit, 52

B
Bahnkurve, 30
Beschleunigte Bezugssysteme, 88
    Coriolis-Kraft, 94
    Foucault-Pendel, 100
    freier Fall auf der rotierenden Erde, 94
    nichtrotierende, 88
    rotierende, 91
    Winkelgeschwindigkeit, 93
    Zentrifugalkraft, 94
Beschleunigung, 32

D
δ-Distribution, 235
    Ableitung, 237
δ-Distribution, 75
Doppelpendel, 155
Dreiecksungleichung, 17

E
Einstein'sche Summationskonvention, 20
Elektrische Ladungen, 158
Energie
    potentielle, 51, 53
Erhaltungssätze, 47
    Drehimpuls, 50
    Energie, 53
    Impuls, 48
    Schwerpunktsatz, 49

F
Fallbeschleunigung, 42
Fallgesetze, 41

G
Geladene Teilchen
    homogenes elektrisches Feld, 161
    homogenes Magnetfeld, 162
    Penning-Falle, 164
Gradient eines Skalarfeldes, 52
Gravitationskraft, 42, 77
    Gravitationskonstante, 78
    Newton'sches Gesetz der, 77

H
Hamilton-Funktion, 106
Hamilton'sche kanonische Mechanik, 135
    kanonische Gleichungen, 136
Hamilton'sches Prinzip, 109
    äquivalente Lagrange-Funktionen, 113
    erweitertes, 137
    kanonische Transformationen, 138
        Erzeugende, 139
    kanonischer Impuls, 112
    Poisson-Klammer, 141
    Wirkungsfunktional, 110, 137
    zyklische Koordinaten, 113
Harmonischer Oszillator
    Amplitude, 63
    Amplitudenresonanzfrequenz, 71
    Einschwingvorgang, 73
    Energieresonanzfrequenz, 72
    Frequenz, 62
    gedämpfter, 64

aperiodischer Grenzfall, 67
   getriebener, 67
   Kriechfall, 66
   Schwingfall, 65
   Green-Funktion, 75
   Periodendauer, 62
   Resonanzkatastrophe, 72
   ungedämpfter, 60
Heaviside'sche Einheitssprungfunktion, 237
Himmelsmechanik, 77

I
Inertialsystem, 34

K
Kardan-Aufhängung, 186
Kegelschnitte, 203
   Ellipse, 203
      exzentrische Anomalie, 205
      Fläche, 206
      Halbparameter, 207
      numerische Exzentrizität, 207
      wahre Anomalie, 206
   Hyperbel, 207
      Fläche, 208
   Parabel, 210
Kepler-Gesetze
   drittes, 78
   erstes, 78
   zweites, 78
Kepler-Problem, 79
   Laplace-Runge-Lenz-Vektor, 134
Kreiseltheorie, 178
   Euler-Winkel, 183
   Euler'sche Kreiselgleichungen, 179, 181
   freier symmetrischer Kreisel, 186
      Gangpolkegel, 189
      Nutationskegel, 189
      Rastpolkegel, 189
   freier unsymmetrischer Kreisel, 179
   Kreiselkompass, 196
   schwerer symmetrischer Kreisel, 191
      pseudoreguläre Präzession, 193, 194
      reguläre Präzession, 193
Kronecker-Symbol, 26
Kräfte
   konservative, 51
   Zentral-, 49

L
Landau-Symbol, 59
Lichtgeschwindigkeit, 40

M
Masse
   reduzierte, 50
   schwere, 42
   träge, 42
Momentangeschwindigkeit, 30

N
Nabla-Operator, 52
Newton'sche Axiome
   drittes, 37
   erstes, 34
   zweites, 36
Noether-Theorem
   Hamilton-Form, 148, 149
   Kepler-Problem, 132
   Lagrange-Form, 123, 125
   Raum-Zeit-Symmetrien, 126, 128, 150
      Galilei-Boost-Invarianz, 127
      Homogenität der Zeit, 126
      Homogenität des Raumes, 126
      Isotropie des Raumes, 127
   Symmetrietransformationen, 123
   Zweiteilchensystem, 129

O
Orthogonale Transformationen, 211
   Drehmatrizen, 213
   Gradient, 216
   Skalarprodukte, 215
   Vektorprodukte, 215

P
Phasenraum, 135

R
Reibung
   Stokes'sche, 44
Rutherford'scher Streuquerschnitt, 84

S
SI-Einheiten, 38
   Dezimalvorsätze, 39
   Kilogramm, 40
   Meter, 39
   Sekunde, 40
   Urkilogramm, 40
   Urmeter, 39
Spaltenvektoren, 20
Spatprodukt, 29
Starrer Körper, 167
   Kinematik, 167
      physikalisches Pendel, 174

Rollpendel, 176
Schwerpunkt, 228
Trägheitstensor, 171, 223
   Hauptträgheitsachsen, 171
   Steiner'scher Satz, 171
   Winkelgeschwindigkeit, 169
Stöße, 55

T
Tensoren, 217
   antisymmetrische, 220
   Stufe, 218
   Tensorkomponenten, 218
      Transformationsverhalten, 219
   Tensorprodukt, 219

V
Variationsrechnung, 103
   Brachistochronenproblem, 104
   Euler-Lagrange-Gleichungen, 106
   Fundamentallemma, 108
   Hamilton-Funktion, 106
   Lagrange-Funktion, 105
Vektoren
   Addition von, 15
   Assoziativität der Addition, 16
   Kartesische Basen, 26
   Kommutativität der Addition, 16
   Komponenten, 19
   Kreuzprodukt, 26
   lineare Unabhängigkeit, 19
   Neutrales Element der Addition, 16
   Norm, 17
   rechtshändige Basen, 27
   Skalarprodukt, 21
   Subtraktion, 17
Volumenintegrale, 224

MIX
Papier aus verantwortungsvollen Quellen
Paper from responsible sources
FSC® C105338

If you have any concerns about our products,
you can contact us on
ProductSafety@springernature.com

In case Publisher is established outside the EU,
the EU authorized representative is:
**Springer Nature Customer Service Center GmbH
Europaplatz 3, 69115 Heidelberg, Germany**

Printed by Libri Plureos GmbH
in Hamburg, Germany